U0185457

寻找对称

FINDING MOONSHINE

A Mathematician's Journey
Through Symmetry

——

[英] 马库斯·杜·索托伊 著
（Marcus du Sautoy）

陈浩　孙天　王晓燕　译

机械工业出版社
CHINA MACHINE PRESS

图书在版编目（CIP）数据

寻找对称 /（英）马库斯·杜·索托伊（Marcus du Sautoy）著；陈浩等译 . —北京：机械工业出版社，2024.1

书名原文：Finding Moonshine: A Mathematician's Journey Through Symmetry

ISBN 978-7-111-74864-9

Ⅰ.①寻…　Ⅱ.①马…②陈…　Ⅲ.①数学—普及读物　Ⅳ.① O1-49

中国国家版本馆 CIP 数据核字（2024）第 033984 号

机械工业出版社（北京市百万庄大街 22 号　邮政编码 100037）

策划编辑：秦　诗　　　　　责任编辑：秦　诗　岳晓月

责任校对：李可意　张　薇　责任印制：李　昂

河北宝昌佳彩印刷有限公司印刷

2024 年 4 月第 1 版第 1 次印刷

170mm×230mm·21 印张·1 插页·320 千字

标准书号：ISBN 978-7-111-74864-9

定价：79.00 元

电话服务　　　　　　　网络服务

客服电话：010-88361066　机 工 官 网：www.cmpbook.com

　　　　　010-88379833　机 工 官 博：weibo.com/cmp1952

　　　　　010-68326294　金 书 网：www.golden-book.com

封底无防伪标均为盗版　机工教育服务网：www.cmpedu.com

"对称"是一个对于人类来说再重要不过的概念。它无处不在，即便是我们自己，看起来也像一个"对称"的产物，我们有左右对称的胳膊、手、腿、脚、眼睛、耳朵……对称以各种各样的形态遍布我们所能感觉到和无法感觉到的各处。

从宏伟巨大的环状星系结构，到雨滴的完美球形，再到微观世界晶体的生长、原子结构的排布，大到鲸鱼、大象，小到微生物、病毒，大自然也遵循着"对称"的规则创造着万物生灵。

《国语·楚语·伍举论台美而楚殆》："夫美也者，上下、内外、小大、远近皆无害焉，故曰美。"

古希腊哲学家毕达哥拉斯曾说过："美的线性和其他一切美的形体都必须有对称形式。"

从中国明清两代的皇宫紫禁城、历朝历代的园林建筑，到古埃及金字塔、文艺复兴时期欧洲装饰繁复的大教堂，在信息交流不便的古代，信息的隔离似乎未对这些先祖造成隔阂，他们突破了时间与空间，在构建的原则上出奇地一致。

在哲学的思考上，早期的西方哲学一直在试图找出一个单极的绝对存在出来，但是哲学家发现，任何的单极绝对存在都会导致自己的论点滑向自己论点的反面：绝对的唯物主义，以物质为绝对存在，那么就会导致物质成为一切的"神"，这样就会使其论点无可救药地变成唯心主义；相反，绝对的唯心主义，会以某一个"神"为绝对存在，这也就同时表明了否认其他一切的存在，那么就会导致作为绝对存在的"神"无法被证明是存在的，而滑向它的反面——绝对的唯物主义。

这时，只有对称的出现才能挽救这一切，因为只有对称才能解决哲学思考中的相对性和绝对性问题。对称其实就是以矛盾的相对性为表现的绝对性，矛盾便是此处哲学逻辑的形式，而对称又以其和谐、合一的哲学逻辑内涵来统御矛盾形式，形成了一个内涵和形式相统一的逻辑绝对体。这样才能解决单极绝对所产生的谬误。

自此，我们从哲学上认识世界才走上正途，我们才认识到真实的世界。

物理学的一个重要任务就是让我们更好地认识这个世界，解释自然。对称性经常出现在物理存在的对象之中，比如外形、结构等。专门研究对称的数学分支学科叫作群论。

物理和数学这两个学科一直以来都有着紧密的不可分的关系。纵观物理发展的历史，物理学每次革命性的突破，其标志都是有新的数学理论被引入物理学的范畴。

物理学第一次革命性的突破是力学，微积分的引入使得牛顿万有引力定律可以被描述。

第二次革命是电磁学方面的突破，麦克斯韦发现了新的物质形态——场形态物质（如电磁波、光波等），而描述场形态物质需要依靠数学中的纤维丛理论。

第三次革命是爱因斯坦在构思广义相对论时，发现用经典欧几里得几何学无法描述引力波（场形态物质），因为在引力作用下，空间会发生扭曲，他求助了数学中的黎曼几何，于是顺利地建立了广义相对论。

第四次革命便是量子力学。德国青年科学家海森堡为了解决微观世界的问题，创立了矩阵力学，并提出不确定性原理及矩阵理论；同时，奥地利科学家薛定谔开发了一套波动力学。后来，薛定谔证明了，矩阵力学和波动力学在数学上是同一回事，也就是今天的量子力学。量子力学则是以线性代数理论为基础的。

今天，物理学家已经非常重视研究对称问题了。而数学家对研究对称的数学分支学科——群论，早已经开展了很多工作，并且也取得了很多成果。物理学在不断地发展，它的概念越来越抽象，物理学的研究日益需要向数学求助、靠拢。

这本书深入浅出地讨论了对称、对称群、群论，最后将大家引向群论的终极目标——"魔群"以及"月光"。

这本书的第1～5章由孙天翻译，第6～9章由陈浩翻译，第10～12章由王晓燕翻译。全书以一种非专业人士也能看懂的语言，分别从自然、美术、建筑、音乐、物理、生物、化学、计算机、通信等领域谈论了关于对称的问题，给人以深思和启发。

目 录 CONTENTS

01

CHAPTER 1

宇宙是建立在一种规则之上的，在某种程度上，这种规则深刻的对称性存在于我们思维的内部结构之中。

——保尔·瓦雷里（Paul Valéry）

第 1 章

8 月：终点与起点

8月26日正午，西奈沙漠

今天是我的40岁生日，室外气温40摄氏度。我身上涂满40倍的防晒霜，在红海岸边的一间芦苇棚里躲荫凉。在这片蓝色海面对岸，沙特阿拉伯闪着微光。海面上，一道道波浪奔涌而来，撞在岸边的岩石上。在我身后，西奈山脉高耸挺拔。

通常，我并不是特别在意自己的生日，但对一个数学家来说，40岁很重要。这并不是什么神秘虚幻的数字命理学，而是因为通常都认为，到了40岁，你就应该已经拿出了最好的研究成果，数学通常都被认为是一个属于年轻人的领域。现在，既然我已经在数学花园里徜徉了40年，那么此时发现自己置身于西奈——传说中有个民族曾在此流浪了40年的荒芜沙漠，这是不是一个不祥的预兆呢？数学领域的最高奖项"菲尔兹奖"每4年颁发一次，且只颁发给40岁以下的数学家，明年的这个时候，新一届获奖名单将在马德里宣布，而我已经超龄了，无法再奢望在那个名单里找到自己的名字。

当我还是个孩子的时候，从来没想过要成为数学家。事实上，在很小的时候，我就决定要进大学学习语言，因为在那时，我的终极梦想是成为一名特工。我认为，在大学学习语言就是实现这个梦想所必需的。

上学以后，我选修了学校里所有外语课程：法语、德语和拉丁语。那个时候，英国广播公司开始在电视里播放俄语学习课程，我在法语老师布朗先生的帮助下开始了学习。然而，即使是说简单的俄语"你好"，我也无论如何都开不了口，甚至是在跟着电视课程学习了8周后，我仍然无法正确地说出这个词。此时，我开始感到绝望，而且发现语言背后毫无逻辑可言，比如这个动词为什么要这样用，那个名词为什么是阳性，这些问题都没有合乎逻辑的答案，这让我的挫败感越来越强烈。拉丁语确实给我带来了一丝希望。那时的我，越来越对连贯而有逻辑的事物感兴趣，而不喜欢那些明显只是随机关联的事物。拉丁语语法严格，刚好击中了我的兴趣点，或者也许是因为老师总是用我的名字做词形变化：Marcus（马库斯）、Marce（马斯）、Marcum（马库姆）……

12岁那年，有一天上课的时候，数学老师指着我说："杜·索托伊，下课后来找我。"我以为自己肯定是惹麻烦了。下课后，我跟着老师来到外面，走到教学楼背面，老师从口袋里掏出一支雪茄，然后告诉我休息的时候他总会在这里抽烟，因为其他老师不喜欢有人在公共休息室里抽烟。老师缓缓地点燃雪茄，对我说："我觉得你应该去探索一下数学究竟是什么。"

时至今日，我仍然想不出为什么那天老师会单单把我从全班同学中挑出来，对我如此点拨。那时我身上完全没有数学奇才的迹象，倒是我的很多朋友，看起来很擅长数学。但是，显然，一定是我身上有些什么特质让拜尔森先生觉得我可能会有兴趣走到课堂之外，去探索那些算术之外的世界。

老师说我应该去读读马丁·加德纳在《科学美国人》杂志里的专栏，还给我列出了几本书的名字，他觉得我应该会喜欢这些书，其中包括弗兰克·兰德的《数学的语言》。居然有老师对我如此青睐，这事虽然不大，但足以激励我去探索究竟是什么让这位老师觉得数学是如此有趣的一个科目。

那个周末，父亲和我去了北边的牛津，也是距离我们家最近的一座学术之城。我们在宽街上找到了一个名叫"布莱克威尔"的小店铺。这家店铺看起来一点都不起眼，然而有人却告诉我父亲这是学术书籍的圣地。在走进店铺的那一刻，你就会知道他们为什么会这样说了。这个店铺就像神秘博士的飞船塔迪斯⊖一样，走进窄小的前门，你会发现里面是另一片广阔的天地。店员告诉我们，数学书都放在诺灵顿屋，也就是书店的地下一层。

于是，我们顺着楼梯走下去，一个像洞穴一样的屋子便展现在我们眼前，里面塞满了书。在我看来，似乎全世界所有已经出版了的科学图书都在这里了，这仿佛就是阿拉丁的山洞，这些科学图书就是山洞里的稀世珍宝。我们找到了摆放数学书的书架，父亲开始寻找老师推荐的那些书，而我则开始从书架上把书抽出来翻阅。不知道为什么，书架上似乎有很多黄色封面的书。正是在这些黄色封面的书中，我找到了感兴趣的内容。这些书看起来非同寻常，凭借对希腊语的粗浅涉猎，我认出了书中的一行行希腊字母，发现在 x 和 y 周围有大量小小的数字和字母，而且每一页里都有像"**引理**"和"**证明**"这样加粗显示的词语。

这一切对我来说毫无意义，我全然不懂。几个学生正倚着书架看书，那投入的表情看上去仿佛他们读的是小说。显然，他们看得懂书里的语言，这种语

⊖ 塔迪斯，全称"时间和空间相对维度"（Time and Relative Dimension in Space），是英国科幻电视剧《神秘博士》及其相关作品中的一个虚构时间机器和航天器。一架得到正确维护和驾驶的塔迪斯可以将乘客输送到任何时间中宇宙里的任何一处。——译者注

言其实就是某种编码。从这一刻开始，我决定要学习如何解码这些数学语言。在收银台结账的时候，我看到有一张桌子上摆满了黄色封面的平装书。"这些是数学期刊，"店员向我解释道，"出版社提供一些免费期刊来吸引学者订阅。"

我拿起其中一本，把它和其他要买的书一起放进包里。我选的这本期刊名叫《数学新进展》，那么现在挑战来了。在这本黄色封面的期刊里，我能解码数学的新进展吗？其中的文章，有些是德语的，有一篇是法语的，其他是英语的。然而，现在我决定要破解的是数学语言。"希尔伯特空间"和"同构"都是什么意思？西格玛（σ）、德尔塔（Δ），以及那些我甚至都叫不出名字的符号背后隐藏了怎样的信息？

回到家后，我开始阅读刚买回来的书。《数学的语言》尤其激发了我的兴趣。在这次去牛津之前，我从来没把数学当成一种语言。在学校，数学看起来就是一些数字，用来做不同难度的加、减、乘、除运算。然而，读完这本书后，我明白了为什么数学老师要让我去"探索一下数学究竟是什么"。

这本书里没有如尚需要保留到小数点后很多位的复杂除法计算，取而代之的是一些重要的数字序列，比如斐波那契数列。这本书说，很显然，这些数字诠释了花朵和螺壳是如何生长的。斐波那契数列是这样的一组数字序列：1，1，2，3，5，8，13，21，……除前面的两个数字之外，数列中的任意一个数字，都可以通过前面两个数字相加而得。这些数字就像是某种编码，指引着螺壳生长。一只小蜗牛背上的蜗牛壳最初只是一个 1×1 的正方形空间，接下来，每当蜗牛壳向外扩大一圈，这个空间就会增加一块。不过，由于蜗牛壳并没有太大的生长空间，所以每次新增空间的尺寸都是之前已有的两个空间尺寸之和，这样生长的结果就是一个螺旋（见图1-1）。它很美，又很简单。书上说，这些数字是大自然中万物生长的基础。

在这本书里还有很多有趣的三维物体图片，由五边形和三角形构成，都是我从来没有见过的。其中一个叫正二十面体，有20个三角形的面（见图1-2）。选取其中任何一个物体（书中称之为"多面体"），数一数它有多少个面和角（书中称之为"顶

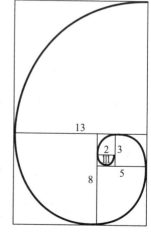

图 1-1　蜗牛壳如何按照斐波那契数列生长

点"），然后用面和角的数量之和减去边的数量之和，结果总等于 2。举个例子，一个立方体有 6 个面、8 个顶点和 12 条边：6+8-

12=2。书上说，任何多面体都遵循这一规律。这仿佛是个小魔法。于是，我打算拿由 20 个三角形组成的多面体试一下。

但麻烦的是，你很难清晰地想象出整个多面体，进而把面、顶点和边的数量都数清楚。即便是我用卡片做出了一个正二十面体，但要把每一条边都数清楚仍然让人非常抓狂。不过，父亲给我指出了一条捷径。"一共有多少个三角形？""嗯，书上说有 20 个。""所以，20 个三角形一共

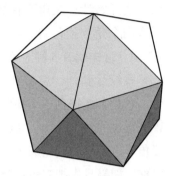

图 1-2　由 20 个三角形面构成
的正二十面体

有 60 条边，但每一条边都是两个三角形共用的，这样就变成 30 条边了。"这真的很神奇，不用看就可以算出这个正二十面体的边数。用同样的方法也可以计算出顶点的个数，20 个三角形一共有 60 个顶点，不过这一次，我可以从图片里看出每一个顶点都是由 5 个三角形共用的。因此，二十面体有 20 个面、12 个顶点和 30 条边。毫无疑问：20+12-30=2。然而，为什么不管是什么样的多面体，都遵循这个规律呢？

在另一本书里，用了一整个篇章专门讨论这种由三角形构成的多面体的对称。当时的我只对"对称"有一些模糊的认识。我知道自己就是对称的，至少在外形上看起来是这样。我左边的身体上有什么，右边也就有什么，就像在中间放了一面镜子。但正三角形的对称似乎并不只是简单的镜面对称。把正三角形旋转一下，它看起来还是一样的。我开始意识到，自己实际上并不清楚一个对象是对称的到底意味着什么。

这本书上说正三角形有 6 种对称。我继续往下读，开始发现三角形的这种对称是说，我可以对这个三角形进行某些"操作"，操作前后三角形看起来没有改变。我在一张卡片上挖出了一个正三角形，然后把这个三角形拿出来，进行一定的操作，比如旋转一定角度后，再把它严丝合缝地放回去，我数着到底有多少种操作可以实现这个过程。书里说，每一种操作都是三角形的一个"对称"。对称是本身就存在的，而不是被赋予的。这本书让我在想到对称时，不再把它当作三角形本身的一个内在属性，而是把它当作可以对三角形进行的一

个或一组操作，通过执行操作，可以在其轮廓内来改变或替换。带着这种想法，我开始计算三角形有多少种对称。我可以用三种方式翻转这个正三角形，每次两个角互换位置。我还可以按顺时针或逆时针方向把这个正三角形旋转1/3圈。这样就有5种对称了，那第6种对称是什么样的呢？

我绞尽脑汁，思考到底漏掉了什么。我试着将前面执行过的操作进行组合，看是否能得到一个新的对称。尝试过一切可能性后，我发现连续进行前面曾进行过的两个操作，最终效果和只进行一个操作是一样的。如果对称是能让三角形重新回到其轮廓中的操作，那么也许我应该会找到一个新的操作或新的对称。如果我先把三角形翻转过来，再旋转一下，会是什么结果呢？不对，这与从另一个方向翻转结果是一样的。那么，如果我先翻转，再旋转，最后再翻转一次呢？不对，这只是从另一个方向进行旋转，是我已经数过的一种对称。我已经找到了5种对称，但无论我怎样对那些已经进行过的操作进行组合，都无法找到新的对称。因此，我又打开书去寻找答案。

我发现，他们把三角形停留在初始位置上也作为一种对称。有意思……然而，我很快就发现，如果认为对称是可以对三角形进行的操作，而这个操作的作用效果是将三角形保留在其轮廓内，那么不对三角形进行任何操作，或者我们把三角形从卡片上拿出来再原封不动地放回去，也都属于同一种对称操作。

我喜欢这种对称的概念。对称似乎有点像变魔术。数学家对你说，看，这是一个正三角形，然后让你转过头去，就在你看不见的时候，他对三角形进行了某些操作。但当你转回头来，发现这个三角形跟刚才看起来完全一样。你可以认为一个物体的全部对称就是数学家魔术师耍的一些小把戏，为了让你觉得他们根本没碰过这个东西。

我在其他形状上也尝试了这种新魔法。下面这个看起来像六角海星的图形非常有趣（见图 1-3）。无论我怎么翻转，都不能让它看起来像是没动过一样，这是因为在翻转后，它的旋转方向会发生改变，这样就破坏了它的镜面对称。不过我还是可以旋转它。这只六角海星一共有 6 个触手，我可以做 5 种旋转，另外还可以选择对它什么都不做，这样一共就构成了 6

图 1-3 非镜面对称的六角海星

种对称，和正三角形的对称数量一样。

正三角形和六角海星形状的对称数量相同。然而，这本书所探讨的是一种语言，通过这种语言可以清晰地表达"这两种物体具有不同的对称性"这一说法并赋予其以意义，揭示为什么它们所代表的是对称世界中不同的两大物种。这本书还很肯定地说，这种语言可以让人看到两个外观迥异的物体实际上具有相同的对称性。这就是我即将开启的旅程，去探索对称究竟是什么。

当我继续往下读的时候，书里不再是图形和图画，而是各种符号了，这就是前面那本《数学的语言》在书名中所指的语言了。似乎有一种方法来把图画翻译成这种语言。我遇到了一些符号，在从书店带回来的那些黄色封面的期刊里，也见到过这些符号。一切都开始变得非常抽象，然而这种语言似乎能够捕捉并表达我在寻找正三角形的 6 种对称时所得到的发现，也就是，如果对正三角形接连进行两种对称操作，或者说接连做两个魔法动作，比如先翻转、再旋转，那么你将会得到第三种对称。描述这些交互作用的语言有一个专有名词——群论。

这种语言可以让人理解为什么六角海星的 6 种对称和正三角形的 6 种对称是不同的。每一种对称就是前面提到的魔法动作之一，我可以通过对一个对象接连进行两种对称操作来得到第三种对称。六角海星对称群与正三角形对称群相比，其对称之间的相互作用截然不同。正是这种相互作用，把正三角形的对称群与六角海星的对称群区分开来。

举例来说，对六角海星连续进行两种旋转，就可以得到第三种旋转。不过，不管以怎样的顺序来进行前两个旋转，其最终结果都是一样的。比如，先把六角海星顺时针旋转 180 度、再逆时针旋转 60 度，所得结果与先逆时针旋转 60 度、再顺时针旋转 180 度是一样的。相比之下，如果选择了三角形的两种对称，并把这两种对称所对应的魔法动作组合起来，那么操作这两种对称的顺序如果发生变化，所得结果就会出现天壤之别。先做一个镜面翻转、再做一个旋转与先做旋转、再做镜面翻转是不同的。在我读的这本书里，图形已经被书中的语言翻译成了表达式，也就是 $M \cdot R \neq R \cdot M$，其中 M 代表镜面翻转操作，R 代表旋转操作（见图 1-4）。就这样，对称的有形世界便被翻译成了抽象的代数语言。

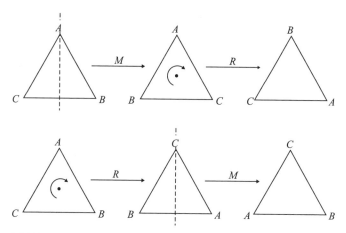

图 1-4 先做镜面翻转、再做旋转与先做旋转、再做镜面翻转得到的结果是不同的

随着学校生活逐渐展开，我开始了解我的数学老师都做了些什么。课堂上的算术有点像音乐家手中的简单音阶与琶音了，老师为我弹奏了一些激动人心的乐曲，如果我能掌握这门学科的技术部分，我也就能自如地演奏这些音乐了。我当然还不能完全理解我所读到的一切，但现在确实想去了解更多了。

对以成为音乐家为目标的音乐练习者，如果只允许他们演奏和听辨简单音阶和琶音，那他们很可能会扔掉手中的乐器，放弃这个理想。对刚开始学习某个乐器的孩子来说，他们不会知道巴赫是如何谱写出《哥德堡变奏曲》的，也不会知道如何即兴演奏一小段布鲁斯，但他们仍能从别人的演奏中获得乐趣。像《数学的语言》这样的书籍让我意识到了，在数学世界中也有相同的情形。对于"群"到底是什么，我一点头绪都没有，但我知道它是一种神秘语言的一部分，而那种神秘语言正是解开对称之谜的钥匙。

这就是我想尝试去学习的语言。与俄语或德语不同，这种数学的语言似乎是一种完全理想化的语言，其中一切都很合理，不存在不规则的动词或无法解释的例外情况。

在《数学的语言》中，最让我感兴趣的内容就是群论，也就是对称的语言。它似乎是瞄准了一个充满图形的世界，并把它转化成了语言。视觉世界中有许许多多错觉和幻影，造成了许多危险的含混不清之处，它们充斥着整个世界，而这种新的语言则让一切都变得透彻了起来。

我一直坐在沙滩上，躲在芦苇棚的荫凉里，阅读一本儿时在布莱克威尔书店里见到过的那种黄色封面的书。对我来说，这些书里的故事像最棒的假日小说一样令人兴奋。这本书是运用对称的语言编写的，这种语言帮助人们认识了一些奇怪的对称对象，这本书讲述的就是这些对称对象的故事。然而，它里面还有很多未完结的故事。后来，我一步一步走进对称世界的深处，遇到了许多令人着迷的问题，为了寻找答案，我踏上了旅途。我的 40 岁生日就是这段探索之旅中的一个中转站。

在生日这一天，我坐在西奈半岛的沙滩上，回望自己走过的路，发现从第一次开始学习对称的语言算起，已经走了很远。我沿着这条路所走的每一步其实都只是一次伟大征程中的一小部分，已经有许多数学家加入了这个征程，因为他们都意识到了对称是了解自然界众多秘密的钥匙。

自然的语言

太阳一点一点地落入西奈山脉，海面上，潮水渐渐后退，露出了沿海岸线平行分布的珊瑚礁。现在，怕晒的人和那些甲壳类动物可以从荫凉里出来了。做点运动可能有助于厘清我脑中混乱的思绪。前面有两个待在贝都因人营地的以色列人，对他们来说，西奈是个宜人的好地方。他们的后背因为长期在西奈的烈阳下浮潜而被晒得爆了皮。他们在珊瑚表面上发现了一些令人激动的东西，兴奋地指着。我低头看看，突然发现珊瑚表面布满了大自然中最令人惊叹的对称动物。

水里有一只真正的海星，就跟我小时候拿来玩的图片一样。我不确定自己过去有没有见过活的海星。这只海星是典型的五角形形状，就是大多数人提到海星时会想到的那种，但它又不像卡通风格海星那样僵硬。有些海星明显并不满足于简单的五角形，而是展现出了更加引人注目的对称。向日葵海星在生命之初只有 5 个触手，而在整个 8 年的生命周期中，它可以长出多达 24 个触手。能够生长出一种从 24 个方向看都一模一样的形状，这无论如何都是生物工程上的一个壮举。

不过，为什么对称在大自然中如此普遍呢？这并不只是个美学问题。就像对称对于我和其他数学家来说是一种语言，大自然中的对称也关乎语言。它为动物和植物提供了一种方法来传达各种各样的信息，从基因的优越性到营养信息。对称通常是某种意义的象征，因此可以被解读为一种最基本的、几乎是最原始的交流方式。对蜜蜂这样的昆虫来说，对称是生存的基础。

蜜蜂的视力极其有限。当它们飞来飞去时，大脑会接收到极其扭曲的图像，就像我们透过厚厚的玻璃看这个世界。蜜蜂无法判断距离，所以会不停地撞到别的东西。它们还患有某种形式的色盲，花园绿色的背景看起来是灰色的，红色变成了比灰色更为清晰一点的黑色。然而，即使是天生自带这样一副厚厚的眼镜，蜜蜂的眼中仍有一个事物格外清晰，那就是对称。

蜜蜂喜欢金银花的五边形对称、铁线莲的六边形对称，还有雏菊和向日葵特别明显的辐射对称。大黄蜂更喜欢镜面对称，比如兰花、豌豆和毛地黄的对称。蜜蜂的视力演化至今已经足以让它们分辨出这些重要的形状，因为有对称的地方就有食物。被有规律的形状所吸引的蜜蜂不是会让自己饿肚子的昆虫。对蜜蜂来说，适者生存意味着成为一名对称专家。一只蜜蜂如果读不懂食物给出的象征和信号，就只能在花园里嗡嗡乱飞，无法与那些能够发现对称的强劲对手相竞争。

植物为了使自己的基因能够长久地遗传下去，只能依靠吸引蜜蜂来为自己的花朵授粉，因此，在这场自然对话中，植物也扮演了自己的角色。可以实现完美对称的花朵就可以吸引更多蜜蜂，从而使自己在演化之战中生存得更为长久。对称是花朵和蜜蜂相互交流的语言。对于花朵来说，不管是六边形还是五边形，都像是一块广告牌，上面高调写着"欢迎光临！"；对于蜜蜂来说，隐藏在对称形状中的信息是"那里有食物！"。对称意味着特别，意味着有某种含义。如果说蜜蜂的视觉世界大都像静态白噪声，那么在这个背景之下，铁线莲的六片对称花瓣就像一段无比和谐的乐曲。

在大自然花园的演化过程中，植物世界也在探索着各种形状和颜色。几百万年间，年复一年冬去春来，开启新一轮的几何演化……现在，这个花园已经满是有规律的图案，努力宣扬着自己这里有香甜的食物。

然而，对称并没有那么容易实现。植物必须很努力，必须调动重要的自然资源来获取平衡，来实现兰花或向日葵所体现的那种美。形式之美是个奢侈品，这也就是为什么只有最能适应环境、最健康的植物个体才有足够的能量来创造一种平衡的形态。对称花朵的优越性反映在更高的花蜜产量上，也反映在这些花蜜更高的含糖量上。所以，对称是甜甜的。

对称的花朵或动物都在发出非常明确的信号，表明与邻居相比，自己的基因更具优越性。这就是为什么动物世界里到处都是那些努力实现完美对称的形状。人类和动物的基因决定了他们天生就认为这些形状是美的，比如某些动物的基因组成特别优越，因此它们有能量来创造对称，而我们也总是会被这些动物所吸引。

人类会选择一张有完美左右镜面对称的脸，而不是一张不对称的脸，动物也是如此。自然界中的大多数动物都偏爱这种左右镜面对称。中间的一条线，把整个形状分成两个不同的部分。不过尽管不同，两者却彼此完美对应，至少从外观上看如此。我们内脏的不对称至今仍是个谜，而且更反衬出外观的对称是多么奇妙。

多项研究表明，我们身上的对称越多，开始性行为的年龄可能就越早。甚至男性散发出的气味对女性所产生的吸引力，也都会因男性身体具有更多对称而增强。在一项研究中，研究人员把一些男性穿过的汗衫交给参加实验的女性，在这些女性中，处于排卵期的女性被身体更为对称的男性散发的气味所吸引。然而，似乎男性并没有被"设计"成相同的样子，他们并不能把身体更为对称的女性所散发的气味挑选出来。

动物权利运动的支持者一直都认为对称是判断动物是否遭受残忍对待的证据。养鸡场出产的鸡蛋很有可能远没有散养的鸡下的蛋那么对称：养鸡场里的母鸡一直在遭受痛苦，把本可以用来实现完美的能量白白浪费了。饱受折磨的艺术家可以在逆境中爆发，创造出伟大的艺术作品，但母鸡不同，它们需要舒适惬意的环境来创造完美的对称。

动物同样倾向于拥有镜面对称，因为镜面对称可以带来优异的运动能力。提到对称，通常想到的形状会是其中一半与另一半处于完美平衡的样子。几乎所有运动能力都要依靠对称才能最有效地实现。在拥有两条腿或四条腿的物种中，最为对称的个体跑得最快，也更容易获取到食物，因为它总是能"最先上桌"。同样，跑得最快的猎物也最有可能逃脱成为晚餐的命运。因此，自然选择所偏爱的形态能创造出速度最快的个体，而运动的平衡又与形态的对称紧密相连。如果某个动物的一条腿比另一条腿长很多，那么它跑起来时只能在原地转圈，无法在竞争激烈的自然选择中生存下来。

　　因此，对称是一种基因语言，让动物个体可以向潜在的伴侣表明自己拥有优秀的 DNA。然而，对称并不仅限于此。当蜜蜂回到蜂巢，不再寻找对称的花朵和花蜜，而是融入家庭生活，此时对称也随处可见。幼蜂一边在收集起来的蜂蜜中大快朵颐，一边分泌少量蜂蜡。由于蜜蜂聚集，蜂巢的温度会维持在 35 摄氏度，这使蜂蜡可以具有足够的延展性，工蜂会把这些蜂蜡收集起来，制作成蜂巢中用来贮存蜂蜜的巢室。蜜蜂再一次利用了对称的特性来修筑用以贮存蜂蜜的正六边形巢室。对称不仅包括其内涵和语言，它还是大自然实现高效率和经济性的一种方式。对于蜜蜂来说，六边形格子让蜂群可以最大限度地利用空间，在最大限度地贮存蜂蜜的同时，又不用浪费太多蜂蜡来制作巢室壁。

　　尽管长久以来蜜蜂一直都知道正六边形是建造巢室最有效的形状，但数学家直到最近才完全解开了"蜂窝猜想"：在建造蜂巢时，虽然蜜蜂可以选择无数种不同的形状，但只有正六边形才可以让它们用最少量的蜂蜡建造最多的巢室。

　　尽管对称从遗传上来说很难实现，但很多自然现象最终都会发展出对称的形状，因为这是最稳定、最有效率的形状。在无机世界里，对对称形态的追求更是无处不在。肥皂泡在形成的那一刻会努力成为最完美的对称三维形状——球形。就球形而言，无论如何旋转或翻转，它的形态看起来总是相同的。不过对于肥皂膜来说，球形真正的吸引力在于它的高效。肥皂膜中蕴含着能量，其大小与肥皂泡的表面积成正比。与其他形态相比，如果要包住一定体积的空气，球形的表面积是最小的，因此，球形是能量需求最小的形状。就像一块石头从山上滚下来，最后会滚到山谷中能量最低的地方一样，对称的球形代表了肥皂膜的最佳形状。

　　雨滴从天空中掉落时其实并不像艺术家通常所描绘的那样呈现出泪滴状，那只是一个艺术惯例，为的是让人们体会到雨滴动态的感觉。真实的图景是这样的：一滴水从天空掉落时，它的形状是一个完美的球形。铅弹生产商自 18 世纪就开始利用这一点了：让熔化的铅水从很高的地方流下来，落入盛有冷水的桶中，从而形成一个又一个球形铅弹。

　　科学家已经发现，对于自然界的很多组成部分来说，在其核心背后都隐藏着神秘的对称，比如基础物理学、生物学和化学，全都依赖于复杂多样的对称物体。雪花和致命的艾滋病病毒都利用了对称。在化学世界，钻石之所以坚硬，原因在于碳原子高度对称地排列。在物理学中，科学家发现电和磁是从两个不同侧面来反映同一个常见的对称现象，从而在两者之间建立了联系。新的基本粒子之所以能被预言，要归功于对奇异形态的对称所展开的研究。不同的对称暗示着新粒子的存在，这些新粒子是我们已知粒子的镜像。

从人类开始出现相互交流起，直到今天，"对称"始终是词汇中的一个核心。重复模式是婴儿刚开始学习语言时的关键。对称也揭示了我们在歌曲和诗词中的造句方式。从最初的岩洞壁画到现代艺术，从原始的鼓点到当代音乐，艺术家们始终致力于将对称推向极致。与小蜜蜂一样，有了对称，无论是制作阿拉伯地毯的手工艺人，还是可以将越来越多的数据写入越来越小的电子设备中的工程师，都可以用各种高效的方式来进行创作和制造了。我们在演化发展历程中每迈出一步，都可以在其背后找到对称的影子。

提到"对称"一词时，人们脑中出现的都会是处于良好平衡、拥有完美比例的对象。这样的对象体现了一种美感和形式感。人类的大脑总是被体现了某种对称的事物所吸引。我们大脑的"设定"似乎习惯于发现并寻找秩序和结构。从古至今，艺术品、建筑和音乐中所体现的事物，归根结底都通过这些有趣的方式在不同的领域反映了彼此。对称关乎于同一个对象不同部分之间的联系，它在对象的外在形态之中建立了一个天然的内在对话。

我抬脚跨过海里的那个海星，但在大脑中却始终有一个旋转着的五角形。我无法忽略我泳裤上那些奇怪图案，甚至连留在沙滩上的脚印都会让我陷入思考，思考那个从想法一出现就让我无法停止探索的问题。如果我沿着沙滩一直走，我的足迹能构造出多少种对称呢？最简单的，我迈出的脚步就是通常所说的滑移反射，也就是说，每一步都是对前一步的反射，同时又在沙滩上向前移动了一些距离。现在，我像袋鼠一样在沙滩上跳跃，用双脚创造出了一个具有简单反射的图案。接着，我跳起来，在空中旋转，让自己在反方向落下时，我得到了一个具有两条对称线的图案。最后，我总共在沙滩上做出了 7 种不同的对称。贝都因人营地的几位渔夫正在海里捕鱼，好为我们准备晚饭，看到我在沙滩上跳来跳去探索对称，他们露出了嘲笑的表情。

对称探索者

数学有时也被称为探索或寻找"模式"的科学。我在沙滩上跳来跳去，发现用脚印可以做出 7 种不同的模式。能不能对大自然中所有的模式进行分类？我们可以发现的模式是不是有限的？我们能不能列出一个清单，涵盖所有这些可能的对称？对于数学家，也就是模式探索者来说，理解对称是他们探索和描绘数学世界的一个重要主题之一。

几千年来，随着探索疆域的拓展，数学家们积累的对称也越来越多。但对称是个难以捉摸的概念，它究竟是什么？两个物体在什么情况下具有相同的对称性，在什么情况下又不同呢？直到 19 世纪，在革命热情高涨的巴黎才出现了一个令人惊叹的突破，一种新的语言出现了，它把"对称"这个词的真正内涵表达了出来。我在数学老师推荐的那本书里读到，这种语言叫作"群论"。这种新语言成了一粒种子，引发了一场数学革命，这场革命的影响堪比当时发生在巴黎街头的政治动荡。突然间，数学就有了打造船只的工具，可以扬帆驶向对称世界那遥远的边界。

群论是一种诞生于 19 世纪的新语言，它带来的最重要的发现之一是，就对称而言，存在一个基本构件的概念。古希腊人发现，任何一个大于 1 的正整数都可以被分解为若干个素数（也就是无法被除了 1 和它本身以外的其他数整除的数）相乘的形式，这些素数就是其他一切整数的基石。19 世纪，对称语言的出现让人们注意到了一个更为微妙的事实，那就是与整数的分解类似，每一种对称都可以分解为某些更小且不可再分解的对称。举个例子，一个正十五边形的旋转对称可以被分解为一个正五边形的旋转对称和一个正三角形的旋转对称，但是，这些"正素数边形"旋转群就不能再被分解成更小的对称群了。正五边形的对称群就是一个不可再分解的对称群。关于这些不可再分解的对称群，重点是它们就是可以构建出一切对称对象的基本构件。就像素数 5 可能是其他更大整数的因子一样，正五边形对称也是对称世界里的基本构成因子之一。

数学家们花了很长时间才完全搞清楚对称对象不可再分解的原因。在这之后，他们发现也许可以做出一张关于对称的"元素周期表"，其中包含一切潜在的、不可再分解的对称对象，就像化学元素周期表一样，包括一切在化学上不可再分的元素,这些元素可以组成其他一切物质。这样一张"对称元素周期表"将列举出一切对称基本组成构件,可用来构建其他所有可能存在的对称对象。首先被列入的是边数为素数的正多边形或 50 便士硬币的旋转对称,正素数边形是这些对象被列入对称"元素周期表"的关键要素。不过,在对称世界里,其实还有其他更为特别的对象,它们的对称也是不可再分解的,其中之一就是具有 20 个三角形面的正二十面体的旋转对称。19 世纪的数学家们发现,正二十面体的对称也是不能被分解为更小对象的对称。

自几千年前古希腊人发现了正二十面体以来,数学家们一直都对对称世界感到惊叹,而且从未停止过对它的探索。然而,群论开启了一扇新的大门,让数学家看到了掌控对称世界并对这个世界进行分类的可能性。如果你了解组成对称的基本构件,就可以变成对称的建筑师。19 世纪和 20 世纪,数学家们发现了越来越多不可再分解的对称对象,并把它们列入了那张"对称元素周期表"。然而,随着这张周期表的规模越变越大,数学家们开始思考,是否有可能完成一个涵盖一切潜在的不可再分解的对称对象的周期表。

因此,到了 20 世纪 70 年代,出现了一群勇于探索的数学家,面对复杂的对称世界,他们有能力、有决心也有毅力去寻找对称世界的极限。这些数学家分成了截然不同的两队。其中一队专注于寻找更多独特的、其对称不可再分解的数学对象。他们是很有趣的一队,就像是海盗寻宝,总是在寻找新的对称的基本构件。然而,与此同时,他们也付出了高昂的代价。他们中确实有少数几人取得了重大突破,名字被载入史册,但许多人的探索都最终归于徒劳。毕竟,要问彩虹的尽头到底有没有传说中的宝藏,虽然正确的判断很重要,但好运气也同样必不可少。

相比之下,第二队与第一队的惊心动魄形成鲜明对比,这是一支纪律严明的战斗部队。这支组织有序的队伍从另一个角度切入并展开研究,也就是探索对称的边界。他们冷静地评估了每一个迂回和转折,解释为什么向某个特定方向前进,就不可能存在新的不可分对称群。

第一队更多的是由许多特立独行的数学家组成的,其中最为传奇的就是目前在普林斯顿大学任教的约翰·何顿·康威教授。他的数学魅力和个人魅力使他赢得了近乎狂热的追捧。当康威讲述自己在数学研究中收获的成果时,极具表演天赋。他介绍的许多内容,乍看起来像是数学领域的稀有小物或小把戏,但这些内容相互关联、交织，到演讲结束时，总会对数学领域某些最基本的问题给出答案。每次在揭示一个基本见解之前，他都会发出极具个人特点的笑声，仿佛他也对这个结论感到很惊讶。同时，康威还把满屋的严肃学者都变成了顽皮的孩子。他在演讲时经常会随身携带一个道具箱，在演讲结束后，大家会冲上去把玩道具箱里的各种数学玩具。

第二队的掌舵人是丹尼尔·戈伦斯坦。20 世纪 60 年代，世界各地数百位数学家开始把研究重点转向了理解对称世界的边界。他们的研究更多地集中在揭示什么是不可能的。1972 年，戈伦斯坦认为很有必要把大家协调起来，共同向这一领域发起进攻。如果不是戈伦斯坦，世界各地的数学家可能还都在孤军奋战，完全不了解彼此取得的进展。有些进展来之不易，又变化莫测，数学家们需要在一系列复杂而又冗长的证明过程中披荆斩棘，其中有些甚至发展成了上千页纸的逻辑论证。戈伦斯坦经常将探索的那几十年称为"三十年战争"。

当第一队数学家坚持聚焦于不断开拓新的疆域时，第二队数学家则在系统地考察什么是可能的、什么又是不可能的。那么第二队能不能有朝一日向第一队证明已经没有新的疆域可以去探索了呢？或者，将来会不会发现对称世界其实并没有极限，而是一个会无限扩展的世界，因此这两队数学家的探索将永不停息，注定无法完成闭环呢？这样一来，是不是总有未知的海域存在？第一队中的许多数学家希望自己探索的旅途能永不停歇，从而可以揭示一个又一个奇特的对称。然而，第二队数学家则热切地期盼着闭合、完整的知识链条。

到了 20 世纪 70 年代末期，数学家们意识到这两队最终将汇合于一点。对称的完整分类已经近在眼前，也就是说，那张包含了所有对称基本构件的周期表逐渐成形了。大多数数学家对这一前景感到无比振奋，因为这一前景证明对称探索者已经找到了所有的基本构件。但也有人并不这样认为。"海盗船长"康威曾被问到对这一前景态度如何，是乐观还是悲观，他的答复相当难以捉摸："对此，我是个悲观主义者，但仍然充满希望……我很高兴看到问题的答案被错误地解读了，但这正是我当初满怀恶意的渴望！"对康威这样的宝藏猎人来说，这些对称对象"很美，我也希望看到更多这样的对称对象，但尽管不情愿，我仍不得不承认，可能不会再有新的与众不同的对称对象出现了"。

相比之下，戈伦斯坦和他的战友们在看到自己的探索终于要随着"三十年战争"的结束而走到终点时，都表现出了乐观态度。20 世纪 80 年代，又有两个新的不可分的对称基本构件被列入了周期表，此时，在远处的地平线上已经可以看到另一队数学家的身影了。随着两支队伍慢慢向彼此靠近，人们开始意识到：就是这样了。不会再有新的惊喜了，因为在对称世界里的环绕航行已经完成。20 世纪 80 年代，对称的分类已经完成，探索结束的消息开始传开。然而，对这样一次史诗级的探索来说，这是一个异乎寻常的终点。在这里，没有数学家放下手中的粉笔，转身迎接讲台下听众全体起立为伟大成就鼓掌喝彩的高潮时刻，也没有宣布证明过程终于完成的新闻发布会，甚至没有人可以特别清晰地说明是谁真正完成了这一次探索。时至今日，仍有人在质疑这一次探索旅程是否真的结束了。

在数学之外的其他领域，这件事并不是什么大新闻。那一年，我读六年级。在家里卧室的墙壁上，我没有贴什么乐队或球星的海报，而是贴满了各种关于数学的剪报。我会翻遍报纸内容，寻找令人激动的突破，然后剪下来贴在墙上。那段时间我一直在浏览自己剪下来的大量文章，但所有文章都对这个现象级成就只字未提。有趣的是，在浏览过程中，我发现贴在床边的一张剪报是写给《卫报》的一封信，信中作者指出了这份报纸在一周前刊出的对费马大定理的错误证明。写信的人是一位数学家，日后他成了我读博时的导师。

然而在数学界，这却是一个实实在在的大新闻，是一个伟大的壮举。几百年来，把所有可以用来构建对称对象的基本构件全都记录下来的想法一直存在，但没有人相信它会变为现实。随着数学家们逐渐抓住了对称的真正含义，他们似乎看到了一个无边无际的世界，充满了混乱无序而又变化多端的对称对象。这就是为什么对于这两队数学家所做出的努力，整个数学界都感到意义重大，很有成就感。

这是一个无可比拟的数学证明。数学家们习惯于在定理的证明前冠以大名，比如安德鲁·怀尔斯对费马大定理的证明、格里戈里·佩雷尔曼对庞加莱猜想的证明。下决心要以自己名字命名某个定理的证明的数学家会一下子消失许多年，孤独地展开研究。但这一次，由这么多数学家共同努力完成一个证明，在数学领域还是第一次。所以，以其中任何一个数学家的名字命名这个证明都是不可能的，也是毫无意义的。

据说，那些在探索途中就已经发现了对称新岛屿的数学家都毫不避讳地在岛上插上了旗子，并在地图上标注了自己的名字，比如扬科群 J_1、J_2、J_3、J_4、原田－诺顿群 HN（F5），康威群 Co_1、Co_2、Co_3。对于是谁首先发现了某种对称群、这种对称群该以谁的名字命名，存在一些激烈的争论。然而，如果想要用人名来命名对称分类定理的证明，恐怕需要罗列至少 100 个名字。

与其他证明不同的是，这个证明过程如此庞大，甚至可能没有人敢说自己已经读完整个证明，因为它是由散布在 500 多种不同期刊中的 1 万页文献所组成的。对于很多人来说，这样一个证明过程有悖于数学追求简洁的理念，比如 1940 年剑桥数学家戈弗雷·哈罗德·哈代就曾表示："一个数学证明应该像一个简单而又轮廓清晰的星座，而不是一个散落在银河系中的星团。"

尽管这不是一个优雅的单行证明，但却像可以在银河系中发现的奇迹一样，丰富而又有趣。每当这些对称探索者得到了新发现，数学家们总会非常兴奋，仿佛发现了新的行星或卫星。就如同银河系，一个满是美丽的恒星和星云的奇异宝库，这个证明虽然庞大而又复杂，但其中充满了耀眼的宝石，可以让人体会到哈代口中的那种数学之美。然而，对称的故事又与天文发现有所不同。这个新的数学证明以清晰的逻辑解释了为什么所有的这些对称都应该是存在的，以及为什么不可能再找到新的对称了。其过程不具备任何随机性，任何其他结构都是行不通的。

数学领域的太空海盗船首领"史约翰"[一]康威认为，应该公开说明一下他们在航行中所发现的疆域。那时，康威还执教于剑桥大学，他得到了罗伯·柯蒂斯、西蒙·诺顿、理查德·帕克和罗伯·威尔逊的协助，他们五人共同编写了现在所说的《有限群图集》，用数学图表记录了他们所遇到的每一个新对称群的"地形地貌"。

很多科学研究都依赖于对称，因此他们的努力并不是毫无意义的标本收集。数学、物理学、化学中的很多内容都可以用研究对象在结构上的潜在对称性来解释。因此，《有限群图集》成为许多科学家的罗塞塔石碑[二]。不管遇到什么问题，只要其本质是理解对称，都可以求助于这部图集。很多数学家发现，要证明自己的定理，现在只需要用康威这本图集中所有不可分的对称基本构件验证一下，只要结果全部为真，那么定理就可以得到证明。哈佛大学的一位著

———

[一] 迪士尼动画《星银岛》中的人物，半人半机械的太空海盗首领，因为觊觎宝藏而混上太空船担任厨师。他的和蔼魅力下掩盖的却是种残忍的贪婪。——译者注

[二] 它是破译古埃及象形文字的关键，是打开古代文明密码的钥匙。——译者注

名数论学家曾表示，如果学校图书馆着火了，而他只能拯救其中的一本书，那这本书就一定是《有限群图集》。

《有限群图集》中的图表是数学的基础，就如同元素周期表是化学的基础。几千年来，科学家们一直致力于理解物质本身的基本组成要素。古希腊人认为宇宙万物是由土、风、火和水组成的。但到了 20 世纪，化学领域开始应用由俄国科学家德米特里·伊万诺维奇·门捷列夫创立的元素周期表。现在，这张以氢、氦、锂为起点的表已经包括了 100 多种化学元素。利用表中元素的原子可以构建出已知宇宙中的一切分子。

从古希腊人开始探索对称图形算起，已经过去了 2000 年，数学现在已经有了属于自己的"元素周期表"，其中罗列了对称科学的基本构成元素，利用这些元素的原子可以构建出一切可能的对称。不过，与其说这是一张表，不如用"图集"一词更为贴切。现在，在大多数数学家的书橱中，都可以找到这本厚重的红皮图集，书中记录的是每一块基本对称区域的轮廓以及构成它的每一座"城市"和"小镇"。

事实上，在康威开始主持编撰《有限群图集》的前几年，还没有人知道将来这本图集是会迎来最后一页，还是注定成为永远不完结的书卷。当"剑桥五人组"得知探索结束了，就立刻找到出版商，要把他们的图集与整个科学界分享。1985 年，这部无与伦比的图集出版，也是在这一年，我来到了剑桥。当时我还是个满脸青春痘的 20 岁小伙子，在牛津大学读本科，盼望着开启属于自己的通往对称世界的旅程。

扬帆起航

在中学和大学阶段多年的学习中，我始终在锤炼自己在数学领域的基本功，因此，此时已经做好准备来开始进行属于自己的研究了。但我仍需要一位导师来帮我确定研究方向。我在牛津大学的导师把剑桥大学群论学家的名单全部研究了一遍，最后从中选出了一位。"给西蒙·诺顿写封信吧！"我的导师对我说。后来，我就跟诺顿约好了在剑桥大学数学系的公共休息室见面。

我并不知道诺顿的长相，所以当我来到公共休息室，看到满屋的数学家时，有点发怵。像大多数数学家一样，我骨子里相当害羞。我不是那种会主动跟别人握手并介绍自己的人，我讨厌派对，也很害怕打电话，数学给我提供了一个安全的避风港，其中的一切都不会令人感到突然（或者就算有出乎意料的事情，你也能知道在这些奇怪行为的背后，一定有一个非常符合逻辑的解释）。我之所以喜欢数学，就在于一个证明本身就能说明一切：不需要为它提供任何凭证，也不需要说服别人相信它是正确的，一切都摆在桌面上。

在公共休息室里，似乎没有人专门在等我。每个人似乎都在苦思冥想。有些人在纸上潦草地涂涂画画，不过大多数人都在全神贯注地玩双陆棋和围棋。我打断了其中一组人的游戏，问他们是否可以帮我找到诺顿博士。

其中一个学生指着公共休息室后面说："他就坐在那儿呢。"我看到一个像流浪汉一样的人，头上顶着乱蓬蓬的黑头发，裤子打弯的地方都磨破了，身上的衬衫也到处都是破洞。他周围堆着许多塑料袋，里面装着的似乎就是他的全部家当了。他看起来像个稻草人。"那就是西蒙。"

我走了过去，向他介绍我自己。他用带着些许奇怪鼻音的语调说"你好"，语气里还有一丝拘谨的笑意。我几次想要跟他握手，他都躲开了，好像我会打他一样。我们之间的对话也很困难。我在读本科的时候也遇到过许多相当古怪的人，但没有一个是像他这样的。最让他感兴趣的话题似乎是我从牛津到剑桥的路线。他开始从塑料袋里掏出一张又一张大巴、火车时刻表。很明显，我可以选择一条很有趣的路线，中途路过布莱奇利。他其实并不需要这些列车时刻表，他似乎已经把所有时刻表都记在了心里。他已经帮我规划好了回去的路线。

就这样，我坐在那里。我迫切渴望了解群论的未来发展方向，而听到的却是对整个国家公交系统的长篇大论。就在这时，一个大个子朝我们走了过来，在西蒙·诺顿身边坐下。我不知道他是谁，但他似乎觉得我应该知道他。他也有一头乱蓬蓬的头发，不过不是黑色，而是黄褐色。他冲我咧嘴一笑，但眼神让人有些害怕。那时已是深冬时节，但这个人却很开心地穿着凉鞋和 T 恤衫，T 恤衫上面印着"$\pi=3.141\ 5\cdots$"，小数点后的数字不断延伸，盖住了他整个肥胖的身体。他看起来像个有点疯狂的小丑。接下来我马上就知道了，这就是约翰·康威——"剑桥号"的船长。

我告诉他我想到剑桥攻读群论方向的博士学位。"你叫什么名字？缩写是?""呃……马库斯·杜·索托伊（Marcus P. F. du Sautoy）。""去掉 F. 和 du，然后把 Sautoy 中的 S 改成 Z，你就可以加入我们了。"我完全听不懂他在说什么，还把这一切明明白白地写在了脸上。他的意思是我没能通过某种奇特的入会仪式吗？或者这是需要我去解开的一个古怪谜题？有时，数学家一旦知道了该怎么解开谜题，就会变得很残忍，而且他们看到你为了找到答案而痛苦煎熬时，会觉得很享受。但是我无法理解这个谜题的意义所在。

他把一本巨大的红皮书"扔"到我面前，"砰"的一声，这本书落在了我们之间的白色方桌上，封面上写着《有限群图集》，标题下面是五个人的名字：J. H. Conway（康威）、R. T. Curtis（柯蒂斯）、S. P. Norton（诺顿）、R. A. Parker（帕克）、R. A. Wilson（威尔逊）。

"这是一本关于对称的图集。最上面的是我的名字，接下来是组里其他成员的名字，是按他们加入的时间顺序排列的。"这时我才明白了，每个人的名字里都有两个首字母缩写，每个人的姓氏都由 6 个字母组成，其中姓氏的首字母在字母表中的位置代表了他们加入小组的顺序。我只有把名字改为 M.P.Zautoy 才能加入。翻开图集，会发现里面还提到了第六位数学家，在准备这本书的过程中，他协助完成了大量计算工作，因而受到了感谢。不过由于他的名字是 J.G.Thackray，所以就不能出现在封面上了。

"我们刚从印刷厂拿回这本书时，发现排字工人把我们名字里的对称全都搞乱了，排列布局也完全不对。我坚持把它送回去，让他们重做了一遍。"如果不是有像康威这样痴迷于对称的人在这样的细节上如此坚持，对称的图集就永远不可能问世了。

"我喜欢对称的东西，一直都很喜欢宝石、水晶和多面体。"我从他的办公室可以体会到这一点。这间办公室里塞满了对称模型，它们的形状、大小和颜色各不相同，很多都悬挂在天花板上。它们看起来就像拜占庭教堂里的星形烛台。康威的办公室就是为对称打造的一个圣殿。

"我有一本埃舍尔的版画画册，一直放在我的钢琴上，"康威说，"我尝试每天只让自己看一幅埃舍尔的画。我常常会忍不住作弊，在第二天到来之前就翻到下一页，不过我一直坚持要至少先出去一下再回来，然后才翻到下一页。在我最喜欢的画中，有一幅是埃舍尔为荷兰一家巧克力制造商设计的锡制包装盒（见图 1-5）。那是一个由 20 个三角形组成的正二十面体，画满了海星和贝

壳。埃舍尔非常聪明，所有海星都稍稍有些弯曲，这样海星的五个触手看起来

似乎是在逆时针旋转。这意味着这个图形没有任何反射对称，它所具有的唯一对称就是对这个形状进行不同的旋转。它的这种对称就是图集里的第一个基本构件。"

康威打开《有限群图集》，翻到第一张图。最上面是它的名字——A_5，接下来是一个填有数字的小表格，也就是在探索这个"小岛"的对称时所需的数学细节。

图 1-5　埃舍尔设计的正二十面体巧克力盒子

"如果我对什么感兴趣，我就会给它起个名字，给它列个清单，然后为它写一本书。不过，如果你想出名，那么你真正想要搞明白的应该是图集里的倒数第二个图。"

康威翻到图集的后面部分，在其中一页停了下来，这页的标题上只有一个简单的"M"，看起来像是一个特工的名字。但康威解释说，M 代表"Monster"（怪兽，也称魔群），这是他在发现这个对称之后亲自起的名字。大四的时候，我曾听说过这个巨大的对称对象。当然，这样一个在 1980 年才被首次构建出来的庞然大物并不在我的课程大纲里，但是在大四的那一年，我开始参加一些学术研讨会，希望见识一下在老师每周发的练习题之外还有些什么。让我震惊的是，即使我已经在大学里花了三年来学习数学语言，这些研讨会仍然像是充满了毫无意义的词语和符号的汪洋大海，将我淹没了。显然，我还有很长的路要走。"怪兽"曾出现在好几个研讨会上，但除了觉得这个名字听起来有点奇怪外，我真的不知道这东西到底是什么样子。

"它有 808 017 424 794 512 875 886 459 904 961 710 757 005 754 368 000 000 000 种对称，因此它被称为怪兽。"我惊愕地看着康威，不是因为它的对称数量比组成太阳系的原子数量还要多，而是因为康威可以眼皮都不眨一下就一口气说出这么一长串数字。康威可以看出我已被他折服。"这都不算什么，我还可以告诉你我 T 恤衫上面印着的每一个数字。"我看了一下他的 T 恤衫，上面写着"$\pi=$"，后面跟着长长的一串数字。我可以说出前 6 个数字 3.141 59，

不过也就到此为止了。然而康威却表示他可以说出 π 小数点后面上千位数字。在斐波那契数列里，每一个数字都是前两个数字相加之和，但是 π 与之不同，π 的这些数字排列并没有明显规律，康威无法在前面数字的帮助下算出后面的数字，但是康威的大脑可以从中发掘出最微小的结构来让自己记住如此冗长而又复杂的数字序列，而这个大脑也并不是自闭症的大脑，只能简单地提取随机信息的大脑。事实上，康威是通过自学掌握了这些技巧，他拥有一个善于分析的大脑，可以让他找到合适的方法来完成这些创举。

"不说 π 了，这些才是真正有意思的数字，"康威一边说着一边指着几张巨大表格的开头部分，这些表格所代表的就是让人们可以去探索的这片被称为"怪兽"的广袤而荒凉的土地的地图。"196 883 维度空间，这是表示这个对称的最小维数。'怪兽'就像是一个巨大而又对称的雪花，只有进入 196 883 维的空间你才能看见它。"

埃舍尔设计的巧克力盒子是存在于我们三维世界中的一种对称物体。你可以看到它，触摸它，把玩它。它在图集里的位置非常靠前，只有 60 种不同的对称性。当翻到图集的结尾部分，书中展示的这个庞然大物你是不可能从视觉上看到的，你必须走进一个 196 883 维的空间才能"看见"它。

在过去的几年里，我所得到的最令人兴奋的一个发现就是数学语言提供了另一种探索世界的方法。埃舍尔的视觉悖论揭示了我们对现实的感知有多糟糕。把物理空间变成数学语言，这些悖论就显而易见了。数学公式可以预测行星运行轨迹或经济走势，从而可以让人看到未来。对于我来说，这种语言远比我在学校里费力学习的法语或俄语更为有用。不过，这种语言于我来说，最大的一个兴奋点就在于它可以在大脑中描绘出肉眼永远无法观察到的事物。数学语言为存在于我们这个三维物理世界之外的空间打开了一扇虚拟之窗。

我们其实都很习惯于将空间转化为数字。当我们在地图中查找某个城市时，它可以通过经纬度坐标标记出来。例如，剑桥大学数学系位于北纬 52.2°、东经 0.1°。在数学中，把几何图形转换成数字时，也运用到相同的原理。例如，正方形的 4 个顶点可以用坐标来表示：$(0, 0), (1, 0), (0, 1), (1, 1)$。在三维空间中也是如此，只需要再增加一个坐标，比如立方体的 8 个顶点可以分别用 8 个三元组来表示：$(0, 0, 0), (1, 0, 0), (0, 1, 0), \cdots, (1, 1, 1)$（见图 1-6）。坐标 $(1, 0, 1)$ 在三维立方体上所标记的位置或者说所代表的点就是从（0，0，0）点出发，向东移动一个单元后，再垂直向上移动一个单元所抵达的位置。

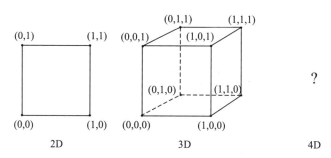

图 1-6 把几何图形转换为数字：用坐标表示图形上的点

数学的美妙之处就在于，当我把几何图形表示成这种新的数字语言后，就可以表示出四维空间的"立方体"，不需要因为无法将它视觉化而苦恼。这个四维图形通常被称为超立方体或四维立方体，有 16 个顶点，每一个顶点都可以用四个坐标来表示，从（0，0，0，0）开始，然后是（1，0，0，0），（0，1，0，0），以此类推，直到位于最远处的（1，1，1，1）。数字变成了描述物体形状的一种"编码"。尽管我无法"看到"超立方体，但可以通过数学语言来操控它，研究它的对称性。数字让我产生了一种感觉，当然，如果你喜欢，也可以说这是第六感——一种我觉得自己能在四维空间看到东西的感觉。

尽管我最近已经可以"看到"存在于更多维度空间中的图形了，但康威和诺顿能够想象出一个在 196 883 维空间中的对称雪花，这可以说是一个相当令人难以置信的思维实验。这片雪花不会从天空中飘落，要构建这样一个物体，必须依赖于数学语言。它存在于数学世界，在这个世界里，有形的物体被相对应的数字编码所取代。正如超立方体可以用一串由 0 和 1 组成的四元组来表示，康威和诺顿可以用一串由 196 883 个数字组成的坐标来构建魔群，而且根据康威的说法，组成每个坐标所需要的 196 883 个数字并不是随机的。

"有趣的是，"康威对我说，"1+196 883=196 884。"

我应该是看起来有点蒙，因为并不觉得他所说的是一个会让所有人都感到兴奋的伟大数学发现。"196 884 是模函数傅里叶展开的线性项的系数。"现在，我大概知道这是什么意思了。它是数论里的一个重要内容，但与那片巨大的雪花对称似乎并没有关系。"重点就在这，"康威反驳道。"当有人告诉我这一点时，我觉得完全是数字命理学，但是后来我走进楼下系里的图书馆，找到了一本有关这些模函数的书……好吧，下一个数字是什么？"

我看了下表格，是 21 296 876，也就是下一个能让你看到这片雪花的重要维数。"嗯，在那本书里，我了解到模函数的第二个重要系数是 21 493 760。"我又蒙了。"重点就在于 21 493 760=1+196 883+21 296 876。西蒙和我找到了一种方法，利用魔群表格里的所有数字，可以算出模函数傅里叶展开式中所包含的所有项系数。"

重点是这个被称为模函数的奇怪东西实际上可以用一个数列来表示，开头的几个数字便是 196 884，21 493 760，864 299 970，…类似地，就那片怪兽般的巨大雪花而言，其形状就可以用另一个数列来定义：196 883，21 296 876，842 609 326，…康威和诺顿找到了一种数学魔法，似乎可以奇迹般地把一个数列转换为另一个。

对于一个对数学不敏感的人来说，这听起来可能没什么，但此时的我已经有了足够多的知识储备，可以理解这其实是很奇怪的。这就好像是考古学家在危地马拉丛林里发掘了一个玛雅人的金字塔，却在金字塔上发现了过去只在埃及古墓里见到过的奇特图案，因此可以推测两个文化之间存在某种关联。康威的挖掘工作揭示了两门数学艺术之间存在类似的联系，也就是数论中的模函数与魔群之间存在联系。两者在表面上看来好像并没有什么联系，那个怪兽般的对称对象生存于多维空间，而这个空间的奥秘似乎又被写入了模函数。

"那是我数学生涯中最激动人心的经历，"康威说。但这个联系意味着什么？"这就是问题所在：我们不能理解它。为什么会存在这样的联系？""魔群月光。"西蒙·诺顿加入了对话。"我们把这个奇怪的'数字命理学'称为魔群月光。"康威解释说。

这是一个有趣的名字，很能博人眼球。但是他们所说的月光是什么意思？是指非法生产的私酒"月光"威士忌？是因为模函数与魔群对称之间的联系太奇怪，所以像这种威士忌一样难以下咽？"好吧，这个名字稍有些不恰当！"康威承认了这一点。或者，也许月光是用来暗指他们其实都在胡说八道。不过这似乎并不仅仅是疯狂的数字命理学。当出现某些观察结果时，你完全可以认为这是某种奇特的巧合而不去理会，比方说，当你看到怪兽的第一个维数 196 883 与模函数中的第一个重要系数 196 884 是如此接近时。但是，在图集中，康威和他的"船员们"所列出的这些用来探索魔群对称性的数字，全都能与数论中研究的某个问题的数字产生直接关联，这就不可能是单纯的数字命理学谬论了。"这些联系太令人震惊了，绝非偶然。"

确实，通过"月光"这个词，他们似乎想表达的意思是，似乎应该存在一个数学太阳，它的光芒照亮了魔群和数论中的模函数。太阳是这些数字之间一切联系的源头，虽然没有人能够直视太阳，但我们能看到月亮反射过来的光。康威说，这道月光的源头是整个问题中最大的一个谜团。我可以体会到这个问题的吸引力。数学的这种属性，即不同分支间存在奇特的内在联系，也是这门学科最吸引我的地方。挖掘连接魔群与模函数之间的"隧道"看起来是一项吸引人的工程。就像《仲夏夜之梦》中的织工波顿，当数学织工发出了"寻找月光"的呼喊时，谁又能抵挡得住呢？

接下来，他们两位好像当我不存在，开始讨论越来越大的数字，随着对这道月光的奇特影响不断深入地研究，他们将这些数字逐个写进图集里。他们对这些数字太熟悉了，以至于完全不需要查看摆在我面前的表格。他们赋予了怪兽以生命，这只怪兽就像他们的朋友，一个他们非常熟悉的人。不过，尽管康威和诺顿试探性地提出了很多问题，但这位朋友还是保留了一些秘密。我就坐在他们旁边，看到他们自如驾驭这些似乎已经复杂到超出正常人大脑能力范围的内容，充满了敬畏之情。不过，就像康威可以从 π 小数点后面的数字中找到线索来帮助记忆一样，尽管魔群庞大而又复杂，但它也透露了有关自身的大量信息，足以让康威和诺顿找到一种方法去解开所有谜题。

我又坐了一会儿，听着两人像进行数学决斗一样对彼此狂飙数字，然后就安静地离开了。回去的路上，我按照诺顿从塑料袋里扒拉出来的指示，选择了从剑桥回到牛津的最佳路线。

8 月 26 日午夜，西奈沙漠

气温终于降了下来，已经不是热到无法忍受了。我躺在沙滩上，高高的夜空远远地燃烧着。现在的我，即使只是抬头仰望，也会觉得很兴奋，那里会有什么？宇宙是什么形状的？宇宙是"有限而无界的"，到底是什么意思？

　　月亮刚刚从对岸沙特阿拉伯的群山升起。为什么这里的月亮看起来比伦敦的要大这么多？是因为这里的环境产生某种透镜效应把月亮放大了吗？今天是残月，月亮的一个盈亏周期就要结束了。对于贝都因人来说，月亮的相位决定了他们的月份周期，新月标志着新的一个月开始了。接待我的主人告诉我，根据伊斯兰历，我的生日今年是在赖哲卜月，明年就是另一个月份了。正是数学的力量让你可以根据一个日期推算出另一个日期。

　　海浪轻柔地拍打着珊瑚礁。月光洒在海面上，闪闪发光。组成这些光线的光子都经历了非凡的旅程。它们从在我身后落下的太阳那里出发，到达月亮后又反射回来，落在海面上，最终落到了我的眼睛里。不过，在进入我的眼睛之后，这些光子又经历了什么呢？物理学与生物学之间怎样的奇特结合才让我产生了"看到海浪微光闪烁"的感觉呢？

　　大海在月亮的作用下起起落落。现在，潮水的方向又变了，与海岸线平行分布的珊瑚礁被海水淹没了，可就在下午，我还在那里看到了对称的海星。为什么一天中会有两次涨潮，而不是一次呢？我在沙滩上画出月亮围绕地球运转的轨道图，试图解答这个问题，却发现这其实并不容易。正是因为这些解答不了的问题，才使得科学不断进步。如果没有了尚待解决的问题，数学将不复存在。终于，我还是放弃了在沙滩上继续探索潮涨潮落的奥秘。不远处，我住的芦苇棚屋在星空下闪烁着微光，神秘的月光为我照亮了回去的路。

02

CHAPTER 2

要赌鬼不掷骰子，读书人不读书，那是天下奇闻。

——威廉·莎士比亚，《快乐的温莎巧妇》

第 2 章

9 月：当骰子再一次滚动

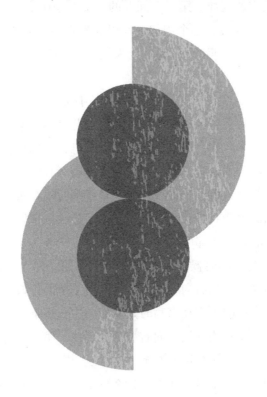

9月1日，伦敦斯托克纽因顿

对我来说，9月总是一个属于起点的月份，一个全新的学年即将到来，有那么多新知识等着去学习，那么多新事物等着去发现。我刚刚陪着9岁的儿子托马尔走到学校。今天是暑假后开学的第一天，我利用路上的时间帮儿子学习让人望而生畏的乘法表。托马尔努力想找到些小窍门来记住每一条，比如用几个简单的计算得出更多、更复杂的结果，从而帮助自己找到乘法表里的答案。

在学校里，他被要求熟记乘法表，等到计算结果能够脱口而出时，就可以学习新的内容了。在我们一起去学校的路上，我试图点燃他心中那团学习数学的火焰。我向他提问，但并不完全按照乘法表的顺序。比如，我问完 4×4，紧接着就问 3×5；问完 5×5，再问 4×6；然后是 6×6，5×7。过了一会儿，托马尔就发现了其中的规律：第二个问题的答案总是比第一个少1。我向他解释不管选什么数字，都会有这个规律，我以为他听到后会感到惊讶。"好吧，我们到了，你可以停下了吗？"他问，因为他觉得可能会被人看到自己在跟老爸讨论数学而感到尴尬。

在回家的路上，我的脑子已经开始思考手头正在研究的问题了。我喜欢在家办公，觉得办公室是个压抑的地方，在那儿会不断地提醒自己还没有取得任何伟大的研究成果。我讨厌看到白板盯着自己，仿佛在控诉为什么我还没有在它上面写有趣的公式。我喜欢用黄色便笺簿写写画画。不知为什么，我总觉得黄色才是数学的背景色，也许我还是个孩子的时候在布莱克威尔书店里看到的那些黄色封面的书让我把黄色与数学联系了起来。不管思考过程多么混乱无序，便笺簿一侧的装订条都可以维持住表面整洁有序。

我是在去以色列的时候发现了这些便笺簿的。现在，我在地下室囤了好几箱。由于希伯来语是从右向左书写，因此便笺簿的订口在右手边，不过有趣的是，不管其所应用的语言在书写时是从右向左，还是从左向右，抑或从上往下，数学公式总是从左侧开始，向右展开。现在，属于我自己的那个公式只有左侧部分，右侧部分还等着我去填充。

大多数时间，我只是坐在那里，什么也不做，也没有什么发现。在家中自己的房间里，我可以轻松地沉浸在某些想法里，也可以轻松地从中抽身，而且完全没有任何罪恶感。那是一个特别凌乱的地方，我经常为此而感到沮丧，不过它其实很好地反映了我的思考过程。通常，我都会从寻找一本书开始，这本书会深埋在书桌上金字塔般的纸堆下。然而，在寻找的过程中，我通常会发现一些并没想找的东西，但它们会将我的思维带到一个意想不到的方向。通过保持这样一个不整洁的房间，我其实是在增加这种随机关联的可能性。不管何时，只要我把房间里的一切都整理好了，这种灵光乍现的可能性也就都被整理得无影无踪了。

我做数学研究的时候会听音乐，当我发现自己毫无思路时，音乐可以有效减轻焦虑。有时我会干脆停下来，在钢琴前坐下来弹奏一曲。不过，其实我弹得特别糟糕。比如，我弹奏巴赫的《哥德堡变奏曲》时，弹奏速度只有正常乐曲的 1/10，因为我弹奏完一个音符找到下一个音符并把手指移动过去，就需要很长时间。在想象中，我一直认为音乐实际上可以刺激我做数学研究时要用到的那部分大脑。所以，我的音乐练习其实是让大脑得到锻炼，使神经元细胞做好准备迎接我对数学的新一轮进攻。

我在家还会用（或许是滥用）意式咖啡机来代替音乐对我的大脑产生刺激。煮咖啡成了我工作日的重要仪式，一整天的工作都以它为基础而展开。数学领域最重要的人物之一保罗·厄尔多斯曾经说过，数学家就是一台可以把咖啡变成定理的机器。几年前，我曾把戒掉咖啡作为新年目标之一，而且确实也做到了，结果，那一整年我连一个有意义的证明都没有完成。所以，也许厄尔多斯的妙语确实有些道理。夏洛克·福尔摩斯经常用解决一个难题要吸多少斗烟来衡量其难易程度，我则用要喝多少杯意式咖啡来衡量。然而，我似乎很有可能要消耗掉某个南美小国一整年出产的咖啡豆，才能揭示自己一直在尝试证明的那个定理背后的奥秘。

康威在图集中可能列出了对称的所有基本构件，但人们对使用这些基本构件可以构建出什么仍然知之甚少。我所做的研究有一部分就是探寻这些不可分的对称可以构建出哪些对称的对象。这就好像是化学家拿着一些基本元素的原子，比如钠原子和氯原子，考虑用这些原子可以合成什么样的化合物。

我选择了一种最简单的基本构件，也就是具有旋转对称的规则的二维图形，比如三角形或五边形。我有意忽略了这些图形的反射对称。如果确实有必要，我会采用埃舍尔在破坏康威钟爱的那个巧克力盒子的反射对称时所使用的方法：在那个具有反射对称的多面体上画上一只稍有些逆时针扭转触手的海星。

正五边形有 5 种旋转对称。你可以将正五边形旋转 1/5、2/5、3/5、4/5 圈，或者让其保持不动。同理，正三角形有 3 种旋转对称。事实上，对于任何一个正二维多边形，其旋转对称的数量与它所拥有的边的数量是相同的。

因此，一个正十五边形有 15 种旋转对称。有趣的是，正十五边形的对称实际上是建立在两个边数更少的图形的对称基础之上的，也就是由正五边形和正三角形的对称所组成的。如果在正十五边形里面画一个正五边形和一个正三角形，就可以通过组合这两个更小图形的旋转对称来实现那个更大图形的所有旋转对称了。

例如，在图 2-1 中，如何把正三角形和正五边形的旋转结合起来，将正十五边形旋转 1/15 圈，使得 A 移动到 B？首先，把正五边形旋转 1/5 圈，使得 A 移动到 C；重复这个操作，把正五边形再旋转 1/5 圈，这时 C 移动到 D；最后，将正十五边形内的正三角形逆时针旋转 1/3 圈，那么 D 就会移动到 B 处。将正五边形旋转两次，然后再将正三角形逆时针旋转一次，这样的组合就实现了旋转正十五边形 1/15 圈。因为 1/15 = 2/5−1/3。

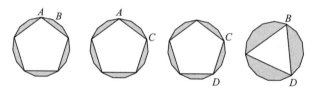

图 2-1　如何利用正五边形和正三角形将正十五边形旋转 1/15 圈

正五边形和正三角形的旋转对称无法再被分解为更小图形的旋转对称，也就是说，刚刚我们对正十五边形所进行的那些操作是无法在正五边形或正三角形上进行的。这是因为 5 和 3 都是素数。素数是无法被分解的（1 除外，它不被视为素数）。这是"对称元素周期表"中第一个也是最为简单的基本构件。如果选一个边数为素数的二维正多边形，那么它的旋转对称就无法从更小的对称对象的旋转对称中构建出来。

不仅如此，在构建其他一切二维正多边形的对称时，这些边数为素数的图形都是基本构件。以正一百零五边形为例，其对称就是由一个三角形、一个五边形和一个七边形的对称所组成的。这其实是用几何语言来表述每一个数字是由哪几个素数相乘得来的。这也是为什么素数会如此重要，因为它们是所有数字的因数。当我们把关注点转向对称的数学时，就会发现正素数边形的对称同样也是某些最简单对称图形的基本构件。

不过，尽管这些边数为素数的正多边形的旋转对称已经是最简单的基本构件了，但它们所组成的对称对象的分类还完全是个谜。多年来我一直痴迷于一个问题，那就是如果把很多个等边三角形组合在一起，结果会怎样？具有 $3 \times 3 \times 3 \times 3 \times 3$ 种对称的数学对象都有哪些？

就这样一个对象而言，其对称由 5 个正三角形的对称组合而成。如果我把其中的正三角形换成正五边形，结果会怎样？换成正七边形又会怎样？素数的个数是无限的，因此边数为素数的基本构件也有无限多的种类。通过不断复制一个边数为素数的图形，可以构建出不同的对称对象，这些不同的对象具有怎样的性质？具体来说，如果 p 代表任意一个素数，那么一共有多少种对象具有 $p \times p \times p \times p \times p$ 种对称？如果换用另一个素数，那么这些对称对象会如何变化？具有 $41 \times 41 \times 41 \times 41 \times 41$ 种对称与具有 $73 \times 73 \times 73 \times 73 \times 73$ 种对称的对象之间存在关联吗？如果边数为素数的图形数量增加了，结果会怎样？

在这里，也许值得指出的是，我所感兴趣的"对象"并不一定是实实在在的由三角形所组成的。尽管我是从一个简单的二维图形起步，但就现在我所构建的对象而言，大多数都不可能在二维或三维空间中实现。它们是四维对象、五维对象甚至更多维度的对象，我需要用数学语言来构建和操作它们。重点是，这个对象所具有的对称的总数是 3 的 n 次幂。因此，这个对象的对称是基于三角形的旋转对称构建出来的。

还需要留意的是，即使某个对象确实是由三角形组成的实体，这也不意味着这个对象的对称仅来自三角形的旋转。举个例子，在数学老师推荐给我的那本书里我了解到，有一个由 20 个三角形构成，被称为正二十面体的对象（见图 2-2）。这就是康威所说的埃舍尔用来制作巧克力盒子的那个形状。既然把三角形黏合在一起可以构建出正二十面体，那就完全有理由认为这个对象的对称也是由三角形构建出来的。正二十

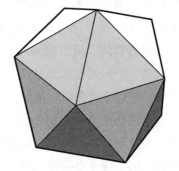

图 2-2　正二十面体由三角形构成，但其对称群中含有五边形的旋转对称

面体中也有来自五边形的对称，比如，以每一个有 5 个三角形相交的顶点为中心，把正二十面体旋转 1/5 圈，旋转过后的正二十面体看起来仍然与原来一模一样。

　　我的研究就像一位化学家拿着元素周期表里某一种元素的原子，比如碳原子，然后问你用这个原子可以得到什么分子。化学家把这些通过碳原子组合得到的化学物质称为碳元素的同素异形体（见图 2-3）。事实上，要解释碳原子不同的组合方式，对称是必不可少的要素。举个例子，你可以先拿 1 个碳原子，然后在它周围再放 4 个碳原子，从而形成一个四面体排列，而这就是钻石了。这种排列因为自身的对称而使它成为自然界中最坚硬的分子之一；或者，你可以把碳原子排列成六边形格子状，使它们看起来像蜂巢。这就是石墨，是最柔软的分子之一。尽管二维的六边形平板相当稳定，但在蜂巢里，不同层次之间是可以相互滑动的。

钻石　　　　　　　石墨　　　　　富勒烯（巴基球）

图 2-3　碳原子的不同组合方式

　　化学领域最令人兴奋的消息之一就是在 1985 年发现可以用 60 个碳原子组成一个分子。这个分子被称为 C60，组成这个分子的奥秘在于足球的对称。现代足球由五边形和六边形拼接而成，共有 60 个顶点。当时在英国萨塞克斯大学的哈里·克罗托与在美国得克萨斯州莱斯大学的理查德·斯莫利和罗伯特·柯尔意识到，可以把 60 个碳原子放在像足球一样的形状的顶点上，从而组合形成一个新的球形碳分子。他们设计了实验来模拟外层富含碳元素的恒星的环境，在这个过程中，他们甚至真的找到了这种新的球形碳分子。

　　这个形状让三位发现者想到了由建筑学家巴克敏斯特·富勒设计的网格状穹顶，因此他们把这个分子命名为"巴克敏斯特富勒烯"，从而表达对建筑师的敬意。因为这个分子结构像一只足球，所以也经常被昵称为"巴基球"。这个发现让人们能够以一种全新的方式将碳原子组合形成更大的分子。同样地，要理解这种可能存在的奇特分子，对称也是关键。只要数学家揭示了什么是可能的，那么化学家要在自然界中发现这些充分利用了不同对称形态的碳元素化合物就只是个时间问题了。

我的研究就是试图在数学对称的世界里回答诸如此类的问题。我所用的基本构件不是碳原子，而是像等边三角形和五边形这样边数为素数的简单对称图形的对称。利用多个相同的边数为素数的图形，我可以创造出怎样的对称图形？同样不能忘记的是：我所研究的不只是三维形态，还包括只存在于四维、五维甚至更多维度空间的对象，不过它们的对称最终都可以归结为三角形的对称。

人们无法真正创造出或想象出四维空间里的对象，因为它很难想象，想象出来也令人难以置信。无法实实在在地看到这些形状时，找到正确的语言来探索它们是一门艺术。想象一下如何向盲人描述立方体：通过描述立方体有几个面、几条边和几个顶点，我们就能用语言让盲人对立方体有一定的感受。

在读大学时我就已经发现，把空间转化成数字是描述高维度对象最为有力的语言。让我们以一个四维立方体，也就是超立方体为例。它有 16 个顶点，可以假设一个坐标系，用其中的点（0，0，0，0）来描述超立方体一个顶点的位置。从这个顶点出发，有 4 条边，这 4 条边让这个角与另外 4 个点相连，可以用坐标（1，0，0，0），（0，1，0，0），（0，0，1，0），（0，0，0，1）来表示这 4 个点。我甚至可以把相距最远的两个点（0，0，0，0）和（1，1，1，1）连成一条线，然后以这条线为轴来旋转这个超立方体。这个对称的效果是让从点（0，0，0，0）出发的 4 条边循环旋转起来。如果这里用的是描述三维立方体的坐标系，那么你理解这一切可能没有任何问题。为了帮助自己"看到"在四维空间中的情况，我通常会在二维空间中画一块"阴影"，从而理解四维空间中的情形（见图 2-4）。

数字语言给了我一种方法来玩转一个我在现实中永远无法构建的几何结构。这样的研究可能难度会大一点，因为我没有这些对象的

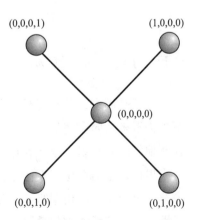

图 2-4　把四维立方体的一个角投影到二维空间中

常规三维图像，但这也并没有因此而变成不可能完成的任务。举个例子，我可以"看到"，如果连续旋转前面所描述的那个超立方体，那么在 4 次旋转以后，超立方体就会回到其最初的位置。这个旋转实际上看起来就像一个正方形的旋转。这样一来，我就知道这个超立方体的对称不是从三角形的对称构建而来的，所以超立方体就不是我现在这项研究所要关注的对象。

在探索这些形状时，我经常觉得办公室是一扇传送门，可以把我送到一片神奇土地。我的书桌就像是 C.S. 刘易斯⊖笔下的魔法衣橱，打开门，穿过挂在里面的大衣就能走进另一个世界。有时我会花一整天来尝试穿过那个衣橱，却怎么都找不到一条可以穿过衣橱背面那块木板的路。然而，当魔法生效时，我终于找到一条路，却发现进入的世界并不是纳尼亚王国，住在这里的也不是撑着雨伞的半羊人和会说话的狮子，目光所及之处都是旋转的超立方体和被月光照亮的魔群。在刘易斯的故事里，孩子们发现无法从纳尼亚王国返回那个硝烟弥漫的伦敦，而我有时也会被困在这个数学的世界里，对发生在自己周围的事情浑然不知。

不知不觉，已经到了下午 3 点 45 分。该想办法回到衣橱另一边的世界去接托马尔了。一整天都在做这种奇特的数学冥想，我的脑袋已经因为高速运转而嗡嗡作响了，所以我很高兴现在可以去接托马尔，然后一起去公园玩一会儿。我带了一个由五边形和六边形组成的球，我会跟托马尔一起随意地踢会儿球，放松一下。

9 月 10 日，大英博物馆

今天是周末，我和托马尔做了笔交易：上午，我们去大英博物馆寻找对称，下午去滑板公园。我的祖父母过去就住在大英博物馆旁边的街角。我特别喜欢住在他们的公寓里，早上在伦敦街道上阵阵汽车鸣笛声中醒来。那时的我还是个小男孩，生活在位于泰晤士河谷的小城，习惯了小城里安静的交通，伦敦的警车、公交车和出租车听起来就像来自另一个世界。那时，我经常在星期六早晨漫步在大英博物馆的希腊和罗马展厅里，租一个语音讲解器，来一场古希腊

⊖ 《狮子、女巫和魔衣橱》（《纳尼亚传奇》系列小说的第一部）的作者。——译者注

埃尔金大理石雕塑之旅。

在这个周末之前的几天，我一直在寻找那些自身对称是由三角形和五边形的对称所组成的"对象"。我的这段探索与很早以前人类所进行的一段探索相似，那时人类几乎是刚刚开始根据自己的需要来改造环境。狩猎用的工具和做饭用的罐子都包含了很多可以用陶土、石头和骨头做出来的几何图形。在人类对三维空间中对称的最早期探索中，很多都源自对游戏的痴迷。托马尔和我准备去大英博物馆看看能不能找到一些古代游戏来帮我追溯不同图形的发现历史。

在英国，早期人类创造了一系列相当复杂的对称图形。5000 年前，新石器时代的人类就已经在英国的土地上建造了巨石阵和其他伟大的石碑。巨石的排列表现出了一种对对称的迷恋。用石头摆出的圆形石阵在地面上创造出许多图形，其中有些图形甚至有上百条边。有些圆形石阵中的石头布局非常分散，比如在威尔特郡的埃夫伯里，外圈的石头绵延超过一公里。要摆出这样的圆形，需要非常复杂的数学技巧，或者至少要对创造对称的事物高度敏感。

陶罐和墙壁上的早期原始艺术也表现出了那时的人们对对称的敏感性已经越来越高了。在爱尔兰，在与巨石阵同一时期的古墓墙壁上，常常会有刻在石头上的螺旋线。位于爱尔兰米斯郡的纽格莱奇墓是欧洲最著名的古墓之一，走进墓室，迎接你的是两组分别由三根螺旋线组成的图案。每一组螺旋线都呈三角形分布（见图 2-5），两组螺旋线的旋转方向也不同，彼此互为镜像。在像

图 2-5　纽格莱奇墓中的一组螺旋线

这样的古墓墙壁上，有各种各样的对称符号，比如同心圆或同心正方形，比如一排菱形或各个顶点对称分布的星星。圆形和射线组成的图形很明显是太阳的形象。让人印象最为深刻的一个石刻是在爱尔兰道斯墓发现的所谓的"七日之石"。这个石刻看起来像一组车轮，每个车轮都有内圈和外圈，两个圈之间有射线相连。这样的七日（七个太阳）也许就反映出了新石器时代人类早在 5000 年前就已经对天文学有了深入理解。

就像创造数字是为了记录日期一样，这些古墓里大量的对称符号似乎是另一种记录时间的方法。这些符号的重要意义也许是那时的人们选择用它们来代表季节的自然轮回，太阳、月亮和星星的运动。他们创造的这些视觉语言对应着在现实生活中体会到的规律。举个例子，考古学家认为被分割成四个部分的风筝（见图 2-6）就象征着季节的交替转换。

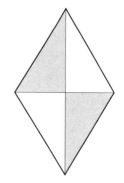

大约在这一时期，除了摆在大地上的圆形巨石阵和刻在墙壁上的对称图形，新石器时代的人类也开始雕刻一系列充满对称的有趣三维形状（见图 2-7）。在苏格兰东北部出土了上百个用玄武岩或砂岩雕刻出来的球，它们的历史可以追溯到公元前 2500 年。这些球的侧面都刻着几何图案。雕刻者用各种不同的方式

图 2-6　用来标记一年四季的风筝图形

把球面上突出来的圆片对称排列起来，与现代足球的拼接方式类似。在这些球中，一半以上有精心刻出的 6 个立体圆片。尽管都呈球状，但雕刻者却运用了立方体的对称来排列这 6 个圆片。

图 2-7　新石器时代的石球表明早期人类已痴迷于对称

雕刻者还发现，可以在球面上刻出 4 个圆圈来创造一种令人愉悦的对称排列，这与大自然用 4 个碳原子组成钻石的排列方式是相同的。在苏格兰汤伊（Towie）发现的石球是体现这一特点最好的实例，它们现在由位于爱丁堡的苏格兰国家博物馆所收藏。几年前，我到爱丁堡参加了一次会议，其中一天下午，我从演讲会场跑了出来，到博物馆去寻找这些石球。石球比我想象的要大一些，大约有拳头那么大。石球上的 4 个圆圈本身都有复杂而精致的装饰，比如排列复杂的螺旋线和同心圆（见图 2-8）。我的数学家同行都在展示 21 世纪的对称研究，而我却惊叹于这个开启了人类探索对称之旅的美丽石球。那些新

石器时代雕刻者所刻出的圆片还有许多其他排列方式，单个球上圆片数量可以有 12 个或 14 个，甚至有一个石球有 160 个圆片。他们一定发现了 12 个圆片比 10 个或 14 个更容易进行排列（但要解释为什么会这样，却让人类又花了 3 000 年的时间）。当时这些圆片可能还有不同的色彩，从而可以更清晰地体现出每个雕刻作品不同的对称。

图 2-8　在苏格兰汤伊发现的对称石雕球

在新石器时代的苏格兰文化中，这些石球扮演着怎样的角色，答案仍然不甚明了。有人曾提出，部落首领将这些球作为权威的象征。由于从来都没有从墓葬中发现过这样的石球，因此这些石球对整个部落的意义可能比对部落中某个成员的意义要更大一些。石球上雕刻的一些几何图案也被发现刻在了其他物品上，比如权杖头。也许是统治阶级把对称变成了象征权威的符号。

在公元前 1 世纪，在世界各地的多个文化中，都出现了赌博和掷骰子游戏，这让各个文明开始探索什么形状可以做出最好的骰子。把一个物体扔到地上，如果想让它每个面都有相同的着地概率，那么对称对这个物体来说是必不可少的。最初的骰子并不是 6 个面，而是 4 个面，用动物的骨头做成。羊踝关节骨本就有 4 个面，下落时自然会有一个面着地。在很多史前遗址中都发现了这种早期形状的骰子。然而，很明显，用这样的骨头做骰子，总会偏向某一个面。因此，早期人类很快就开始想办法来把骨头雕刻一下，从而在扔骨头的时候获得更公平的结果。

托马尔和我在大英博物馆完全没有找到这些新石器时代的骰子或关节骨，但当我们在博物馆的美索不达米亚展厅里寻找对称时，就幸运多了。在那里，我们发现了一种有趣的棋类游戏，其中包含一组金字塔形的骰子。这个游戏棋盘本身就镶嵌着由贝壳、青金石和石灰岩制成的对称图案。这个图案有两个区域，其中一个区域是 12 个正方形，另一个区域是 6 个正方形，一座由 2 个正方形组成的桥将这两个区域连接起来。每个正方形里都有自己独特的对称符号，来表明其位置的重要性。这些符号中包括了具有 8 片花瓣的红玫瑰和蓝玫瑰，还有菱形和正方形。

这个游戏可以追溯到公元前 2500 年，是在发掘位于伊拉克南部的乌尔（Ur）古城时出土的。一块可以追溯到公元前 177 年的、用古巴比伦楔形文字写成的碑文描述了这个游戏的部分规则。根据规则，在所有正方形格子中，拥有最为对称的玫瑰花符号的那个被认为是幸运之地，因此每个玩家都会以占据这个格子为目标。

然而，最吸引我们的还是游戏中的 4 个骰子（见图 2-9）。每个骰子都是一个由 4 个等边三角形组成的金字塔形四面体。不过，这些骰子与我和托马尔在家玩大富翁时用的骰子不同，并不是每个面上都有一个数字，事实上，其原理完全不同。虽然我不太确定，但透过陈列柜观察一下，看上去好像每个骰子的其中一个顶点上都标记了一个黑点。这样一来，在同时掷出这 4 个骰子时，所得的结果就是 4 个骰子朝上的有标记的顶点个数之和，也就是说，可以得到 0 到 4 之间的任意数字。

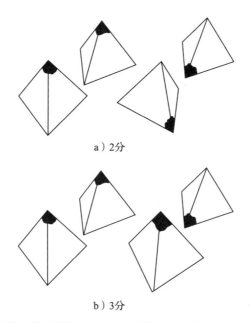

a）2分

b）3分

图 2-9   在乌尔出土的碑文描述的游戏中，四面体骰子的得分就是在掷出骰子后被标记的顶点向上的个数之和

那么，在 0 到 4 之间，得到其中任意一个数字的概率分别是多少呢？一

看到像这样的东西，我就会忍不住去想此类问题。托马尔也能看出来我在想什么。"扔骰子最可能出现的结果是什么？"托马尔一边看着天花板一边问。落下来的时候，每个骰子都有 1/4 的机会让标有黑点的那个顶点朝上。所以，只有 $1/4^4$，也就是 1/256 的机会投出 4。而另一个极端，也就是投出 0 的机会是 $3^4/256$，也就是 81/256。

　　然而，如果思考一下要投出 1、2、3 分分别有多少种不同的方式，就会发现一切变得有趣起来了，因为这与骰子的形状所具有的对称数量息息相关。要计算投出 1 的概率，需要数一数有多少种不同的方式让 4 个骰子落稳后只有一个标记了点的顶点朝上。由于只关心朝上的那个顶点，因此可以忽略骰子的三角形面的对称旋转。这样一来，为了计算出掷出这 4 个骰子所能得到结果的概率，这些骰子的对称可以简化为穿在一根竿上的 4 个正方形的对称。就像密码锁一样。在这个机关中，每一个正方形都有一条边上标记了一个点（见图 2-10）。

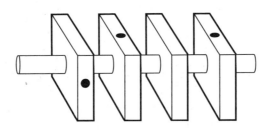

图 2-10　由 4 个正方形组成的密码锁的对称可以用来分析乌尔游戏中的骰子

　　密码锁的对称是 4 个四面体对称的子集。由于不同的密码组合的数量是 $256=2^8$，也就是素数 2 的一个幂次数，这么一来这个密码锁的对称其实就是我在位于斯托克纽因顿的家中一直试图去理解的那些对象之一。要计算用这些骰子投出 1 的概率，就要计算这个密码锁有多少种只让一个点朝外的对称。

　　我首先选择让第一个正方形展示出点来。这就相当于是让第一个骰子在落下来时把标记了点的那个顶点朝上。那么有多少种方法可以让另外 3 个骰子在落下来时不展示出标记的点？另外 3 个正方形都有 3 种方式让自己不展示出标记了点的那条边，所以一共有 3×3×3 种方式。不过我也可以选择让第二个、第三个或第四个正方形把点展示出来。同样地，其余的 3 个正方形可以用 3×3×3 种方式来展示出没有点的边。因此，在 256 种对称中，总共有 4×

（3×3×3）=108 种方式可以让我得到 1。如果计算得到其他结果的概率，那么你会有 54/256 的概率得到 2，12/256 的概率得到 3。所以，同时投出这样 4 个骰子，最有可能的结果就是 1。

托马尔看起来多少有点迷茫，但我却相当喜欢这种概念跳跃，因为这样一跳，问题就以一种完全不同的形式呈现出来了，顿时变得容易解决了。在这里，我就把掷骰子的问题转变成了旋转密码锁。"这听起来像是我们在危地马拉研究的那个问题，当时你把如何去超市的问题变成了一个关于项链的问题。"托马尔说。2 年前，我们在危地马拉生活了 7 个月。当时我们住在安提瓜，那是第一批拥有格子状路网的城市之一，有 7 条平行的马路与另外 7 条相互平行的大街呈十字形交叉（见图 2-11）。我们的房子位于这个路网的东北角，而超市位于西南角，于是我们花了些时间来计算从我们的房子到超市一共有多少种不同的路线。

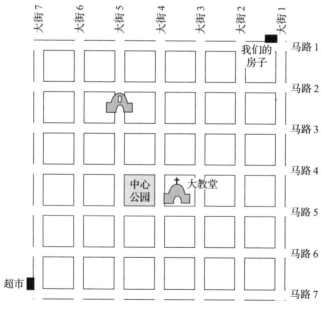

图 2-11　从我们的房子去超市，有几种不同的路线？

托马尔发现，如果问题中只涉及 3 条大街和 3 条马路，那么就会有 6 种不同的路线。但是，如果继续用在城市里画路线的方法，并不能解决更复杂的问题。如果把这个问题转变成用 6 颗红色珠子和 6 颗黄色珠子可以做成多少条不同的项链，就可以解决了。每一条项链都代表从我们的房子到超市的一条路线，其中红色珠子代表向西走，黄色珠子代表向南走。事实证明，数项链就容易得多了。最终，运用我设计的这个公式，我们算出一共有 924 条不同的路线可以让我们穿城到达超市。因此，就算我们每天都走一条新的路线，也可以几年都不重样。

我们准备告别在乌尔出土的这套棋盘游戏离开展厅了。这时，托马尔突然指着骰子，说："看，爸爸！骰子上面有两个点，不是一个。"确实，当我凑得更近一些时，发现每个骰子的 4 个顶点中有两个都标记着点。这样一来，掷骰子实际上就像同时抛 4 个硬币，然后数一数有几个正面朝上，而不是像我所设想的像密码锁的原理那样。我不禁觉得还是自己想象出来的那个骰子更有意思，但是有时现实总是无法达到你自己的数学期望。

托马尔马上提醒我，根据早上我们说好的交易，我们在博物馆只剩下 1 个小时了，然后就该去滑板公园了。因此，我赶快带着托马尔朝希腊和罗马展厅走去，希望在那里找到更多对称的骰子。

毕达哥拉斯和 12 个五边形组成的球体

索福克勒斯认为，骰子是由帕拉墨得斯发明的，在古希腊军队围攻特洛伊城时娱乐用。至今为止，立方体是最受欢迎的骰子形状，在古罗马发现的这种形状的骰子可以追溯到公元前 900 年。伊特鲁里亚[⊖]骰子与我们今天用的骰子非常相近，每个面都标记了点，用来表示从 1 到 6 的数字，而且相对的两个面上的数字相加等于 7。"他们为什么把点这样布局？"托马尔想不明白。我也不太确定，所以尝试着答道："制作一个完美的立方体总会有不完美之处，因此在掷骰子的时候就会有不公平的情况，也许这样的布局可以抵消不公平情况的影响。"

古罗马士兵特别痴迷于骰子游戏，以至于除了各种军事装备，他们还会随身背着沉重的骰子游戏棋盘。在大约公元前 500 年，一种新的形状不同的骰子出现了。这个新骰子有 12 个面，而不是像立方体一样有 6 个面。新骰子的每

⊖ 意大利中西部古国。——译者注

个面都是五边形，而不是立方体骰子的正方形，或者乌尔棋盘游戏里金字塔形骰子的三角形。古罗马人发现，用一个石球可以雕刻出 12 个五边形，而且每个五边形面朝上的概率相同。对称使这个形状成为新骰子的理想备选形状。在意大利博洛尼亚附近就出土了这样的骰子，骰子的 12 个面上都刻着伊鲁特里亚－罗马数字。

这个由 12 个五边形组成的新骰子形状相当复杂，如果不亲眼看到这个形状，根本想象不出 12 个五边形可以如此对称地拼接到一起。古罗马人之所以能发现这种有 12 个面的对称形状，可能是因为他们熟悉愚人金———一种叫作黄铁矿的化合物，它通常把自己排列成引人注目的晶体。愚人金通常与铜一起被发现，挖矿者看到的愚人金应该既有呈立方体的，也有由晶体组成的大块头，这些晶体的表面由五边形组成，晶体本身并不完全对称，因此不适合用来当骰子。但是，这些晶体可能为古罗马的雕刻师们带来了灵感，让他们发现其实可以把黄铁矿晶体的边磨平，让每个面都变成标准的五边形。

在公元前 500 年，数学还没有成为一个独立的学科。在那之前，不管是雕刻于公元前 3000 年的新石器时代的石头，还是古罗马的骰子，都是在对称领域的尝试，而不是任何完整理论的产物。古人只是挑选了身边可以看到的一系列有趣形状，然后对它们进行了加工。就在这时，在意大利南部，一位古希腊数学家的出现，才标志着人类开始用分析的方法来认识周围的世界。

毕达哥拉斯于公元前 570 年前后生于萨摩斯岛（今希腊东部小岛）。年轻的时候，他受到长辈的鼓励，前往埃及求学。毕达哥拉斯在埃及的时候，刚好赶上波斯人入侵埃及，他被抓了起来，然后被送到了巴比伦。这些经历对塑造他的数学观产生了巨大影响。从埃及人身上，毕达哥拉斯获得了强大的几何学能力，而在巴比伦，他则学到了当地人复杂的算术技巧。从这两种文化中，他获得了深刻的神秘主义意识，这对他后来的大部分研究都产生了影响。

最终毕达哥拉斯回到了萨摩斯，并且想要创立一个学派，利用他在外漂泊时发现的符号和几何学方法来研究这个世界。他认为自己周围的现实是通过数学紧密联系在一起的，同时也认为某些符号，比如五边形和三角形，具有重要的精神上的含义。他的这些观点在萨摩斯同胞中并没有得到很好的认同，因此，毕达哥拉斯搬到了位于意大利最南端的克罗顿。

就是在这里，毕达哥拉斯遇到了为骰子而疯狂的古罗马人所使用的对称形状。此时，他开始痴迷于表面由 12 个五边形组成的骰子。毕达哥拉斯在此之前已经因为五角星形所代表的神秘含义而着迷，因此当时一定因为发现 12 个五边形居然可以构成如此充满对称的对象而感到兴奋不已。在它的 12 个五边形中，没有一个在位置上偏向其他任意一个。

月亮在天空中的运行把一年自然地分成了 12 个月。发现了这样一个物体一定是触动了毕达哥拉斯那数学神秘主义的神经。确实，在考古学家发现的某些呈现这种形状的文物上，都雕刻着黄道十二宫的符号。这种形状在初为人知时被称作"12 个五边形的球体"，它对由这位希腊神秘主义者创立的毕达哥拉斯学派来说具有一种精神上的含义。中世纪和文艺复兴时期的文献中都有对于古代人们用有 12 个面的骰子进行占卜的描述。

除了 12 个五边形的球体，毕达哥拉斯学派发现另外两个对象是这种球体的近亲。其中一个是立方体，由 6 个正方形组成，是一个对称对象，而且显然值得在由 12 个五边形组成的球体旁边占有一席之地。另一个这样的对象就是以三角形为底面的四面金字塔，也就是在乌尔出土的棋盘游戏中的骰子的形状。毕达哥拉斯把这个金字塔形称为四面体。尽管毕达哥拉斯并没有发现新的对称对象，但正是对这三个多面体对称的敏感促使他把这三个多面体归为一类，认为它们是一类常见对象的范例。在毕达哥拉斯眼中，这些对象体现了一种更深层次的数学观点。这是迈向对世界进行抽象描述的第一步——把数学作为一个独立的学科从哲学、宗教和科学中分离出来。

毕达哥拉斯可以看出这三种形状之间抽象的联系并不能扩展到他在埃及时所熟悉的另一种形状。当英国的新石器时代人类打造巨石阵的时候，埃及人则建造了吉萨金字塔。吉萨金字塔建造在沙漠之中，乍看可能像毕达哥拉斯所推崇的四面体一样对称，但如果仔细分析一下这个形状，就会发现它所具有的对称数量与毕达哥拉斯所挑选出的那几种形状的对称数量并不在同一个水平（见图 2-12）。埃及金字塔由 4 个三角形和 1 个正方形构成。这样抽象出来的数学图形，其对称仅与底面正方形的对称相同。

如果对比一下以正方形为底的埃及金字塔和以三角形为底的四面体金字塔，很快就可以发现为什么四面体具有更多对称。推动一下四面体金字塔，可以让其他三个面中的任意一个落在沙漠上成为底面，而整个金字塔看起来不会有任何不同。对于以正方形为底面的金字塔来说，如果要让它看起来一样，那就必须在移动过后仍然让正方形作为底面。有4种方法可以把金字塔抬起，然后继续以正方形为底落在沙漠上。然而除此之外，这个形状的旋转对称就相当有限了。与此形成对比的是，四面体的旋转对称让我有12种方法把四面体抬起来，然后仍然以三角形为底面放置好。同样地，四面体的镜面对称也比以正方形为底的金字塔要多。

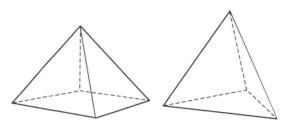

图 2-12　就对称数量而言，底面为正方形的金字塔少于底面为三角形的金字塔

　　尽管毕达哥拉斯学派发现了存在于立方体、四面体和12个五边形的球体之间的理论联系，但有趣的是，他们没能发现另一个值得与这三个毕达哥拉斯形状相提并论的重要的对称多面体。这个被遗漏的对象实际上是由以正方形为底的埃及金字塔构成的。

　　尽管一个埃及金字塔并没有特别让人兴奋的对称，但是如果你把两个埃及金字塔的正方形底面黏合在一起，这个形状就变得独特起来了。如果这两个金字塔的三角形面都是等边三角形，那么所得到的形状就相当值得关注了（见图 2-13）。从很多不同角度看过去，这个形状看起来仍然是一样的。如果把它转动一下，就根本说不清最初是把哪两个面黏在一起的了。这个形状由8个三角形构成，每个顶点都是4个三角形交会之处，而在四面体上，每个顶点是3个三角形交会之

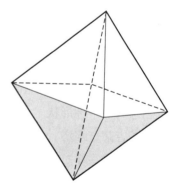

图 2-13　由8个等边三角形组成的正八面体

处。这就是一个新的图形了，由构成四面体的三角形构成，一共有8个面，被称为"八面体"。

　　如果不用等边三角形，那么所构成对象的对称就会少一些，因为这个对象在某个方向上要么被压扁了，要么被拉长了，这要取决于选择了怎样的三角

形。举个例子，托马尔和我在危地马拉时去看过的那些以正方形为底的金字塔，它们就是为了高度而建。毕竟，金字塔建造者的目的就是要超过丛林顶端。因此，如果把两个危地马拉金字塔黏合在一起，就明显会失去某些对称。

这是让埃及金字塔如此出众的特点之一。埃及金字塔几乎总被设计成以完全等边的三角形为侧面，因此让人感觉它是一个有一半被埋在了地下的八面体。因此，吉萨金字塔尽管从外观上来看并不像四面体那么对称，但它给人的雄伟壮丽之感主要来自它隐含的对称。确实，沙漠的酷热所创造的幻觉可能是一个飘浮在空中的八面体。古埃及的几何学家一定深谙这一设计的数学之美和重要意义。

毕达哥拉斯学派没能把正八面体放在与三角形为底面的金字塔、立方体和12 个五边形组成的球体一样的高度，这很耐人寻味。毕达哥拉斯学派一定知道这个多面体，因为很多晶体都是这个形状。举个例子，钻石在被从地下挖出来的时候就是八面体，还有一种被称为尖晶石的红色晶体，也是八面体，经常被错认成红宝石。尽管毕达哥拉斯学派把三种形状归为一类常见对象，是迈出了走向抽象的第一步，但他们很有可能并没有上升到理论高度去理解使这些形状可以归为一类的共同特征。

毕达哥拉斯学派认为自己对神秘数学世界的洞见特别珍贵，因此学派成员都发誓要保密。的确，叙利亚哲学家扬布利柯曾在公元 300 年写道，毕达哥拉斯学派哲学家希帕索斯因为泄露了由 12 个五边形组成的球体的秘密而被沉入海中淹死了。然而，其他批评人士则认为，希帕索斯之死是因为他发现了 2 的平方根无法用分数来表示，并将这一发现公布于众。这种神秘主义和保密行为可以解释，但为什么又过了一个世纪，人们才发现还有两种形状也充满了对称，也就是八面体和有 20 个面的二十面体，它们也应该在立方体、四面体和由 12 个五边形组成的球体所代表的那一类对象中占有一席之地。

毕达哥拉斯学派之所以没能好好利用自己早期的数学成就，还有一个原因。当他们开始把数学和神秘主义与政治扯上关系时，就遇到了麻烦。公元前460 年，毕达哥拉斯学派遭到暴力镇压，聚会场所被洗劫和烧毁，学派的很多成员被杀害。

柏拉图：从现实到抽象

　　古希腊哲学家柏拉图后来继承了毕达哥拉斯学派的衣钵。毕达哥拉斯死后100年，柏拉图在自己的伟大著作《理想国》中表示，毕达哥拉斯学派对形状的研究完全被忽略了。《理想国》以苏格拉底、柏拉图和其他人物间对话的形式呈现。其中一部分陈述了那些将要领导一个国家的人们所需要了解的基本知识。算术和平面几何被认为是极其重要的技能，因为它们不仅在战争中很有用，而且其所具有的永恒的性质"会让人接近真理，让哲学家的思想得到升华"。

　　天文学本来要紧跟其后，但苏格拉底打断了这个排序，他说："欲速则不达。匆忙之下，我漏掉了立体几何，这是因为它出奇地不完善。如果有国家的鼓励，对立体几何的忽略会减少。""几何"一词字面上的意思是"测量地球"，一直仅用于与导航和绘制地图有关的数学，但苏格拉底认为几何远不只是简单的测量。在这些讨论中，学习几何和算术的实用考虑与对真理的纯粹追求之间出现了一种有趣的对立，时至今日，在数学领域，这种对立依然存在。

　　柏拉图接受了苏格拉底的挑战，开始对某些三维立体几何体进行系统研究，这些形状所具有的对称使它们成了那种可以让人更接近真理的永恒对象，也就是苏格拉底所希望的那种对象。然而，这些关于永恒的发现诞生于人世间的纷繁复杂之中，柏拉图又对当时的政治体制感到心灰意冷，尤其是他的导师苏格拉底接受了审判并被处决，因此，在此之后，柏拉图被迫暂时离开了希腊。

　　与在他之前的毕达哥拉斯一样，柏拉图去了埃及，在埃及期间所发现的思想对他本人产生了极大的影响，促使他用强烈的几何学观点来看待这个世界。在公元前387年，柏拉图回到了雅典，创办了一个机构来专门研究并教授科学和哲学。他希望把自己与苏格拉底关于怎样的教育才适合古希腊下一代政治领袖的对话付诸实践。

　　柏拉图的这个机构设在一块曾经属于神话英雄阿卡德谟（Akedemos）的土地上，为了向他致敬，这个机构被命名为与其名字谐音的"学院"（Academy）。正是在学院里，通过讨论，柏拉图的朋友泰阿泰德开始理解毕达哥拉斯学派所珍视的那些立体图形背后的原理，也就是立方体、四面体金字塔、由12个五边形组成的球体背后的原理。根据柏拉图的描述，他的这位朋友鼻子短平且上翘，双眼突出，但却有着美丽的心灵。后来，泰阿泰德正是因为实现了对称的数学抽象而被后世所铭记。

泰阿泰德可以看出，如果想要一个有很多对称的三维图形，重点是要用对称的二维多边形来构建。如果三维图形的每个面都是相同图形，那么很有可能会使最终所得三维图形的对称有所增加。不过，泰阿泰德同时也发现，像这样可用的二维多边形的种类是非常有限的。就像蜜蜂所发现的，六边形可以用来构成立体图形中的一个平面，但是要创造一个完全由六边形组成的骰子是不可能的。边数大于 6 的多边形无法完全相互拼接在一起。把两个这样的图形拼在一起后，就没有空间挤进另一个相同图形来形成第三个面了（见图 2-14）。因此，必须用边数小于 6 的多边形来组成立体图形的面。

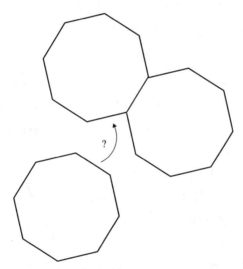

图 2-14　不可能用边数大于 6 的多边形来完整围成一个立体空间

那么用三角形、正方形或五边形，可以组成什么样的立体图形呢？泰阿泰德推理认为，为了让所得立体图形有尽可能多的对称，那么每一个平面都应该以相同的形态相交，也就是说，所有顶点或者所有的边都应该看起来相同，否则就破坏了整个立体图形的完美。

立方体显然满足了这个条件，它有 6 个正方形的面，每个顶点由 3 个正方形交汇而成。由 12 个五边形组成的球体有 12 个正五边形的面，与立方体相同，每个顶点由 3 个正五边形交汇而成。至于等边三角形，毕达哥拉斯学派所推崇的以三角形为底面的金字塔，由 4 个等边三角形组成，每个顶点仍然是由 3 个三角形交汇而成。不过，有了抽象出来的选择图形的标准后，泰阿泰德此时发现，还有一种方式可以把等边三角形组合起来，形成另一种与毕达哥拉斯多面体一样的对称对象，它由两个以正方形为底面的金字塔组成。这两个金字塔底面相连，从而形成了一个由 8 个三角形组成的对象，这个对象的所有顶点都由 4 个三角形交汇而成。泰阿泰德利用自己推演出的理论分析，构建出了毕达哥拉斯学派所遗漏的正八面体。

用三角形还可以构建出其他形状吗？有人可能会提出用 2 个以五边形为底面、以 5 个三角形为侧面的金字塔来进行组合。然而，把这样两个对象连接在一起就违背了泰阿泰德所提出的每个顶点都应该由相同数量的三角形交汇而成的条件。在这个对象中，顶端和底端的 2 个顶点分别由 5 个三角形交汇而成，而中间的那些顶点则由 4 个三角形交汇而成，这就使这个对象的对称变少了。

在数学的历史上，也是大约在这一时期，出现了发现另一种令人惊叹的对称形状的记录。要构建这个对象，首先要把 5 个等边三角形搭建成金字塔的样子，不过接下来并不是在底面的下面再连接一个相同的形状，事实上，泰阿泰德发现可以继续构建由 5 个三角形组成的金字塔，然后拼接起来，从而让新形状的每个顶点处都有 5 个三角形交汇。

当泰阿泰德开始让 5 个三角形交汇在一个顶点，接下来逐渐扩展到其他每个顶点，在这个过程中看着整个形状逐渐变成一个有 20 个三角形面的正多面体（见图 2-15），这对泰阿泰德来说一定是一个美妙的时刻。这个对象的存在并不是一眼就能明显判断出来的，因为任何人在大自然中都没见过这样的形状。把 19 个或 18 个三角形组合在一起，也无法创造出一个所有三角形都如此对称的形状。这个有 20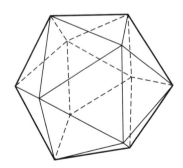

图 2-15　20 个等边三角形可以拼接形成一个正二十面体

个面的对象因为一个数学创造而诞生。最终，人类会发现这样的形状在大自然中是存在的，但是只存在于显微镜下那个更微观的世界。

古希腊人把这个形状称为 icosahedron（正二十面体），意为 20 个面。他们可能还有另一种方式来发现这个形状，那就是通过正二十面体与由 12 个五边形组成的球体之间的紧密联系。这个有 12 个面的多面体有 20 个顶点，如果每个顶点处都放置一个等边三角形，而所有 20 个三角形都放在合适的位置，那么它们就可以完美地组合在一起，形成正二十面体。如果数一数这个由三角形组成的新形状有多少个顶点，会发现一共有 12 个。在每一个顶点上放置一个五边形，就回到了由 12 个五边形组成的球体（见图 2-16）。数学家们把这两个形状间的紧密联系称为对偶性。这种做法也同样适用于正方形和正八面体。不过如果用在正四面体上，那么得到的还是一个正四面体。

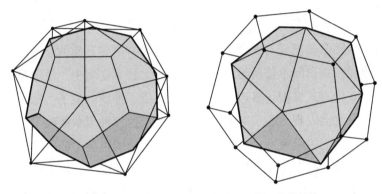

图 2-16　正二十面体和由 12 个五边形组成的球体

注：对偶性使一个对称形状可以转化成另一个对称形状。

对偶性很重要，因为它解释了为什么对偶的形状尽管看起来很不同，却具有相同的对称。由 12 个五边形组成的球体所具有的对称是一种魔术动作，也就是说，对这个形状做了这些魔术动作后，它仍然看起来跟原来一样。在由 12 个五边形组成的球体的每一个顶点放置一个三角形，就可以得到一个正二十面体。通过这个做法可以发现，那些让由 12 个五边形组成的球体外观保持不变的操作同样适用于正二十面体，也就是说，这些魔术动作可以让正二十面体在操作前后保持不变。而对立方体和正八面体进行对比后会发现，这两个对象的对称也是相同的。后来，又过了 2000 年，数学家们才理解了对称背后这微妙之处。在理解把这些对象联系在一起的常见对称联系的抽象旅程中，古希腊人只是迈出了第一步。

即使不是泰阿泰德构建出正二十面体，很快也会有别人发现这一点。也许泰阿泰德甚至并不是第一个构建出正二十面体的人。正二十面体的某些特性是普遍而永恒的。人们已经把第一个构建这个形状的人的名字忘掉了，而是一直用它的希腊语名字来称呼它——icosahedron（正二十面体），意为有 20 个面的形状。通常像这样的发现都会由多位数学家同时独立得到。在公元 1000 年，古代中国的香炉也都有着完美的形状，工匠们跟古希腊人没有任何联系，他们独立发现了这些形状。

数学证明

现在，泰阿泰德已经有 5 个骰子了，还有没有更多有趣的骰子可以让数学家们去构建呢？在泰阿泰德所给出的最早的一个数学证明中，他解释了为什么不可能有第 6 种方式来把正多边形组合起来形成一种新的骰子。探索一下几何和对称的极限就会发现，在三维空间只能构建出这 5 种形状的骰子。在这个历史阶段，数学家们可以有百分之百的把握来证明周围世界中的事实，这种新能力让数学与其他学科有了根本区别。这不再是简单的观察，也不再是捕蝴蝶做研究。数学家们可以洞见未来，并且很有把握地说这 5 种形状就是通过复制单个正多边形面所能构建出的全部了。

关于这 5 种形状最早的记录出现在柏拉图概述了其创世神话的《蒂迈欧篇》（Timeus）中。对柏拉图来说，这 5 种对称形状特别基础，甚至是组成物质的基本构件。以三角形为底面的金字塔，也就是正四面体，是 5 种形状中最尖刻也最简单的一个，柏拉图认为它代表着火；正二十面体由 20 个三角形组成，是最圆、最平滑的，因此，在柏拉图的分类中它代表着水；另一种由三角形组成的形状是有 8 个面的正八面体，作为前两种形状之间的过渡形状，柏拉图认为它代表着气；有 6 个正方形面的立方体代表土，因为这是较为稳定的图形之一。

最后，只剩由 12 个五边形组成的球体还没有与之对应的物质组成元素了。柏拉图将它重新命名为正十二面体（dodecahedron），来表明它有 12（古希腊语中的 dodeca）个面。柏拉图认为"神明以这种形状来布局整个宇宙中的星座"。柏拉图所信奉的神明显然本质上是位数学家，而这个观点对于在西方思想领域将数学与宇宙理论联系起来起到了一定作用。柏拉图对这 5 种正多面体的描述让我们得到了对它们的一个统称，一直沿用至今，那就是柏拉图立体。

5 种柏拉图立体具有一个共同的特点，因而紧密联系在一起，而这个特点最初的名字叫 symmetros（对称），源自希腊语。公元 1 世纪，古罗马作家老普林尼为拉丁语中没有一个词可以描述对称而感到惋惜。symmetros 是两个希腊语单词的组合：第一个词是"syn"，意为相同；另一个词是"metros"，意为数量和程度。这两个词组合在一起描述的是"具有相同数量和程度"的事物。对古希腊人来说，"对称"这个词专门用来描述那种自身内部尺寸在各处都相同的对象。在对称立体中，每条边长度都相等，每个面的面积都相等，每相邻两个面之间的角度也都相等。此时，对称只涉及测量和几何学。又过了一段时间，对称才摆脱了简单测量的概念，而被当作一种数学属性，尽管此时，古希腊哲学家们已经开始把对称当作一种有力的概念，而不仅仅是物理形态来探索了。

在《会饮篇》中，柏拉图告诉我们，对称不仅是物质结构的奥秘，也解释了爱的起源。他描述了几位古希腊伟大思想家关于爱的本质的争论。这几位思想家本来计划某天晚上外出喝酒，但是在前一天晚上就已经喝多了，于是决定推迟喝酒的聚会。在空下来的这段时间里，他们开始比赛，看谁可以最好地解释爱的起源。第四个开口的是古希腊喜剧作家阿里斯托芬，他的理论是"爱来自我们对对称的渴望"。

根据阿里斯托芬的理论，人类曾经有四条腿，身体像球体一样，有两张脸，分别在头的两侧。但是众神之王宙斯被人类的傲慢激怒了，因此想出一个办法让人类不再那么骄傲，用宙斯的话说，那就是"人类可以继续存在，但我要把他们分成两半，这样他们的力量会变小，数量会增加；这样做，会让人类更有利于我们"。因此，宙斯把所有野兽人类都劈成了两半。根据阿里斯托芬的理论，这就是爱的起源，我们渴望再次合成一个个体，一个完全对称的球体。

有趣的是，达尔文的演化理论支持了阿里斯托芬的观点，也就是对称是我们选择性伴侣的主导因素。甚至柏拉图基于对称立体而得到的宇宙观，也与现代科学给出的宇宙模型存在某些相似之处。尽管柏拉图基于土、水、气、火四元素的化学观点是不正确的，但他分配给这四种元素的四种形状在微观世界中的确存在。不过，直到人们发明出工具来让自己看到陈列在大英博物馆一个个玻璃柜内的各种手工制品之外的事物时，这个微观世界才为人所知。甚至柏拉图认为正十二面体反映了宇宙结构的观点，现在也可以在有关宇宙整体形状的理论中找到某些契合之处。

在这里，托马尔和我结束了星期六上午的参观。

在往外走的时候，我们穿过大英博物馆的中庭，仍然可以感受到来自对称的震撼。中庭有一个由三角形组成的像晶体一样的穹顶，就像是一个巨大的有很多面的骰子。我想赶快回家，用自己设计出的数学工具来看看在古罗马人和古希腊人所探索的三维世界之外，可以构建出什么样的对称形状。不过，托马尔提醒我，早上我们已经说好了行程。因此，我们首先要去滑板公园。

03

CHAPTER 3

就人行道的图案而言，我极力赞成运用音乐化和几何化的形式，这样在目光所及之处，我们都一定会发现人类的才智得到了运用。

——莱昂·巴蒂斯塔·阿尔伯蒂，
《建筑十书》，1755 年

第 3 章

10 月：对称的宫殿

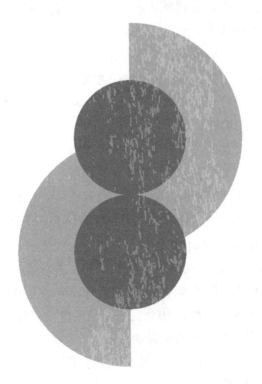

10月17日，前往格拉纳达

　　几年前，康威和我一起在爱丁堡参加会议，他告诉我，他有时会盯着砖墙看，一看就是几小时。我问他，这是不是一种可以让大脑远离日常生活压力、逃进抽象的数学王国的冥想？康威却说完全不是。会后，我们在大学校园里漫步，康威指着砖墙上一块又一块砖的组合方式，解释它们如何体现了不同类型的对称。你必须多看几面墙，才能找到足够多的不同图案，接下来，对称的某些奥秘就会开始显现出来。

　　如果想更深入地研究不同种类的对称以及对称的极限，那就应该去看看中世纪摩尔人宫殿里的墙壁、地面和天花板。古希腊人和古罗马人为了寻找适合做骰子的形状开始探索不同形状的对称，他们发现只能构造出 5 种拥有完美对称的多面体。然而，那些为穆斯林世界的哈里发和苏丹[⊖]们装饰宫殿的艺术家们开始把对称的概念从古希腊人所理解的"相同尺寸"向前推进了一些。在中世纪城堡的墙壁上，他们引入了一种新的对称游戏，竞相创造出规律更为复杂的图案，这些图案其实就是以各种有趣的方式对自身进行不断复制。这些艺术家从简单的正方形瓷砖和像蜂巢一样的六边形格子开始，进而发现这些形状可以变幻出大量有趣的设计。

　　我们可以看一看这些艺术家设计出的一系列不同形状，然后思考一下他们是不是觉得对称的种类是无穷的。然而，与古希腊人一样，摩尔人的对称游戏实际上也是有极限的。如果说古希腊的柏拉图立体是有 5 个章节的故事，那么相比之下，隐藏在摩尔人宫殿背后的对称故事就是一个有 17 个章节的长篇故事了。每一组散发着异域风情的密铺瓷砖实际上就是一个对称的范例，体现了 1 种基础对称，而这样的基础对称一共有 17 种。古希腊人开发了分析工具来证明不可能存在第 6 种正多面体，但是摩尔人却没有能力用抽象分析来解释自己关于对称的这个新故事。直到 19 世纪，复杂的数学工具出现以后，人们才完全地理解了这 17 种不同设计所包含的对称。

　　就像 3 个橙子和 3 个苹果是对抽象概念数字 3 的不同体现，数学家们最终会表明 2 块明显不同的墙壁如何可以代表相同的基础对称群组。尽管摩尔人无法证明第 18 种对称是不存在的，但至少成功为 17 种可能存在的对称都找到了

　　⊖　哈里发和苏丹是伊斯兰世界对宗教领袖和国家君主的旧有称谓。——译者注

范例。对于醉心于这一段有关对称的数学故事的人们来说，一座建于公元 1300 年左右的宫殿一直是他们的圣地，这就是位于西班牙格拉纳达的阿尔罕布拉宫。格拉纳达位于西班牙南部内华达山脚下，似乎完全由安达卢西亚肥沃的平原孕育产生。摩尔人的宫殿在城中一座小山丘的山顶上，被繁茂的树林环绕，能够俯瞰整个城市，曾被摩尔诗人描述为"镶嵌在绿宝石上的一颗珍珠"。

对数学家来说，来到阿尔罕布拉宫就像某种朝圣之旅，而在宫殿墙壁、地面和天花板上寻找全部 17 种对称的范例就好像是一场寻宝游戏。现在刚好是学期中间的假期，我决定到西班牙南部展开属于自己的朝圣之旅。我的家人已经习惯了迁就家中数学家的痴迷探索，于是我们一家便向安达卢西亚出发了。

寻找宝藏

著名的图案设计大师埃舍尔第一次造访阿尔罕布拉宫时也刚好是 10 月。那是在 1922 年 10 月，他开始为宫殿墙壁上各种图案而着迷。从很小的时候起，埃舍尔就痴迷于密铺图案，也就是用不同图案在互补重叠的情况下铺满整个平面。荷兰人一天通常有两餐冷食，多是三明治，也就是把芝士或冷肉切片铺在面包片上。吃冷餐的时候，当时还是小男孩的埃舍尔就会试着用芝士片铺满整个面包片，不留一点空隙。后来，等他长大了，他用来铺满平面的就不再是芝士片了，而变成了天使与恶魔、蜥蜴与小鱼。

自从造房铺路开始成为人类文明的一部分后，人们就一直像埃舍尔一样在寻找各种方法来把砖块、石头或石板拼搭在一起，从而把二维平面或三维空间覆盖包裹起来。古代英国建筑中的干石墙由形状不规则的石头堆砌而成。这些石头的堆砌方式看起来是完全随机的，但堆砌出来的墙体非常牢固，可以把牲畜都圈在墙体合围出的空间里，把掠夺者挡在外面。当然，使用了形状不规则的石头，工匠们就可以不必辛辛苦苦地将石头打磨成形。然而，不规则的形状同样意味着没有任何规律，而这又会降低砌墙的效率，因为每拿到一块石头，工匠们都需要研究一下该如何把它堆砌到墙上去。

我们天然地对有规律的图案和可辨认出的图像充满热情，正因如此，砌墙的工匠们很快就开始运用自己手中正在堆砌的墙壁来创造一些美妙的事物了。

罗马人把很小的彩色瓦片铺在地面上，组成海豚和元老院议员的马赛克图案。不过，穆斯林因为不能描画有生命的事物，而不得不另辟蹊径。"就摩尔人的这种装饰图案而言，其奇怪之处在于没有任何人或动物的形象。这可能既是优点也是缺点。"埃舍尔在第一次来阿尔罕布拉宫时写下的旅行日记中写道。

事实上，第一批阿拉伯语化的古希腊典籍中就包含了欧几里得的几何学图书。摩尔艺术家们凭借复杂的数学直觉，开始用形状不同、色彩不同的砖瓦来装饰一座座宫殿。

经过漫长的演化，自然界发现只有拥有优质 DNA 的事物才能获得完美对称。对于艺术家来说也是如此，对称是终极的测试。在那个年代，还没有可以进行完美复制的工业化大规模生产，要把对瓷砖的设计一遍又一遍没有瑕疵地复制出来，需要精湛的技艺，而这所代表的正是真正的手艺。然而，只有在不断寻找瓷砖独具匠心的排列方式的过程中，艺术家们的杰出数学造诣才得以体现。苏丹们总会慷慨奖赏那些运用了新的规律性图案来装饰宫殿墙壁的艺术家，因为他们让住在宫殿中的人们体会到了愉悦。

我们要乘坐巴士去阿尔罕布拉宫。在去巴士站的路上，我们走过一些看起来不同的人行道。人行道上石板排列的方式让城市规划者有机会像几百年前的摩尔艺术家那样纵情沉浸在相同的对称游戏中。我开始试着分析哪些路面有相同的对称，哪些对称又不同。其中有些规律性图案是通过反复复制简单的正方形来实现的，从左到右、从前到后，就像一块棋盘。有时正方形是交错的，这种交错是对称的，不过通常都会更偏向某一边。用长方形也可以得到相同结果。在人行道上，有一段路的图案更为有趣，是长方形被沿着路的方向按照锯齿型排列在一起（见图 3-1）。我指着这一段让托马尔看，然而，比起我的兴奋，托马尔只是草草地看了一眼，就转身爬上了前往阿尔罕布拉宫的巴士。

等我追上托马尔，他已经玩起了任天堂 DS 游戏机，一直到我们到达阿尔罕布拉宫，他始终沉浸在超级玛丽的世界里。于是，我独自一人开始思考不同对称群的符号系统。这个符号系统包括给每个不同对称群的标签，比如 p4、cm、p4gm 等。之所以选择这些标签，是想用它们来反映每个对称群的特点。

我在一直随身带着的笔记本上抄录了 17 种对称的常规标签，平时只要对某个问题有了灵感或想法，我就会把它们简要地记录在这个随身携带的笔记本里，毕竟，不管在多么奇怪的地方，我都有可能产生灵感或想法。同样是在这个笔记本里，我已经画出了刚才在路上看到的人行道的一些图案草图，并试着用我的符号系统来给这些图案的对称分类。不知道是我真的太愚蠢，还是这个符号系统糟糕到令人难以置信，我竟无法确定哪段人行道的图案该用哪个标签。这本来对我来说应该是无关紧要的，但这整件事其实相当微妙。

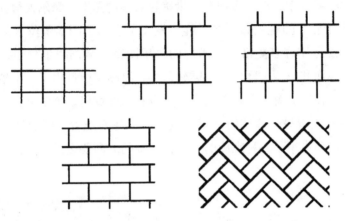

图 3-1　人行道里的对称

就反映数学结构的精髓而言，语言、符号系统和命名都是极其重要的。我在笔记本里写下的符号系统是在 20 世纪初由晶体学家而非数学家所创造的。在地面和墙壁上发现的对称对于化学家来说也很重要，因为这些对称也关系到对晶体结构的理解。不过他们设计出的这种用来标记的语言多少有些让人难以理解。我还有第二套新的符号系统，由约翰·康威新近设计。这套符号系统更适合于数学，因此，当我开始用这套符号系统进行分析时，人行道上的对称就变得相当明朗了。

一走进阿尔罕布拉宫，我就被水的反射能力震撼了。整座宫殿看起来仿佛建造在水上，如小溪般的涓涓细流从一座喷泉流淌到另一座喷泉。宫殿建筑样式本身已经体现了左右对称，也就是说，整个建筑外观的右边完美反射了左边。站在桃金娘庭院中水池的一端，可以在水面上看到整个建筑的完美映射。这个巨大的水池一直延伸到宫殿外立面的石柱脚下，整个宫殿和它在水面上的映射组合在一起，让人觉得仿佛是一颗水晶挂在空中。

在水池边，有女孩把手伸进水里，想要摸一下在水里游来游去的鱼，结果就破坏了对称。要打破水面的平静、破坏宫殿的镜面图像，其实易如反掌，而这正是这片池水所要表达的信息：完美的对称很难得。大自然也了解这一点。摩尔建筑师所热爱的正是水中这种脆弱的对称所具有的象征意义。他们认为真主是永恒的，而我们脆弱的地球是短暂的，这两者之间的对照正是通过宫殿稳固的对称与它在水池中易碎的映射表达了出来。

在宫殿的装饰中，有许多拥有大量旋转对称的图案。摩尔人与在他们之前就诞生于自然界中的花朵和海星一样，发现了多角星图案所蕴含的对称的力量，因此，便运用许多更富于艺术性的星星图案来装饰阿尔罕布拉宫的天花板、墙壁、地面和花园。摩尔人在雕刻这些星星图案时运用了一个借鉴于自然界中花朵的小技巧。有 5 个花瓣的木兰花没有镜面反射。事实上，木兰花的每一片花瓣不是压着另一片花瓣，就是被另一片花瓣压着，因而破坏了反射对称。这样的排列带来了一种螺旋的效果，螺旋的方向要么是顺时针，要么是逆时针。

在由埃舍尔设计的、深得康威喜爱的巧克力盒子上，用来装饰盒子的海星都有一个弯钩，而这个小技巧正是埃舍尔从木兰花上借鉴而来的。螺旋效果也应用在了阿尔罕布拉宫里的许多星星图案上。这些星星通常都是通过把几个正方形交错排列而形成的，因此具有 8 个、12 个或 16 个角，这种做法说明了多角形的对称如何可以分解成更小图形的对称（见图 3-2）。甚至是托马尔都可以看出，尽管运用了大量多彩而又复杂的装饰，但这个美

图 3-2　由两个互锁的正方形组成的八角星

丽八角星的对称与简单八边形的 8 个旋转对称是相同的。两种形状是对同一种对称的不同体现。

宫殿墙壁上贴着颜色不同的瓷砖，形成了不断重复的规律性图案。尽管瓷砖只到墙壁尽头，但墙壁上对称的图案让人觉得在墙壁之外这些规律性图案仍会不断重复。这种对称创造出了一种韵律，让墙壁似乎有了跳动的脉搏，进而产生了一种动态效果，意味着有一个无限扩张的空间。这是穆斯林艺术家为对

称所着迷的第二个原因：对称表达了真主无尽的智慧和无限的权威。每砌出一面新墙，艺术家们就有机会创造出一种完全不同的密铺图案。但是这种艺术可以变成科学吗？是否有某种数学可以预言越来越复杂的规律性图案，或者表明此类图案的极限之所在？

密铺图案的精髓在于，要在两个方向上不断重复同一个图案。图 3-3 展示的是游客走进阿尔罕布拉宫后所看到的第一面墙壁上的图案。我两旁心急的游客行色匆匆地往宫殿里面走着，估计都没注意到入口两侧墙壁上雕刻着的图案，它们似乎在说"欢迎来到对称的宫殿"。就摩尔艺术家们所找到的这种瓷砖而言，其形状特别完美地围绕在八角星周围，可以不留一丝缝隙，这让我感到无比震撼。

图 3-3　阿尔罕布拉宫入口处的墙壁

阿尔罕布拉宫入口处的图案是有规律的密铺图案，而不是一个简单的古罗马马赛克图案或年幼的埃舍尔手中的芝士三明治，这是因为每一块瓷砖都可以被取出来和移动（上下或左右移动），最终还可以放在一个和自己图案一样的位置上。不过，这里的规律性不仅在于单个瓷砖的移动上，还在于可以把整个图案复制下来，然后把复制的图案水平或垂直移动，再把这个移动过的复制品直接贴到墙壁上，这样复制品就可以与墙壁这个位置上的图案重合。正因如此，这个图案才有了一种无限的感觉。墙壁上的对称包含了一个信息，或者如果你喜欢的话，也可以说这是一个程序，它严格规定了当瓷砖随着墙面不断延伸，甚至是延伸到了无限的宇宙中时，该如何来将它们放置起来。

不过，这面墙壁的对称并不只是简单地重复。那如何清晰地描述这面墙壁的对称呢？如何说明一面墙壁比其他墙壁拥有更多对称？当我们说两面墙壁拥有相同的对称时，到底是什么意思，是否可以将这个含义精确地表达出来？

之所以说这面墙壁的对称不只是简单地重复，原因在于还可以用其他方法来把整个图案取下来，变换一下，再放回墙壁上，此时这个图案仍可以与墙壁上的图案重合。除了简单地左右或上下移动，还可以旋转整个图案，然后再把它贴回到墙壁上。举个例子，如果保持其中一个八角星不动，以它为中心把整个复制的图案旋转 90 度，所得图案可以与墙面这个位置上原有图案完美拼接在一起。

我很有兴趣看看托马尔在这个图案中看到了什么。他最开始的反应是认为这个图案中没有任何对称。他一直在寻找一条线，这样他可以沿着这条线把整个图案对折起来，对折后，两边的图案完全重合，就好像是精神病学家罗夏的墨迹测验里的图一样。然而，托马尔立马就发现在这个图案中根本找不出这样一条线。有意思的是，装饰了宫殿入口处的这个图案恰恰缺少了大多数人所熟悉的那种对称，也就是反射对称。

尽管八角星有镜面对称，但是围绕在八角星周围的瘦长 T 字形瓷砖在外形上有一个顺时针扭转，这个扭转在镜面中会被反过来。正如我们的左右手其实是不同的形状，T 字形瓷砖的镜面反射其实是一个全新的形状。如果把一块 T 字形瓷砖从墙壁上取下来，把它的前后两面翻转一下，就得到了一个反射的 T 字形瓷砖，也就是向反方向扭转的 T 字形瓷砖。但是，这个瓷砖就无法再贴回到它自己空出来的位置上了。当然，也可以把所有 T 字形瓷砖都取下来，把它们全部翻转一下，然后再重新贴回八角星周围。这就会创造出一个与原来不同（但显然是有关系）的规律性图案，而这个图案与原来的图案相比，看起来似乎逆时针旋转了一下。

如果想要清晰地描述这面墙壁上的对称，秘诀是想象出可以把图案从墙壁上取下来再贴回去的所有方法。在这个过程中，如果能想象出这个图案的一个影子图案，那将会有所帮助。包括埃舍尔在内的一位又一位艺术家在到访阿尔罕布拉宫时都会带着速写本来描摹墙壁上的图案，托马尔和我也不例外。然而，我真切地发现摩尔艺术家们所选择的这种复杂图案着实难以描摹，因此，我不禁为它们能刚好完美贴满整个墙面而感到赞叹不已。

我抬起头来，发现托马尔早就放下了速写本，掏出了任天堂 DS 游戏机。然而，当我批评他不好好欣赏身边的美却逃进超级玛丽的赛车世界里时，他给我看了看游戏机屏幕。他其实一直在屏幕上画画，画的就是墙壁上的图案。不仅如此，游戏机还可以让托马尔旋转屏幕上的画。托马尔向我演示，几个 T 字形瓷砖相交会形成类似卐字的图案，如果把这个图案中几块瓷砖的交点固定下来，那么就可以以这个点为中心把整个图案旋转 90 度。毫无疑问，在屏幕上，托马尔以这个点为中心旋转了整个密铺图案，旋转后的图案看起来跟原来一模一样。

任天堂游戏机实际上反映了我那简单的速写本所不能反映的——密铺图案的对称是与移动有关的，与对这个图案所能进行的多种操作有关。尽管在移动后，整个图案看起来与在移动前是一样的，但能让一个对称成为一种新对称的，其实是让图案重新看起来跟原来一样的那个动作，这正是托马尔在任天堂游戏机上的动态图案所明确展示出来的，而我的静态临摹画只能隐约透露出来。

托马尔在任天堂上的画还表现出了另一种对称，不同于围绕八角星中心所进行的旋转对称。尽管两种对称都是旋转 90 度，但却因为对整个图案产生的效果不同而存在根本差异。这时，托马尔洋洋自得地走进了宫殿。

我不好意思地跟着托马尔走进了宫殿里的一间宫室，这里的瓷砖与入口处瓷砖的图案不同。导游在自以为是地讲述阿拉伯数学家所创造的奇迹："创造一个正方形很容易，但是在没有电脑辅助的情况下，阿拉伯数学家在这里所创造的不仅是八角星，甚至还有十六角星。"阿拉伯数学家确实在数学领域技艺精湛，但是说只有在电脑的辅助下才能创造出这样的多角星就有点太夸张了。后来，导游又说是阿拉伯人创造了 0 的概念，此时我不得不很努力地控制自己不要笑出声来，控制自己不要告诉他 0 的概念是印度人发明的。阿拉伯人只是优秀的信使，沿着丝绸之路把东方的思想传到了西方。

这间宫室天花板上的图案是建造阿尔罕布拉宫的艺术家们特别喜欢使用的另一种风格（见图 3-4）。这些艺术家经常会在木材上雕刻出或用瓷砖摆出相互交叠、看起来就像是编织在一起的线条，使墙壁和天花板看起来就像一个个用木材或灰泥做成的篮子。这些图案其实是耍了个小花招儿，让人在看二维墙壁时感觉仿佛看到了第三个维度，这种效果也同样决定了这个图案不可能具有简单的反射对称。在任何图案的镜面反射图中，不同线条的上下交错关系都会反过来。我很想知道托马尔对此会怎么看，他会认为这个图案与我们在入口处墙壁上看到的图案具有不同的对称，还是会认为它们的对称是相同的？

"它们是完全不同的图案。"托马尔说。我的妻子莎妮（Shani）走了过来。她是位艺术家，可以更为敏感地捕捉到对称更有艺术感的那一面，她对这两个图案有什么看法呢？莎妮附和托马尔说："它们不一样。"再仔细地观察一下就可以发现，像阿尔罕布拉宫入口处的图案一样，可以把天花板上规律性图案中某个八边形的中心固定，以这个点为中心，把整个图案旋转 90 度，整个图案看起来仍然与旋转前一样。

图 3-4　阿尔罕布拉宫中第一间宫室里的天花板

"看，还可以以另一个点为中心来旋转这个图案。"我指着每四个八边形交汇处形成的小正方形的中心说道。这个正方形由两条交错的白色线条组成。就这个由白色线条组成的规律性图案而言，必须把它旋转 180 度才能让移动后的图案看起来跟最初的图案一模一样。"我的脑袋要变成一堆浆糊了。"托马尔假装要倒在地上。第一眼看上去，天花板上的规律性图案与阿尔罕布拉宫入口处墙壁上的图案确实相当不同。即使从我所指出的那个更复杂的角度去看，仍然不能确定这些对称是相同的还是不同的。

然而，当我走出宫室，再去查看入口处墙壁上的图案后，我发现墙壁上的图案也可以以自身某个点为中心，旋转 1/2 圈后仍看起来跟最初的图案一模一样。这个点就是两个相邻八角星之间连线的中点。就像宫室天花板上的图案一样，要把墙壁上的密铺图案旋转整整 180 度后才能跟墙壁上的图案再次连接起来。这让我觉得非常尴尬，毕竟对称是我的专长所在，而在第一次观察这个图案时，我居然漏掉了这个对称。

一个更严峻的挑战是弄清这两个图案是否具有相同的对称类型。数一数每个规律性图案所具有的对称是一回事，而要将全部对称作为整体来探讨就是另一回事了，该如何去讨论呢？把全部对称当作一个整体，这个整体是不是一个有意义的概念呢？在 19 世纪，数学家们最终发明出一种语言来阐明这两种图案，也就是阿尔罕布拉宫入口处墙壁上的图案和宫室天花板上的图案，确实具有相同的对称群。换句话说，对于这两个图案来说，旋转带来的效果是相同的。就算没有这种语言，我们也可以表明这两个规律性图案的对称与两个图案的相互叠加有关。如果我们把天花板上的规律性图案旋转 45 度，然后把它叠放在入口处墙壁上的密铺图案之上，让一半的八边形叠放在八角星上，而让另一半八边形的中心落在卐字饰的中心，这样我们就可以看出这两个图案可以相互自然连接在一起（见图 3-5）。

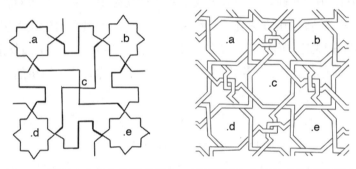

图 3-5 把两个有规律的图案摆在一起可以看出它们的对称类型相同

当两个图案这样对齐后，其中一个图案的任意对称都直接被转换成了另一个图案的一个对称。这就相当于把一个正十二面体放到一个正二十面体中（或者反过来也可以，见图 2-16），然后发现两者的对称是一致的。然而，有了那种对称的语言后，数学家们发现他们可以直接描述这两个图案可以相互连接的特点，而不需要再寻找任何实物做类比。

这种新语言最强大的效果在于数学家们终于可以证明在密铺图案中只存在 17 种不同的对称。就任何规律性图案而言，不管是垂直重复还是水平重复，其对称肯定都会是 17 种对称中的一种。在阿尔罕布拉宫墙壁上，我和托马尔到目前为止只找到了 17 种对称中的 1 种，也就是在康威的命名系统中被称为 442 的对称（我必须指出，这与足球没有任何关系）。在这个名字中，两个 4 代表的是，在这个对称中有两种不同的 90 度旋转，这一点在天花板上的图案中并不是特别明显；2 代表的是 1/2 圈旋转，也就是我们一开始在入口处墙壁上图案中没有发现的那个对称。

托马尔有点不耐烦了："快点，爸爸。照这个速度，我们永远都走不出这个宫殿了。"现在我们的任务是尽可能地找到其他 16 种对称。在每一个转角，都有各种不同的图案映入眼帘，让我们应接不暇，我的绘图技巧已经远不够用了，于是只好掏出数码相机。

三角形与六边形，回转与奇迹

我们在阿尔罕布拉宫入口处发现的对称群实际上是一个简单对称子群，由没有任何装饰的普通正方形瓷砖所创造。这些瓷砖就是会出现在大多数人家中卫生间里的那种正方形瓷砖。摩尔艺术家们在图案中加入了更加复杂的设计，因而消除了简单的正方形密铺图案所具有的反射对称。除了简单的正方形密铺图案，墙壁上还有另外两个充满对称的简单规律性图案，以这两种简单图案为基础而延伸出来的图案，也就是像蜂巢一样的六边形格子和整墙的三角形，在人们走入阿尔罕布拉宫核心区域时就开始出现了。

托马尔发现了一个由三头箭头相互咬合而形成的网络状图案（见图 3-6），非常有趣。在这个图案中，除了有一个明显的以箭头中心点 A 为中心的旋转对称，还有一个反射对称。然而，在这些箭头的相互咬合中，还隐藏着一个不那么显而易见的旋转对称，那便是围绕点 B，即三个箭头交汇的那一点，把整个图案旋转 120 度。围绕点 B 的旋转和围绕点 A 的旋转具有不同的效果，因为点 B 没有在任何一个反射对称的中心线上。康威把这种对称命名为回转，而把整个对称群标记为 3*3。在这个标记中，康威用一个星星来表明其中包含某种反射对称，星星之前的数字表示回转，每个数字都代表一个不同的回转。

到目前为止，我已经找到了 17 种对称中的 9 种。在一根柱子上，我发现了

图 3-6　相互咬合的三头箭头

注：围绕点 A 和点 B 可以分别把这个图案旋转 1/3 圈。点 B 并不在反射对称的中心线上。像这样围绕点 B 的旋转被称为回转。

一个由树叶状瓷砖组成的规律性图案，它开始让人们对于对称的认识不再仅局限于传统的反射和旋转（见图 3-7）。这个密铺图案具有某些简单的反射对称和平移对称。举个例子，不考虑瓷砖有两种颜色，可以把整个图案取下来，然后沿对角线移动，最终让点 A 位于点 C 的位置，点 B 位于点 D 的位置。白色叶子最终来到了它的黑色邻居的上面。不过，我还可以做另一个对称的动作，那就是把图案取下来，左右反转一下，最后再沿对角线向上平移。这样一来，点 A 就落到了点 D 处，点 B 落到了点 C 处。这种对称通常更难发现。要完成这个动作，不可能只是沿着贯穿图案的一条线来把

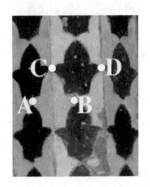

图 3-7　这个密铺图案表明了一种新的对称，被称为滑移对称或奇迹

注：在这个对称中，整个密铺图案首先被左右反转，然后进行平移，因此，点 A 移动到了点 D，而点 B 移动到了点 C。

整个图案对折一下。这就是有些人所说的滑移对称，但康威更喜欢管它叫"奇迹"或者"奇迹交叉"。对他来说，这种奇特的对称可以在没有镜面的情况下创造出一个图案的镜面图案。"奇迹"这个名字所指的不仅是那个不存在的镜面，也描述了在发现这种奇特对称时的那种奇妙感觉。

我向托马尔指出了这种对称并解释一番，他才相信相较于简单地把整个图案向上和向左移动，这样的移动确实是一种不同的对称。关键是所有这些对称都让整个图案看起来跟移动前一模一样，因此有时很难分辨什么样的对称才是真正不同的对称。如果遇到了这种情况，在图案上做标记会有助于我们看清这一点。在奇迹对称中，点 A 和点 B 被移动到了点 D 和点 C，而平移对称只是简单地把点 A 和点 B 移动到了点 C 和点 D，没有任何反转。这种标记实际上就是一种初级阶段的语言，它将有助于我们在现在所面对的图案中找到隐藏的对称。也就是说，图案开始让位于字母和语言了。

如果不考虑柱子上叶形瓷砖的不同颜色，那么我就找到了第 10 种对称。它被称为 *×，星星代表每一块瓷砖基于自身中心的简单反射对称；× 代表奇迹或滑移对称，也就是我要先把图案对折、左右两边互换后再移动。然而，如果我把瓷砖颜色考虑进来，坚持要让白色瓷砖移动到其他白色瓷砖的位置，黑

色瓷砖移动到其他黑色瓷砖的位置，那么我就得到了一个不同的对称群。我的奇迹或滑移对称就行不通了，因为这些操作会让白色瓷砖移动到黑色瓷砖的位置上。基于这样的条件，图案中就只有反射对称了，而这一对称则是沿贯穿白色瓷砖或贯穿黑色瓷砖的一条直线来实现的。这种对称被称为 **，意思是存在两种不同的反射对称。

因此，我一次性发现了两种对称群，这样一来，我已经发现了 17 种对称中的 11 种。一次又一次，我以为自己在某个图案中找到了一种新的对称群，最后却发现那还是 442，也就是开启了我们寻宝之旅的那种对称群，甚至是在地面上，图案都是 442（见图 3-8）。这个图案看起来比之前我在宫殿入口处发现的两种图案要简单些，不过，当我把几块这样的图案连接在一起时，就发现它与之前两种图案所具有的对称群相同。最终，数学家们会找到一种更抽象的语言来描述为什么两个对称群是相同的，同时，这种语言也让人们拥有了更多方法去找到对称，而不只是把图案连接起来。此时，我的任务还没有完成，我还要在阿尔罕布拉宫的墙壁、地面和天花板上找到剩余的 6 个对称群。

图 3-8　阿尔罕布拉宫中另一块地面上的图案，也是一个对称群 442 的范例

我第一次来阿尔罕布拉宫是在 20 年前，那时我还在读大学本科。那年夏天，我和一个朋友拿着火车通票周游欧洲，饿了就用金枪鱼罐头充饥，晚上就睡在火车站里。也许这样的旅行已经让我筋疲力尽，所以当我们终于来到阿尔罕布拉宫时，我根本没有心思寻找对称；或者也许我只是努力不想在一起旅行的朋友面前看起来像个数学极客。

我有几个同事不管走到哪里，都会痴迷地收集 17 种不同对称的实例。比如，他们会因为朋友的衬衫突然变得很兴奋："哦，天哪，你的衬衫上有两个奇迹。别动，等我把相机拿出来！"或者，在阿尔罕布拉宫，他们会说："这儿有一个回转。哇，这是个完美的 *632 ！"事实上，对于对称发烧友来说，阿尔罕布拉宫一直是一个如挑战般的存在，而关于在阿尔罕布拉宫内墙壁上到底能不能真的找到全部 17 种对称，也一直存在争论。

在埃舍尔第二次来到阿尔罕布拉宫后，这里的摩尔设计风格才开始在他的作品中留下深深印记，也在后来成了埃舍尔个人风格的标志。埃舍尔第一次来格拉纳达是在 1922 年，不过在这一时期，他的艺术作品所表现的都是代表着意大利的三维图形，因为他与妻子相遇并定居在意大利。最为埃舍尔所偏爱的是阿玛菲海岸和分布在海岸悬崖壁上的港口和村庄。这些图形与埃舍尔第二次到格拉纳达之后所创作的艺术作品形成了鲜明对比。埃舍尔于 1936 年 5 月第二次来到格拉纳达，此时的欧洲正处在世界大战前夕，政治气候风云变幻。早在 1935 年夏天，笼罩在意大利上空的不祥气氛就已越来越厚重，埃舍尔一家深感恐慌，便离开了罗马。在瑞士度过了一个冬天后，一家人都非常渴望阳光。于是，埃舍尔找了一家意大利的船公司，名叫阿德里亚，向它提出了一个旅行方案：

我建议他们让我作为乘客免费上船，作为回报，我会画 12 个图案，每个图案都会画 4 幅，然后把这些全都交给船公司，它可以把这些图案当作旅游宣传广告。船公司接受了这个提议，这让我非常惊讶。

于是，埃舍尔和妻子乘坐一艘名为罗西尼的船来到西班牙南部，又从这里到了埃舍尔在 1922 年曾到过的地方。如果要描述阿尔罕布拉宫给埃舍尔留下的印象，没有什么比埃舍尔最著名的一幅木版画更合适了。这幅画名为《变形》（见图 3-9），创作于埃舍尔第二次到访阿尔罕布拉宫的一年以后。画面左边是意大利海滨小镇阿特拉尼，然而，随着画面逐渐向右演变，小镇里面的三维建筑首先变成了立方体，然后变成了六边形密铺图案，最终变成了一个二维的男士形象。

这样的二维空间开始逐渐占领埃舍尔的世界。埃舍尔在笔记本上画满了在宫殿内各处看到的二维图案，当他回到他的祖国荷兰时，他的艺术创作也开始经历一个类似的变形过程：

在瑞士、比利时和荷兰，我发现风景和建筑物的外观远不如在意大利南部看到的令人印象深刻。因此，我觉得在描绘周围的世界时，必须放弃原先那种多少有些直接、旨在忠于自然的风格了。毫无疑问，从很大程度上说，正是这种情况让我内心的憧憬渐渐成形。

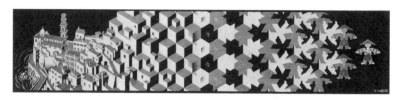

图 3-9　埃舍尔的木版画《变形》

不过，埃舍尔并不只是被欧洲南部平原上平坦的二维风景所包围。肆虐的法西斯主义让埃舍尔深感困扰，因此，内心中的这个新世界对他来说是一个可以逃离现实的地方："从 1938 年开始，我一直专注于对个人观点的解读和表达，这主要是因为我离开了意大利。"在去往格拉纳达的旅途中，埃舍尔在旅行日记中写道："这里几乎没有外国人。总会有人盯着我们看，仿佛我们是来自另一个星球的生物。"到了今天，这种情况早已不复存在。现在每天可以进入阿尔罕布拉宫的游客人数已经有了上限。今天，让我感到吃惊的是，我看见数不清的旅行团匆匆忙忙地穿过宫殿，根本来不及给桃金娘庭院水池中科马列斯塔的倒影拍张照片。

事实上，我似乎与托马尔走散了。这里游客如织，托马尔被人群裹挟着，迅速穿过了狮子院。最后，我在狮子院尽头的阿本塞拉赫斯厅找到了托马尔。尽管那里并没有我要寻找的剩余 6 种对称，但这个厅的天花板上的确到处镶嵌着有趣的几何图形。这个厅有一个华丽的八角星穹顶，天花板上则雕刻着上千个小小的壁龛。这样一来，整个天花板就像是被钟乳石所覆盖。这在很多穆斯林建筑中都很常见，会让人想起一些典故。5 416 个小壁龛完美地排列在八角星形的穹顶上，其中所需的数学技巧让人感到惊叹。

一位导游在讲述这个厅的名字的由来。这是一个残忍的故事，当年在苏丹的命令下，阿本塞拉赫斯家族 36 口人在这个厅惨遭杀害，后来这个厅就以这一家族的姓氏来命名了。导游指着一条贯穿大理石地面的红色印记说道："地面上还保留着阿本塞拉赫斯族人的斑斑血迹。"我实在不忍心告诉托马尔这其实都是想象，也不忍心告诉他红色印记更有可能是从这个厅的中心一直延伸到喷泉的水管发生氧化而产生的结果。有时传说比科学更有意思。

不过，我忍不住要告诉托马尔，摩尔人的另一项奇妙的科学成就，就体现在狮子院中。阿尔罕布拉宫里所有窗户和柱子的布局都经过了精心设计，因此这座宫殿变成了一个巨大的日晷。当阳光透过窗户照进来时，柱子会投下影子，而这个院子的位置则决定了柱子的影子会在一天之中不断移动，就像时钟的指针。窗户的布局甚至保证了在像今天这样的冬日里，当太阳很低的时候，更多阳光可以照射到庭院里来，温暖安达卢西亚凛冽的寒意。到了夏天，尽管太阳在天空中的位置更高了一些，但窗户的布局则成功遮挡了一些原本要射进庭院的阳光，因而为苏丹和他的妻妾们创造一个尽可能凉爽的环境。

在狮子院的柱子顶端，有一圈相当漂亮的图案，在这个图案中我成功找到了一种新的对称，这样在 17 种对称中，我已经找到了 14 种。然而，此时的托马尔似乎真的恨不得要翻墙出去了。"我们现在可以走了吗？我想我已经理解包含在其中的想法了。"但我已经有些痴迷于自己的探索，如果不能找到全部 17 种对称，我是不会感到心满意足的。我已经穿过了整个宫殿，却似乎漏掉了 3 个对称群。"哦，爸爸！我们现在可以去购物了吗？""好吧，好吧。"我一边说着，一边开始盘算明天再来一次。

在回酒店的路上，我们沿着早上来时看到的人行道往前走。我的眼睛和大脑现在已经对所有对称都高度敏感。我感觉自己就像一只在花园里飞来飞去的蜜蜂，只能辨认出六边形和五角形花朵的轮廓。突然间，我意识到有一种还没找到的对称其实此时就在我面前，就躺在现代格拉纳达的地面上（见图 3-10）。这个规律性图案不包含任何反射对称或旋转对称，但隐藏其中的是两个奇特的滑移对称——双奇迹。

回到酒店，我开始仔细审视数码相机里的照片，想看看自己是不是真的找到了 14 种不同的对称群。尽管各种数学技巧对我来说都是信手拈来，但要确定这些照片里有没有

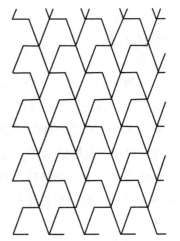

图 3-10　格拉纳达的一段人行道上包含了一个"双奇迹"

自己还没有找到的那些对称，仍然很有挑战。最后，相机电池没电了，我不得不爬上床去睡觉。我们本来计划明天去几个没那么有数学气息的地方，但是在出发之前，我决定还是再去一次阿尔罕布拉宫，看自己能不能在其中找到最后3 种对称。既然我在人行道上发现了这个双奇迹对称，那么肯定也可以在阿尔罕布拉宫里找到它。

在青少年时期，我热衷于寻找一切与数学有关的事物，那时对我产生了巨大影响的节目之一就是雅各布·布洛诺夫斯基的《人类的攀升》。当我躺在酒店房间里，睡意渐渐袭来时，突然清晰地想起了这个节目中的一个场景：布洛诺夫斯基坐在阿尔罕布拉宫里讲对称。我记得他是在禁宫里向大家描述这里的墙壁上布满了性感的对称，而不是性感女郎的图案。这是真正的对称宝库，所有空间都被有规律的图案填满了。我脑海中还有一个清晰的图案，那是最漂亮的对称之一，完全由三角形组成，但每个三角形都有一点难以察觉的扭转，因而破坏了三角形本身的反射对称。这个图案所包含的对称就是我还没找到的 3 种对称之一。但我不记得今天在宫殿里看到过这样的图案。是因为托马尔催着我去购物，所以漏掉了一个房间吗？我因此一晚上都没睡好。每一个梦里似乎都是变成碎片的六边形格子或者以“之”字形排列的长方形。早上，我很早就起床了，趁其他人还在酒店睡觉，我就出发了，准备再次前往阿尔罕布拉宫。

隐藏的对称

每当我要证明一个新的定理，感觉就像是要在数学这座宫殿里构建一个新的部分。不过，当完成了证明过程后，我会不安地审视自己的成果，再一次检视一下自己打造的数学结构，保证这个结构不会坍塌。昨天，参观阿尔罕布拉宫的时候，我始终非常亢奋，仿佛在收集蝴蝶标本，手里的扑蝶网这里挥一下，那里舞一下，把扑蝶网所及之处的一切对称都收集下来。今天，我则变得更为挑剔，对一切都先打个问号，思考它们是否具有我还没找到的那 3 种对称。

经过仔细探寻，我在宫殿墙壁上发现了很多昨天没有注意到的东西。我们的大脑居然可以做到在某段时间大量接收某些信息，而忽略其他信息，这是多么神奇。然而，尽管如此，我还是没能在墙壁上找到那些能让我把 17 种对称的清单补充完整的规律性图案。我再次一路走到了狮子院，看到了 12 个石狮子组成的喷泉。就在这里的地面上，我发现了自己所寻找的图案之一（见图 3-11）。这与我昨天在人行道上找到的对称相同，也是一个双奇迹。不过，在昨天的对称中，地砖的旋转对称被其自身的奇特形状破坏了，而在这里，地砖的颜色则帮了个大忙。这里图案由白色和绿色长方形组成，各长方形呈"之"字形排列。如果地砖没有颜色上的区别，那么就可以通过旋转，把一排斜放的地砖覆盖到其后面一排地砖上。但是现在，地砖相间的颜色打破了这种对称，在图案中形成了一个双奇迹。

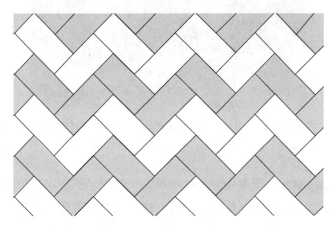

图 3-11　阿尔罕布拉宫地面上的一个双奇迹

现在，只剩下 2 种对称还没找到。在狮子院的另一头，我再次交了（好吧，是几乎交了）好运。今天，我对色彩的效果更为敏感了。在狮子院另一头的墙壁上，我找到些昨天漏掉的东西，那实际上是 6 个三角形组成的一个六边形。三角形的颜色是红色（Y）和黄色（L），交替出现（见图 3-12）。通过引入颜色，手工匠人们把六边形常规的 1/6 圈旋转对称变成了 1/3 圈旋转对称，因为如果要旋转这个有规律的图案，让其在旋转后看起来跟原来一样，那么必须让一个黄色三角形来到另一个黄色三角形的位置上。唯一的麻烦在于，设计者尽管很巧妙地变换了三角形的颜色，但同时也运用了一些令人恼火的蓝色（B）瓷砖，因为它们本该是黑色的。假装这些蓝色瓷砖是黑色的，我就可以把 *333加入我的对称清单了，尽管这有点蒙混过关的意思。艺术家们的想法是对的，只不过没有做到完美，至少我从数学的角度来分析是这样的。

图 3-12　阿尔罕布拉宫中的一段墙壁上的图案，其中的对称群几乎算是 *333

注：Y、R、B 分别代表黄色、红色、蓝色。

埃舍尔也对摩尔人图案中颜色的运用尤为敏感。就在埃舍尔对研究规律性图案背后的数学变得越来越痴迷的同时，他对颜色的重要性也变得越来越敏感了，这使他得以在对称的数学中引入一种新的结构，一种科学家们此前忽略了的结构。除了 17 种对称群，还有额外一类对称，需要通过移动物体的组成部分、调换物体组成部分的颜色来实现。现已证明，如果在一个图案中加入两种颜色的排列组合，那么这个图案中就会额外增加 46 种对称群。从这个角度来说，我们要感谢埃舍尔，是他让我们可以从一个全新的数学角度来看待阿尔罕布拉宫中的墙壁。

我还要继续去寻找最后 1 种对称。我要寻找的是一种扭转了的三角星，我肯定它一定存在于宫殿中的某处，而且它的对称群一定是 632，也就是我还没找到的那一种。然而，我几乎都走到了出口，却还是没有找到它。难道布洛诺夫斯基的节目是在别的地方拍摄的？塞维利亚的阿尔卡萨尔宫（也就是塞维利亚王宫）也有非常美妙的规律性图案，但我确定那段电视节目是在阿尔罕布拉宫拍摄的。

就在这时，我发现了要找的那个图案。那是在一个很小的入口前，那里有阻止游客进入的路障。在路障后面，我可以看见一个画廊，画廊俯瞰着宫殿下面一层。我急忙看了看四周，趁没人注意赶紧翻身越过了路障。这并不是在拍《夺宝奇兵》，但我还是因为闯入了禁区而觉得有些兴奋。大多数情况下，我都是个遵守规则的人，这源自我的数学教育背景，因为如果偏离了数学这个学科所允许的逻辑界限，那么这个学科本身很快就会开始分崩离析。

唯一一个曾让我痴迷的电子游戏是《波斯王子》。在去以色列做博士后研究的时候，我经常跟系里的秘书连续玩上几个小时。这位秘书特别擅长格斗（毕竟曾经服役于以色列陆军），而我则负责逻辑部分。现在我置身于阿尔罕布拉宫禁宫尚未对外开放的部分，周围光线昏暗，我小心翼翼地移动着，感觉就像是在游戏中寻找通往下一关的路一样。

我查看了阳台，在那里发现了布洛诺夫斯基在《人类的攀升》中出镜时所使用的背景，确实充满了对称。我还找到了前一天晚上出现在脑海中的那个规律性图案（见图 3-13）。那是给埃舍尔带来了灵感的规律性图案之一。在安达卢西亚的阳光下，图案中的三角星似乎闪着微光，它们的曲线给这个房间创造

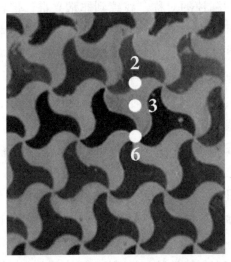

图 3-13　禁宫中的一块墙壁，图案中包括对称群 632

注：可以以图中标注的三个点中的任意一个为中心来旋转整个图案。点旁边的数字表明要旋转几
　　下才能让图案回到其最初状态。

了一种性感的氛围，而这里在整个阿尔罕布拉宫中也确实是情感与性感的中心。与这里的性感三角星形成鲜明对比的是阿尔罕布拉宫正式入口处的正方形，它们平淡无奇，彼此之间环环相扣，看起来非常像带刺的铁丝网，保护着整个宫殿免受不速之客的侵扰。我从阳台往下看去，感觉看到的并不是一口水量充沛的井，而是一个巨大的对称宝库。在这里，艺术家们运用了他们所能想出的一切对称游戏来填满每一块可用的空间。

禁宫墙壁上图案的特殊之处在于，通过给三角星中的三角形加入扭转，艺术家们就消除了这个图案中的一切反射对称。埃舍尔之所以能够创造出巧克力盒子上那尖端扭转的海星，正是从这里得到的启发。不过，尽管如此，墙壁上的这个图案仍然充满了各种不同种类的旋转对称。不考虑颜色的话，可以以每一块瓷砖的中心（也就是图 3-13 中的点 3）为中心，把整个图案旋转 1/3 圈。如果以几块瓷砖相交的那个点（点 6）为中心，可以将整个图案旋转 1/6 圈，不过不要忘了，这里依然是不考虑不同颜色的。最后，图案中还隐藏着一种更不易发现的旋转，也就是旋转 1/2 圈。如果把三角形一条边的中点（点 2）固定住，以这个点为中心，把整个图案转 1/2 圈，也就是 180 度，所有瓷砖也可以完美地回到原来的位置上。

找到了最后 1 种漏掉的对称，我感到非常兴奋，带着这种心情，我悄悄地沿着一条走廊溜回到了刚刚翻越的那个路障。我的出现把一群荷兰游客吓了一跳，对于我违反规定的行为，他们看起来相当愤怒。我从他们身边大步流星地走过，准备回到狮子院最后再看一眼。不过，此时我的双眼却被另外一种图案所吸引，这是我在之前穿越宫殿时错过的，更确切地说，我已经两次错过它了。这是一个过去我从未见过的规律性图案（见图 3-14），有一半被一扇木质屏风挡着。这个图案中不包含任何对称轴线，但如果仔细观察，会找到几个点，可以分别以这几个点为中心，把整个图案旋转 1/6 圈、1/3 圈或 1/2 圈。令人惊讶的是，这个图案的对称与我刚刚在禁宫里发现的三角星完全相同。难道是当局认为这种对称对于粗俗的人来说过于撩人了，所以试图不让它们出现在公众视野中？

经过这样一点富有创造性的"返工"，我的寻宝之旅终于以在阿尔罕布拉宫墙壁上找到全部 17 种对称群而画上了句号。然而，现在我如何可以确定不存在第 18 种对称呢？当然，以这些瓷砖的实际形状为基础，可以变换出许多不同的形态。埃舍尔创造出的蝙蝠、天使、蜥蜴、鱼、小鸟、蝴蝶、甲壳虫、螃蟹、蜜蜂、青蛙、狮鹰翼兽、海马，都说明有无穷无尽种形态可以拿来运用。但是，每一种密铺图案所包含的对称肯定是 17 种对称中的 1 种，因为在一个二维表面上，最多只能实现 17 种不同的对称。

图 3-14　阿尔罕布拉宫中另一块拥有对称群 632 的墙壁

后来，又过了 500 年，数学家才明确证明了中世纪的摩尔艺术家永远不可能在墙上的瓷砖图案中编排出第 18 种对称。在接下来的故事中我们将会看到，要证明这一点，主要取决于对群论的掌握，也就是一种诞生于 19 世纪、用于捕捉对称微妙之处的语言。多亏了数学的这种独特力量，我们才可以斩钉截铁地说"永远不可能存在第 18 种对称"，尽管总是有人试图用各种新奇的方法来证明它是存在的。

埃舍尔曾表示，他听从了身为地质学家的哥哥的建议，阅读了一系列有关对称的数学的学术论文后，他才完全理解了自己所看到的一切。埃舍尔试图接收突然间袭来的大量信息，他对自己的第一感觉是这样描述的：

我看到一堵高墙，然后就产生了一种不可思议的预感，觉得墙的后面一定隐藏着什么，于是我费力地爬到了墙上。然而，当我跳到墙的背后时，却发现自己置身于一片荒芜之中，只有不断努力拨开荆棘才能往前走。就这样，我最终一路走到了一扇敞开的大门前，那就是数学世界对我敞开的大门。

每一个进入了这个神奇世界的数学家都会有类似的体验。埃舍尔的描述还未结束：

从那里开始，就出现了一条条被前人反复踏过而形成的小路，通往各个方向。从那时起，我就经常待在那里了。有时我会觉得已经把这里走遍，踏过了每一条小路，欣赏了一切风景。然而每当这时，我就会突然发现一条全新的小路，体验到一种从未体会过的喜悦。

埃舍尔上学的时候对数学并没有特别感兴趣。"我的算术和代数尤其差，"埃舍尔说，"因为有关数字和字母的抽象概念让我感觉特别难以理解。不过，我们的人生道路也会出现奇怪的转折。"但最终数学家们会意识到，要想描述那些装饰了阿尔罕布拉宫的图案，他们必须把这些图案翻译成代数和字母的语言，然后进入思维的抽象世界。

这是一种由数学家所创造的语言，用于对称的世界，但这种语言的诞生却源于一个完全不同的问题。就在西班牙的摩尔艺术家们忙着在阿尔罕布拉宫的墙壁上描绘对称的时候，巴格达的阿拉伯数学家们则在如何解方程式这个看似没有关联的问题上取得了进展。他们中的任何一方都不可能料到，当数学经过了几百年的发展后，这个领域中的两大主题会逐渐交织在一起，最后变得密不可分。这种新的语言让数学家们不再局限于阿尔罕布拉宫中墙壁所呈现的二维空间，而是可以走进一个有三维、四维甚至更多维度空间中的数学宫殿，去理解其中对称的极限。

1492年，天主教徒占领了格拉纳达，据说，末代穆斯林苏丹在逃离这个城市时最后看了一眼阿尔罕布拉宫，然后哭了起来。他的母亲严厉地指责他说："不要因为你无法像个男人一样保卫我们的国家而哭得像个女人。"我可以理解这位苏丹的悲伤，因为这里是那么美，而他却要永远离开了。

提防数学家和那些做出空洞预言的人。数学家已经与魔鬼立约，去蒙昧人们的心灵，将人们束缚于地狱的枷锁之中，这是相当危险的。

——圣·奥古斯丁，《〈创世记〉字疏》

第 4 章

11 月：部落聚集

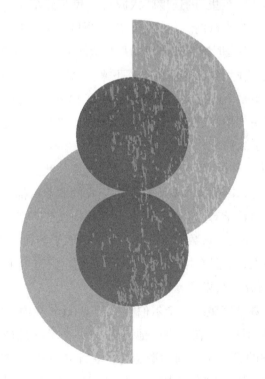

11 月 1 日，冲绳

科学关乎发现，但也同样关乎交流。如果一个想法无法唤起别人心中相同的想法，那就很难说这个想法是存在的，这也就是为什么如果要让一个想法获得生命力，举行会议是一个重要手段。这在我所从事的数学研究这项工作中，也是最让人兴奋的一个部分，因为我可以把自己的数学研究展示给一群同样对此感兴趣的人。一段数学证明就像一段戏剧或音乐，其中的重要转折就像戏剧或音乐的高潮时刻，让观众进入一个全新的领域。我正在前往日本参加会议的旅途中，在这次会议上，我将会分享自己对对称世界的看法。

我喜欢旅行，因为旅行是一种位置的变化，它有助于我的思维过程。对我来说，火车是获得灵感的最佳交通工具。坐在火车上，盯着车窗外，任由窗外的景色以每小时 125 英里⊖的速度映入眼帘，我总会在其中找到促使我进行更多数学创造的完美的兴奋剂。我的博士论文题目就是一天下午在从雷丁到牛津的火车（当然，并不是时速 125 英里的那种火车）上灵光闪现的结果。

我上了飞机，找到自己的座位坐了下来。这时，坐在旁边的男士开始冲我咧嘴傻笑。这可不是个好兆头。这个航班需要 13 小时，我通常直到在落地前 5 分钟都会尽力避免与他人进行任何交谈。所以，我马上拿出了黄色便笺簿，然后开始在上面信手涂写。

"你是做什么工作的？"旁边的男士开口问道。我希望如果他知道我是个数学家后会知难而退，因为大多数人在了解到我的职业后都会面容僵硬，然后低声抱怨自己读书时数学有多差，而且总会觉得应该告诉我他们在初中会考中数学考了多少分。"我很喜欢数学（math）⊜。"他用了美式英语中的数学这个词，所以他是个美国人，而且在接下来的旅途中显然也不会保持安静。他又继续问我："那你具体研究什么呢？"

伟大的德国数学家戴维·希尔伯特曾于 1900 年在国际数学家大会（ICM）进行过一次著名的演讲，在演讲中他表示："一个数学理论，只有你能把它向你在大街上遇到的第一个人阐述清楚时，它才算是一个完整的理论。"因此，我忍不住想要拿身边这位旅途中的同伴来验证一下希尔伯特的这个格言。"你

⊖　1 英里 =1.609 千米。

⊜　math 为美式英语，maths 为英式英语。——译者注

是想让我用 1 分钟给你讲清楚，还是 5 分钟，还是 13 分钟？"

疯狂的与不计其数的

对于我来说，交流并不只是给同样会运用这种神秘数学语言的人讲故事。在牛津上学的时候，我常常会花大量时间来努力向外专业的同学解释为什么我会对数学充满激情。我跟很多不同专业的人都很投缘，他们的专业背景五花八门，包括波斯语与阿拉伯语、哲学、政治与经济、文学理论。后来，我开始越来越多地尝试在派对上或在深夜到别人房间里去解释为什么我认为做数学研究像解构亨利·詹姆斯小说一样令人兴奋。

对于某些职业，人们会有些模糊的认识，比如研究亚马孙丛林的生态学家、研究航天医学的生理学家或者驾驶潜艇考察海床的海洋生物学家。然而，对于数学家到底是做什么的，大多数人仍然会觉得完全是个谜。我会试图让人们一瞥我的世界，让他们看到为什么我觉得数学像亚马孙丛林、外太空、大洋深处一样神奇。

有一天在图书馆里，我意识到自己取得了一些进展。这时英语系的尼基走了过来，她把一本书压在了我面前摊开的数学书上面。"你经常跟我说数学是干什么的，这里面写的跟你说的似乎很像。"她一边说着一边指着引用自阿根廷小说家豪尔赫·路易斯·博尔赫斯的一段话。这是博尔赫斯的一篇短篇小说，在其故事里，博尔赫斯虚构出了一本有关中国的百科全书《天朝仁学广览》，其中对动物进行了如下分类：

（1）属于皇帝的；

（2）涂了香料的；

（3）驯养的；

（4）哺乳的；

（5）美人鱼；

（6）出神入化的；

（7）流浪狗；

（8）归入本分类法中的；

（9）像发疯般颤抖的；

（10）不计其数的；

（11）以非常细的骆驼毛笔画的；

（12）诸如此类的；

（13）刚打破了罐子的；

（14）远看像苍蝇的。

这段引文完美概括了几个世纪以来人们对对称的追求。在数学家的旅程中，每向前迈出一步，前面列举的清单里就会多出几种更为疯狂的对称动物。古希腊人发现了 5 种柏拉图立体，这些立体所具有的对称让它们成为制作骰子的完美形状。负责装饰阿尔罕布拉宫的艺术家们用瓷砖拼贴出了 17 种不同的对称图案，用它们填满了宫殿里的每一面墙壁。在 20 世纪，康威的图集记录了一系列不拘一格的对称对象，其中最为复杂的就是"怪兽"（Monster），对它的描述就像博尔赫斯笔下"远看像苍蝇的动物"一样奇特。而在我自己的探索旅程中，我一直想搞清楚用康威图集中的动物可以构造出什么样的对称怪兽，随着这段旅程不断展开，我越来越能体会到博尔赫斯那段引文的贴切，以至于后来我决定用这段话来作为博士论文的开篇。

我同时也爱上了博尔赫斯，他是作家中的数学家。他的短篇小说都像数学证明一样，结构精巧，不同的思想毫不费力地结合在一起。每一步都极其精确，逻辑无懈可击，然而与此同时，他的叙事中仍充满了出人意料的迂回曲折。

博尔赫斯百科全书中的一部分与我现在正在努力研究的一个项目尤为相关。我选取了对称图集中最简单的那个动物，也就是边数为素数的形状所具有的旋转，而我正在努力研究的就是用这个基本构件可以构建出什么样的对称形状。尽管要确定到底有多少种可能性是极其复杂的，大多数数学家已经把这些对称对象降级为博尔赫斯分类表中的（9）像发疯般颤抖的动物和（10）不计其数的动物了。我的数学祖师爷（也就是我导师的导师的导师）菲利普·霍尔表示，"这些对称群具有令人震惊的多重性和多样性，这正是限制有限群理论发展的主要难题之一"。

我目前正在研究的题目就是如何把这些对象从博尔赫斯的（10）动物中拯救出来，也就是要把通过三角形的旋转构建出来的对称群——列举出来。古希腊人找到了 5 种柏拉图立体，摩尔人在宫殿墙壁上描绘出了 17 种不同的对称。我能不能找到一种方法来计算拥有 3^2=9 种对称的对象有多少种？拥有 3^3=27 种对称的对象有多少种……拥有 3^{10} 种对称的对象又有多少种？我可能不知道它们具体是什么样子，但我希望能有一种方法来计算它们到底有多少种。也许我可以找到，每增加一个三角形，对象数量也随之增加所遵循的某种规律。

尽管我所寻找的大部分对象都很抽象，都存在于高维度空间中，但是由两个等边三角形的对称所组成的对称对象在二维和三维世界中仍是可以看到的。这样的形状将具有 3×3=9 种对称。现已发现有两种完全不同的对称对象都具有 9 种对称。不同的形状可能具有同样数量的对称，但这 9 种对称在每一种形状中的表现形式会非常不同。

这两种对象中的第一种是有 9 条边的正多边形的旋转群，也就是正九边形（见图 4-1）的旋转群。一枚有 9 条边的硬币，有 9 种不同的旋转，其中，让硬币原地不动也算一种旋转，这 9 种旋转的轨迹会在硬币内侧形成一条围绕硬币的曲线。

第二种有 9 种对称的对象可以通过把一个黑色三角形和一个白色三角形串在一起来构建。其中一个三角形压在另一个三角形上面，让整个对象看起来就像是一个有两个三角形转子的密码锁（见图 4-2）。在大英博物馆里，我分析从乌尔出土的游戏棋骰子时用的就是一个与此类似的对象。这个形状的对称是通过分别旋转两个三角形来实现的。每一种对称都是一个魔术动作，让有两个转子的转字密码锁看起来跟之前一模一样。如果要记录一共有多少种不同的动作，给每一个三角形的每一条边都标记一个数字会有所帮助，就像真正的密码锁一样。

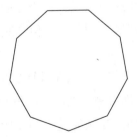

图 4-1　正九边形有 9 种旋转对称

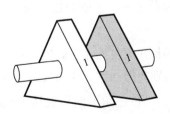

图 4-2　有 9 种对称的密码锁

　　曾经忘记密码锁密码的人可能都考虑过要系统地把所有数字组合都尝试一遍来找回密码。我也可以用这种方法来分析这个对象的对称。举个例子，我可以让白色三角形保持不动，把黑色三角形旋转 120 度，这样就会让数字 1 和 2 露在外面，我用（1，2）来标记这个数字组合。我也可以把黑色三角形旋转 240 度，得到数字组合（1，3）。有了这样的命名规则，我可以轻松地把所有不同的对称都记录下来，也就是说，我可以做 9 种不同的动作，分别是：

　　（1，2），（1，3），（2，1），（2，2），（2，3），（3，1），（3，2），（3，3），（1，1）其中，最后一个魔术动作指的是我对两个三角形不做任何动作。

　　密码锁的 9 种不同数字排列与其所具有的 9 种对称相对应。以行李箱上的密码锁为例，这样的锁通常有 3 个转子，每个转子上有 10 个数字。因此，如果要尝试所有的数字组合，那么就需要尝试 $10 \times 10 \times 10 = 1\,000$ 种对称，这也就是为什么如果有人不知道密码却想碰运气解锁的时候，这种密码锁是相当安全的。

　　在这样的分析中，一种用数字来表达对称的语言开始出现。有了数字，要记录一共有多少种对称就变得更加容易了。每一对数字实际上都明确表明了其所代表的对称动作。把几何动作转化成数字的做法，最终将使数学家得以开始解码完整的对称之书。

　　关键因素之一就是要确定所得结果是一个真正全新的对称群，还是只是一个已知对称群的另一种表现形式。在阿尔罕布拉宫中，我一直在给各种看起来千差万别的图案拍照，相信在其中能找到一种新的对称，来放入我的那个对称清单，结果却发现，阿尔罕布拉宫墙壁上的图案所具有的对称与我之前已经记录过的对称是相同的。因此，我如何可以确定密码锁和正九边形确实是完全不同的对称对象？它们是否有可能是同一个对称群的不同表现形式？毕竟，这两种对象都刚好具有 9 种不同的对称。这是在这一领域进行研究的人都会面临的难题之一，也就是说，两个对象可以看起来差别很大，但却具有相同的对称。

　　如果我反复操作密码锁所具有的某个对称动作，那么在重复 3 次后，密码锁将回到我做动作之前的状态。以其中一种对称为例，把白色三角形向前旋转 1/3 圈、黑色三角形向后旋转 1/3 圈（见图 4-3）。在做完这个动作后，密码锁显示的数字就从（1，1）变成了（2，3）。现在，把这个动作再做一次，密码锁显示的数字就会变成（3，2）。接下来，再重复一次这样的动作，数字（1，1）就会再次出现。不管是反复操作哪一个对称动作，只要把这个动作连续操作 3 次，密码锁都会回到其原本的位置。

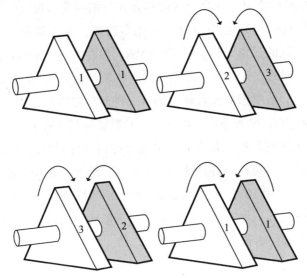

图 4-3   重复对称（2，3）所产生的效果

现在，让我们看看正九边形，同样的旋转需要重复进行 9 次，才能让整个图形回到最初的状态。举个例子，如果要把正九边形旋转 1/9 圈，那么当然需要旋转 9 次才能让正九边形回到第一次旋转前的位置（见图 4-4）。所以，这两个对称群是不同的。这个解释体现了对称理论中的重要一课，是到 19 世纪初才被完全理解的一课，也就是说，就一个对象的对称而言，只有把可以对这个对象所做的对称动作组合起来进行探索后，它的对称所具有的性质才会真正开始显露出来。

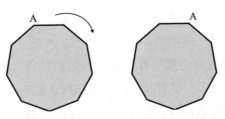

图 4-4   把这个旋转重复 9 次可以让点 A 回到最初的位置

正九边形的旋转对称和由两个三角形转子组成的密码锁的旋转对称，是仅有的两个有9种对称的对称群。不过，如果增加更多的三角形，然后思考一下，比如具有 $3 \times 3 \times 3 = 3^3 = 27$ 种对称的对象有多少，那么事情就更有意思了。在有27种对称的对象中，有两个的构建方式分别与前面提到的两个例子十分相似。我们可以用 $3^3 = 27$ 条边组成一个正多边形，它就具有27种旋转对称，也可以用3个不同的三角形转子组成密码锁，在旋转这个密码锁的转子时，一共有 $3^3 = 27$ 种不同的方式，这个密码锁的对称就与这27种方式相对应。不过，除了这两个对象，数学家们发现还有另外3种对称对象都分别具有 $3^3 = 27$ 种不同的对称，这样具有27种不同对称的对象总数就达到5种了。

当我增加越来越多的三角形时，可能存在的对称对象的数量也随之增加。用4个三角形的对称可以构建出15种对象，用5个三角形的对称可以构建出67种对象。但是，用10个三角形的对称可以构建出多少种对称对象，这完全是个谜。我试图找到一种方法来预测随着三角形数量的增加，所能构建出的对称对象的数量会如何增长。

规律猎人

在试图找出对称对象数量随着三角形数量的增加而增长的规律时，我所遭遇的挑战其实本质上就是"对于我来说，做数学家意味着什么"的问题。很多朋友对我的印象都是我坐在办公室里，列出尚需要保留到小数点后很多位的复杂除法算式，所以他们都很奇怪为什么直到现在我的饭碗都还没有被电脑抢走。然而，正如很多年前导师向我所展示的，数学家是寻找规律的人。我努力想要找出构建出周围这个世界的那些逻辑或规律。

机上餐食送来了，我旁边那位男士的注意力被吸引了过去，因为他要考虑是该吃日式风格，选择一份便当，还是该吃西式风格，选择鸡肉或牛肉。不过他对于更深入地了解规律仍然很有兴趣。他眼睛瞪得大大的，闪着兴奋的光，但我开始觉得有些疲惫了，尽管我很珍惜这样痴迷的听众。

为了让自己能稍稍歇口气，我给他出了一个小难题，希望他在接下来的几小时里能有点事做。看看下面这个数列，下一个数字是什么？

13，1 113，3 113，132 113，1 113 122 113，…

这个数列生成方式的背后是有一个规则的。解开这个数列的挑战在于要不断针对这个数列提出新问题，不断尝试用不同的方法来分析这个数列，直到最终找到一个方法或角度，让自己可以看明白这个数列是如何生成的。在告诉他这个数列的奥秘之前，我想让他自己先出出汗，因为如果他确实找到了这个奥秘，那么他的大脑就会感受到肾上腺素飙升带来的快感，也就是我坐在书桌前用黄色便笺簿演算一整天后所渴望的那种感受。

我怕万一他很快就解出这个数列，于是又给了他另一个数列：

2，3，8，13，30，39，…

我自己的任务是要努力理解下面这个数列：

1，2，5，15，67，504，9 310，…

我当然知道这个数列描述的是什么，这些数字代表的分别是由 1 个三角形、2 个三角形、3 个三角形、4 个三角形、5 个三角形、6 个三角形、7 个三角形的对称所构建出的对称对象的数量。因此，数列中的第 n 个数字就是具有 3^n 种不同对称的对象的数量。关键是，我不知道在这个数列里第 7 个数字之后的数字是什么。我的两位同事用一台电脑计算得出具有 3^7 种对称的对象有9 310 个，这已经是一台电脑所能计算的极限了。现在，我在尝试找出这些数字增加时所遵循的某些潜在规律，因为这些规律可能会反过来为我们探索这些对称对象是什么样子提供某些线索。比如，会不会有一个公式让我们可以计算出，随着三角形数量的增加而出现在这个数列中的数字？

我觉得第二个数列对我邻座的那位男士来说有些不公平。因此，还没等他为找出规律而陷入纠结时，我就把答案告诉了他，让他脱离苦海。如果他真的构建出一个公式，并算出这个数列中的下一个数字是 49，那么我会推荐他赶快去买个周末开奖的彩票。尽管这个数列开头看起来很像斐波那契数列的一部分，但这些数字其实是上周六英国国家彩票的中奖号码。几周以后，我将在伦敦哈克尼区的一所学校做有关寻找规律的讲座，并打算在讲座中运用这串中奖号码。邻座的那位男士笑了起来，尽管我看得出来他有点生气了。

然而，我的这个恶作剧其实是一个提示。人的大脑极度渴望找到规律，这也就是为什么我们对对称如此痴迷。规律中有隐含的含义，不过有时候事情也会是随机的，没有任何规律可言。

如果我邻座的男士真的能够成功找出彩票数字背后的某种规律，也就是类似斐波那契数列的那种规律，那就是另一个提示了。就有限数列而言，总有几种不同的方法来理解这些数列，并且可以形成一系列规则来计算出数列中的下一个数字（尽管这些"规则"可能极其复杂晦涩）。我最近读了吉列尔莫·马丁内斯的《牛津迷案》，这是一部精彩的悬疑凶杀案小说，背景就设定在我们数学系。数学和谋杀似乎成了完美搭配，也许悬疑小说作家觉得数学家脑中冷静的逻辑特别适合设计出无法被人识破的完美凶杀案。在这部小说里，每个凶杀案中都会出现一个数学符号。数学系最优秀的逻辑学家接受了挑战，努力要在下一个凶杀案发生前破解出这一串符号序列中的下一个符号。

然而，他隐约担心这个符号序列可能有许多不同的解。哪一个才会是这个谜案的下一个转折？举个例子，看一下数列 2，4，8，16，…你会觉得毫无疑问下一个数字是 32。但如果说下一个数字是 31，理由也非常充分。画一个圆，在圆上任选两个点，把这两个点连起来，整个圆就被分成了两部分（见图 4-5）。现在在这个圆上再选一个点，把这个点与圆上已有的两个点分别连起来，这样圆就被分成了 4 个部分。像这样再加一个点，并用线把这一点与其他点分别连起来，这个圆就被分成了 8 个部分。增加第五个点和相应连线会让整个圆变成 16 个部分。然而，接下来，出人意料的是，如果加入第六个点和相应连线，最多只能把圆分成 31 个部分。

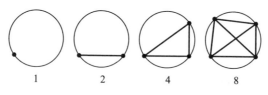

图 4-5 切割圆形

关于 n 个点可以把一个圆分成几部分，其公式乍看起来应该就是简单的 $2n-1$，但是经过数学分析后会发现，正确的公式应该是下面这个：

$$\frac{1}{24}(n^4 - 6n^3 + 23n^2 - 18n + 24)$$

这个例子对我来说是一个重要提示。我要找到正确的方法来延续我的数列，这样它才能真正描述对称对象的数量是如何随着三角形数量的增加而增长的。

　　我多希望可以宣称已经通过逻辑推理的强大力量攻克了这个难题。然而，事实是我现在只是单纯凭运气（这是很多突破性发现背后的重要因素）才偶然发现了该如何向这个问题发起进攻。当时，我正在剑桥大学数学系做演讲，也就是当年康威和诺顿向我展示他们那本包含了所有对称基本构件的对称图集的地方。演讲结束后，有人问我：“这有没有让你在希格曼的 PORC 猜想上获得什么启发？”

　　我根本不知道这个猜想是什么。但是我点了点头，想让自己看起来是懂行的，然后说可能会有些启发，但我需要想一想。演讲结束后，我就钻进了图书馆。在 20 世纪 50 年代，一切像“怪兽”这样美妙的对象都还没有被发现，牛津大学数学家格雷厄姆·希格曼开始尝试计算由三角形、五边形或其他边数为素数的多边形的对称所构成的对称对象一共有多少种。在对称“元素周期表”里，边数为素数的多边形的旋转群是最简单的元素之一。希格曼开始研究的问题是，通过复制其中一个对称的原子，可以构建出多少分子。希格曼明白，如果想知道有多少种对象具有 $p \times p \times p \times p \times p = p^5$（$p$ 为素数）种对称，那么可以运用一套简单的公式。他只需要把这个素数代入其中一个公式，就能得出一个结果，而这就是所能构建出的具有 p^5 种对称的对象的数量。在选择要代入哪一个公式的时候，需要根据这个素数除以 12 所得的余数来判断。举个例子，对所有除以 12 余 5 的素数来说，也就是 5，17，29，41，53，…，公式是 $2p+67$。所以，如果想知道有多少种对象具有 53^5 种对称，只需要把 $p=53$ 代入上面的公式，结果是 173。

　　那么，问题是，随着我们所使用的基本构件的数量不断增加，是否总会存在一个清晰的方程式来告诉我们，用这些数量的对称“原子”能构建出多少种对称对象？希格曼的 PORC 猜想认为，总会有一个多项式来给出答案。素数 p 的多项式看起来类似于 $4p^3+17p^2+7p+5$，也就是由 p 的不同次幂组合在一起所形成的多项式。举个例子，用一个二次多项式可以计算出具有 p^6 种对称的对象数量，这个多项式中会包含 p 的平方。如果素数 $p=53$，要计算具有 53^6 种对称的对象的数量，可以把 $p=53$ 代入公式 $3p^2+39p+414$。牛津的迈克尔·沃恩-李和奥克兰的埃蒙·奥布赖恩发现了一个更为复杂的、有关 p 的 5 次幂的五次多项式，用来计算具有 p^7 种对称的对象的数量。但是，如果对象所具有

的对称数量是 p^8 种、p^9 种，甚至是 p^{100} 种，那么要计算这些对象的数量，还有没有这样的公式呢？我们尚不得而知。

在剑桥大学演讲的那天，我发现自己一直在研究的，可能正是回答这个问题的正确工具。为了进入对称世界，我一直在探索通常所说的 ζ 函数。1859 年，德国数学家波恩哈德·黎曼首次把这个函数作为一种有力的方法引入数学，用来在混乱的素数世界中找到秩序。如果看一下素数数列，也就是 2，3，5，7，11，13，17，19，23，…会发现并没有一个简单的规则或规律可以来帮助你预测下一个素数会是多少。黎曼的 ζ 函数揭示了素数背后的一个微妙架构，这个架构从某种程度上解释了在数字宇宙中素数是如何分布的。我一直在努力研究，想看看自己的 ζ 函数是否可以用来理解混乱对称世界中的某些规律。

对于素数和对称来说，ζ 函数就像黑箱般的存在。组成这些函数的是一个公式，它把人们试图去理解的数字都联系在了一起。人们希望 ζ 函数可以在对称的数量方面带来一些新的启发。有了 ζ 函数，人们就可以走出似乎被混乱所统治的那部分数学世界，来到一片完全不同的、可以开始找出规律的区域了。我要去日本参加的会议就聚集了多位同样痴迷于 ζ 函数的数学家。

让我惊讶的是，在解过了前面那些数列后，我邻座的这位男士看起来仍然饶有兴趣。我赶紧低头看了看他手中的书，怕万一那本书也是黄色封面的，而他也是要去日本参加会议的数学家。结果他手里攥着的是一本《圣经》。我觉得必须问问他对我的研究细节如此刨根问底到底想干什么。于是，怀着忐忑的心情，我向他提出了这个问题。他告诉我："我要去日本当传教士。你知道智慧设计论[⊖]是什么吗？"当他试图说服我"数学的逻辑只是证明了上帝的存在"时，我感到非常沮丧。坐在我另一侧的男士看起来似乎要想方设法避免与我们这两个与他同排的乘客产生任何交流，毕竟一个是宗教狂人，另一个则是疯狂的数学传教士。我们终于即将降落在日本东京成田国际机场了。

在我们着陆后，我邻座的男士终于承认被我给的数列打败了，并让我把答案告诉他："13，1 113，3 113，132 113，1 113 122 113，…下一个数字是多少？"规律的终极探寻者康威曾面对同样的挑战，他宁可自己与它苦战数月，也不让任何人告诉他这个数列背后的奥秘。其实，小孩子会觉得这样的数列很容易解

⊖　智慧设计论（Intelligent Design，ID）是一个有争议的论点，认为"宇宙和生物的某些特性用智能原因可以更好地解释，而不是来自无方向的自然选择"。——译者注

开，因为他们对这个世界的看法还很简单，还没有被成年人一直在寻找的复杂规律所困扰。

所以答案是：每一个数字都描述了数列里的前一个数字。第一个数字 13 由 1 个 1 和 1 个 3 组成，于是便有了第二个数字 1 113；1 113 可以被描述为由 3 个 1 和 1 个 3 组成，也就是数列中的下一个数字 3 113。因此，按照这个规则，所给数列中的下一个数字应该是 311 311 222 113。当我第一次把这个数列拿给托马尔让他解的时候，他很快就想出了答案。"这就像我们在学校作的一首诗。"托马尔说。然后他给我提了个难题，让我把下面几行字大声读出来：

11 是匹赛马（11 was a racehorse）
12 是 12（12 was 12）
1 111 比赛（1 111 race）
12 112（12 112）

取行李的时候，我忍不住想再逗一逗一直坐在我身边的这位传教士，于是又给他出了一个难题："如果你想再挑战一下，那么就证明一下在这个数列里永远不会出现 4。"

绿色裤子和绿色抹茶

在日本负责接待我的是数学家黑川信重。我读过他的很多论文，所以感觉好像已经认识他了，但实际上我们从未谋面。我完全不知道他的长相，所以从东京机场海关出来后，我一直在寻找写着我名字的牌子。

但我无论如何都找不到。过了一会儿，我开始有些担心了。我来的时候没有人给过我任何电话号码，也没有联系人信息，只有黑川的电子邮件地址。这个开头可不太好。不过，这时我看到一位戴着渔夫帽的男士在走来走去，手里举着一块牌子，上面写着字母 f，其实是希腊字母 ζ。他看起来同样也很焦虑，努力想从出站口走出来的一个个西方人中找到一个从来没有见过的数学家。

"啊，是你，杜·索托伊教授。我应该早点认出你的。我举了一块写着 ζ 的牌子，而你刚好穿了绿色衣服。"我有点糊涂了。我确实是穿着绿色裤子和一件绿色套头衫。"绿色是ζ的颜色，是数学的光合作用，它吸收了阳光来创造生命。"

我们一拍即合。他的英语不怎么样，而我根本不会说日语，但我们之间的数学纽带让我们感觉到彼此之间一种由来已久的联系。黑川教授对数学以及数学与外界的关系秉持一种兼容并蓄的态度。除了是一位优秀的数学家，他似乎还是一位数学神秘主义者——日本的毕达哥拉斯。

"杜·索托伊君，今年对ζ函数来说是吉祥的一年，而你刚好来了。在146年前，黎曼提出了关于ζ函数的猜想。"我说，146听起来不是个特别值得庆祝的年份。"并不是这样，146是73的两倍，73在日语中是nami，也有'波浪'的意思，像海啸一样，是巨大的波浪。ζ函数在我们解释素数的过程中推波助澜，所以73是属于ζ的数字。73年前，西格尔发现了计算ζ函数的公式，这是个伟大的发现。所以，也许今年我们可以创造ζ函数历史上的另一个高峰。"

这听起来完全是算命先生的说辞，但却很美妙。正是这种顽皮才能造就伟大的数学家。当我在剑桥第一次见到康威本人时，我就在他进行数学研究的方法中看到了这样顽皮的一面。不过，对于数学家来说，这是一种罕见的特质，因为他们常常会用数学这门学科一本正经的特点来武装自己，不会冒险做出任何轻率的行为。

会议地点是在位于日本最南端的冲绳岛。在开启南飞的旅程前，我们先停下来吃了点东西。"数学家分成两个阵营：喜欢吃甜品的和不喜欢吃甜品的。杜·索托伊君，你属于哪个阵营？"从黑川教授圆胖的体型我可以看出，我们是一个阵营的。所以，我们在上午10点钟走进一家甜品店，尽情享用了各式各样的抹茶甜品，还完美地解决了我的时差问题。

飞往冲绳的航班很令人兴奋，原因有三：第一，我坐在了黑川旁边，跟他聊了3小时的ζ函数；第二，当我们望向窗外时，可以看到美丽的富士山；第三，我们乘坐的是一架宠物小精灵飞机，飞机机身的涂装和机舱里的装饰都是各种各样精灵宝可梦的形象，我儿子看到一定会为之疯狂。不过，空姐没有穿成皮卡丘的样子，这让我有点失望。

我特别急切地想要和黑川讨论一个我一直在努力解决的与ζ函数有关的问题。多年来，我一直致力于研究关于某些ζ函数的一个猜想，我已经把这个猜想掰开了揉碎了。具体来说，ζ 函数一共有 6 种不同类型，我的猜想在其中 5 种类型上都得到了证明，但对于第 6 种，尽管有他人协助，我还是一直没能找到突破口。这困扰了我很久。这就像在一个小岛上，如果向北前进，我会看到一条小河，可以沿着河一直走到海岸边。如果向东走，地势会更平坦一些。而在西面，我可以看到一座大山，那就是黎曼猜想，它是数学领域最重要的一个悬而未决的问题。如果我假设黎曼猜想为真，就可以越过这座大山，而在山的那一边，我知道会有路可走。麻烦在于，当我转向南面，等待我的是坚不可摧的丛林。那些帮助我在其他方向上走出一条路的方法，在这个丛林面前都行不通了。

我一直在写一篇有关这个问题的论文，但现在这篇论文停滞了。也许我应该把这篇文章原封不动地投出去，无论如何也可以算是有关黎曼猜想的一篇文献。但这样一来，这篇文章会是不完整的。数学家的一个特点就是追求完美且完整的解决方案。黎曼有很多未出版的笔记，因为他觉得它们都还未完成。而当他 39 岁骤然离世后，其中很多都在管家清理他的办公室时化为了灰烬。73 年前西格尔发现的那个公式，也就是黑川之前提过的那个公式，就是从黎曼未出版的笔记中拯救并整理出来的。

黑川读过我那篇论述了到目前为止的结果的论文预印本。于是，他开始向我解释我所关注的 ζ 函数如何可以用他多年前考虑过的一个框架来解决。我读过他的这些论文，但从没想过它们会与我的研究相关。然而，在飞机上的这 3 个小时里，黑川向我解释了为什么他的这种语言可以用来解决我这个 ζ 函数的问题。我开始有些恐慌了。这是否意味着我在过去 5 年间一直想要证明的问题已经被黑川的论文证明了？我尝试去理解黑川在我的笔记本上草草写下的几页内容，后来又浏览了一遍他的论文，想要找到解决第 6 种 ζ 函数问题的灵感。我到底漏掉了什么？

等到我们降落在冲绳的时候，我意识到我所做的研究与黑川有一部分是重合的，但又不是完全被他的论文所包含。确实，他可以看出我还没解决的那部分是真正的挑战。然而遗憾的是，至于该怎么解决这个部分，黑川也完全没有头绪。

冲绳是个度假小岛，日本年轻人会在这里享受沙滩日光浴和海中深潜。不过，我们就像深入黑暗地下的矿工，要整日待在阶梯教室里，从日出到日落，与这里美妙的一切完全隔绝。

参加这次会议的人并不多。俄罗斯、以色列、德国、美国各 1 人，日本 15 人，再加上我。我们感觉就像某个偏远部落的成员聚集在一起，分享自己是如何在广袤数学世界中孤独流浪寻找新大陆的。参加会议可以穿便装，甚至衣冠不整也没关系。尽管从文化角度来说，我们说着不同的语言，但是就数学而言，我们都在同一个频率上。每个与会者都展示了自己如何运用 ζ 函数语言来揭示数学不同领域的规律和结构。所有发言都用英语进行。尽管数学语言是通用的，但是构建了数学的那些词语才是给数学注入生机的关键。

现在，在讲解数学观点的时候，人们越来越依赖于挂在头顶上的投影仪，不过它通常都会被过度使用。也就是说，为了要让听众印象深刻，主讲人通常会将大量结果罗列出来，并用不同的色彩标注，然后在观众面前一闪而过。我和参会的其他数学家一样，对这样的做法感到很有负罪感。在黑板上写定理和公式时的节奏更符合我在消化吸收想法时的速度。不过，这样做的缺点是主讲人大部分时间都是背对观众的，因此，从平衡的角度来看，我更喜欢头顶上的投影仪。会议的第二天，轮到我来介绍我是如何用 ζ 函数来计算对称对象的数量的。

黑箱

对 ζ 函数的研究始于 19 世纪中叶，黎曼是第一人。那时，他的兴趣点在于将一类新的数字，也就是虚数与 ζ 函数结合起来。黎曼就像一位炼金术士，认为用不同原料组成的烈性鸡尾酒般的混合物会创造某种强大的数学。最终，他这个数学"大锅"创造出了一种理解素数的新方法。

小时候，在学校里，黎曼对大多数形式的社交都感到恐惧，因此常常为了躲避同学而躲在学校图书馆里。正是在图书馆里，还是个孩子的黎曼从书中读到了虚数。数学带来的安全感对黎曼来说就像楼梯下面的橱子，让他可以藏身其中，远离外界的压力。在很小的时候黎曼就明白，素数是规律探寻者所面临的最深层次的挑战之一。在素数数列中，似乎不存在任何可能有助于理解整个数列的逻辑或顺序。随着素数数列无限延伸，其中数字的排列与我用来戏弄邻座那位传教士的彩票号码序列相比，看起来并没有更具规律性。猜测素数数列中的下一个数字会是多少，是自古希腊人开始研究素数以来，一直困扰着一代又一代数学家的一道谜题。

黎曼在 30 多岁的时候发现 ζ 函数可以让自己用一种强有力的方法来看待素数。ζ 函数就像一本双语字典，可以把数字的属性转换成几何形状。自黎曼发现以来，已经有多种 ζ 函数的变体被用来揭示那些乍看之下似乎混乱无序的数学领域所包含的种种规律和结构。

ζ 函数就像一个黑箱。数学家们即使已经对如何构建这个黑箱了如指掌，也仍然会因这个黑箱能揭示如此多信息而感到惊奇。要构建这个黑箱，需要把无限多的素数绑定在一起，把它们当作一个对象来看待。这就像要找到一种方法来把一段交响乐作为一个整体去研究，而不是一个音符一个音符地去研究。黎曼的非凡之处是发现了 ζ 函数的公式可以把这些神秘数字联系在一起，通过分析这个公式就有可能逐渐收集到这些数字的许多秘密信息。

直到几年前为止，还没有人考虑 ζ 函数是否可以揭示对称世界的某些有趣特性。我很幸运，因为刚好在我读博士的时候，牛津大学的丹·西格尔发现了用 ζ 函数来分析对称可以帮助我们得到许多过去从没有得出过的结果。后来，发现了这个新角度的丹·西格尔和在德国的弗里茨·格鲁尼沃尔德成了我的博士生导师。

我发现 ζ 函数可以用来揭示我想要理解的那些数字所具有的某种规律。举个例子，一个数列前几个数字是 1，2，5，15，67，504，9 310，…那么这个数列背后的奥秘是什么？这些数字分别表示具有 3，3^2，3^3，3^4，3^5，3^6，3^7，…种对称的对称对象有多少。我的 ζ 函数所揭示的正是关于这个数列将如何延续的规律。我发现这个数列的数字所遵循的规则与斐波那契数列的规则十分相似。

斐波那契数列的规则非常简单：数列中的任意数字都是前面两个数字之和。所以，只要知道了数列最前面两个数字，就可以继续不断下去。运用对称的 ζ 函数，我证明了同样的情况也会出现在我所感兴趣的数列中，也就是说，对于数列 1，2，5，15，67，504，9 310，…来说，要给出下一个数字，有一个简单的规则。数学家把根据这种规则来延续的数列称为递归数列。他们还用一种电脑程序来计算这种数列里的数字。

　　唯一的麻烦是，通过分析，我并没有找到那个公式或者说规则是什么。就斐波那契数列而言，只要知道了任意相连的两个数字，就可以算出下一个数字。尽管我用 ζ 函数证明了我的那个数列遵循类似规则，但证明过程没有让我看到这个规则是什么，没有告诉我如果想知道下一个数字是多少，我是需要前 10 个数字、前 100 个数字还是前 1 000 个数字。我的发现可能看起来很没用，从某种意义上来说，它确实没有用，因为我不能用它来找到数列里的下一个数字。但是，这个发现意味着至少有一种规则还等待着被发现，意味着这个数列的数字并不是完全随机的，而是彼此相互关联的，这种关联与斐波那契数列中数字之间的相互关联极为相似。所以，现在已经有了足够多的信息让人相信一定存在这样一个公式，但又还没能把这个公式实际构建出来，这其实是非常不寻常的。在现代数学中，很多领域都有这个特点：可以仅通过对条件的分析来证明某些结构存在，但还无法明明白白地把这些结构实际构建出来。这就有点像虽然发现了 DNA，但还没有合适的工具来清晰地确定 DNA 序列。

　　我的证明至少表明了无限数列中有某种有限的东西。这就像看起来有着完全随机小数的 π 和有着明显规律小数的 1/7（也就是 0.142 857 142 857…，其中 6 个数字会不断循环）之间的区别。我的发现表明有类似的规律在起作用，而我所关心的那些数字并不像 π 一样完全随机排列。

　　不知不觉，已经到了上午 11 点，我必须结束发言了。然而，与平时不同的是，这次大家的问题特别多。这就是小型会议的优势。在大型会议上，引发讨论是非常难的。尽管这次会议上的好多发言都与我的研究兴趣相去甚远，但对我来说最珍贵的是进行思考的角度，也许对它们稍加转换，就可以应用到我的研究中。我运用 ζ 函数计算了随着所使用的边数为素数的形状不断增多，这些形状可以构建出多少种对称对象。然而，至于这些 ζ 函数还展示了些什么，我仍有许多不明之处。所以，我希望看看别人是如何运用 ζ 函数来发现新结构的，也许这可以对我自己的研究有所帮助。

　　很多年轻的日本研究生是第一次在会议上做研究介绍。这是个令人恐惧的时刻，因为这意味着，你需要从过去 3 年一直埋头苦读的各类期刊中抬起头来，然后站在你的同学和导师面前陈述自己都做了哪些贡献。很多年轻学生的研究反响不错，但有几个学生遭受到的就完全是羞辱了。"大家有问题吗？""等一下……如果你查一下 1994 年我在《数学学报》上发表的文章，就会发现这个问题已经解决了。"这意味着 3 年的研究都变成了徒劳，像这样证明一个已经被证明了的定理，是每一个数学家可怕的噩梦。

尽管我们白天都在面对黑板或背靠滚烫的投影仪进行激烈讨论，但到了晚上也有机会放松一下，体验一下清酒和看起来充满异域风情的美食。与会的日本人带我们来到距离酒店不远的一家街角小居酒屋。幸运的是，来之前我读了旅行指南，知道来日本要准备好没破洞的袜子。所以，在希斯罗机场，我在袜子商店转了一圈。因此，当我们在餐馆门口脱鞋走进去，席地盘腿围坐在桌旁吃晚饭时，我总算避免了露出大脚趾的尴尬。后来，黑川一直在详细讲解自己那美妙的神秘数学理论，我们就在他的讲解中度过了那个晚上。

数学远足

每一个数学会议的组织者都喜欢在会议日程中加入一个短途旅行活动，因为这样可以让与会者在各种等式的暴击中获得一丝喘息的机会。在较大型的会议中，此类活动的后勤组织往往让人惊叹。我参加了上一届在北京举行的国际数学家大会。那时，当与会的 4 000 名数学家要从位于北京市郊的会场前往位于天安门广场的人民大会堂参加会议宴请时，为了给我们让路，整个城市仿佛都静止了下来。我还曾参与组织在英国杜伦举行的一次会议，当时我们决定用大巴车把所有与会数学家送到哈德良长城的一端，然后等到傍晚他们沿着长城徒步 8 英里后，再去接他们。在停车场，我们这 150 个衣着邋遢的人陆续从大巴车上走下来，口中念念有词，都是些奇怪的语言，充满 pro-p 群和李代数，停车场的其他游客向我们投来异样的眼光。与会者所要做的只是沿着城墙一直走，直到遇到大巴车就可以停下来了，不过，尽管如此，这一路下来，我们还是丢了几个人。

有一年，在生日那天，我在俄罗斯参加会议。整整 24 小时我都在西伯利亚大铁路上奔驰，跟我一起的还有 100 位俄罗斯数学家。在我们刚刚走进车厢的时候，这些俄罗斯数学家就指定了他们其中的一位坐在我旁边。他曾出过一本书。"我之前从没见过母语是英语的人，我有 6 个问题需要你的帮助。"他拿着一本又旧又破的大部头打开铺在我腿上，我以为是一本数学书，结果却发现这本书的题目是《1 000 个笑话》。"我已经理解了其中 994 个笑话，但是我的英语还不够好，理解不了剩下的 6 个。"6 张小纸片标注出了有问题的那几页。这本书非常古老，笑话中的笑点特别难懂，这也怪不得他理解不了了。让他非常失望的是，在 6 个笑话中，我只解释出了 1 个，而且还是把这个笑话用特别上流社会的英语腔调大声读出来以后才做到的，因为只有这样才能听出笑话中的双关语。看起来，在跨文化交流中，数学还是比古老的英式幽默更强一些。

前不久，我参加了在印度阿萨姆邦举行的一次会议。到了周末，数学暂时被搁置，所有人一起去一个犀牛保护区游玩。在清晨的薄雾中看到犀牛是一种很震撼的体验，但对我来说，这并不是关于那次游玩最深刻的记忆。位于保护区旁边的旅馆住宿条件有限，我们不得不两人住一个房间。我跟我的前导师丹住一间，想到要跟他在蚊帐的笼罩下同睡一张双人床，我就感到很焦虑，这种焦虑变成了梦境，我梦到了一只巨大的黑狗爬上我的床。结果醒来的时候，我发现自己就像要去杀父的俄狄浦斯一样，摆出了攻击丹的姿势，而丹则在想尽一切办法让我平静下来。

这天下午，组织会议的日本数学家们精心安排我们去一家酿造冲绳本地酒泡盛的酿酒厂参观。黑川显然很怕水，所以本来这次外出游玩还有一个数学潜水探险，但被他否决了。在参观结束的时候，酿酒厂厂主很自豪地把一些小瓶装的酒送给我们作为此次参观的纪念品。我指出这种酒只有 30 度，而且 30 不是素数。这时，这位厂主突然把所有的酒都带走了。我有点紧张，担心自己冒犯了此行的东道主，而我们一行中的日本人也都对我露出了相当生气的表情。就在这时，酿酒厂厂主突然又出现了，还带着一些全新的酒瓶。"43 度，"他自豪地大声说，"我想这是个素数！"就这样，突然间我的命运就改变了，在那天接下来的时间里，我一直被称为"素数君"。

这天晚上，我们举行了会议晚宴，这是这类会议活动的另一个标准步骤，也就是让所有参会人员在一起吃饭。晚宴选在一家意大利餐厅，对日本本地与会者来说，用这样的一餐结束整个会议很有异域风情，但在吃过了一周的海胆沙拉、醋浸猪耳、便当盒饭和生鱼片之后，再改吃意大利面、喝红酒似乎有些奇怪了。

晚宴期间，一位日本与会者拿着我们正在喝的一瓶红酒的软木塞来找我，软木塞侧面印着" bin 901"。他把软木塞放在我面前说："这不是个素数！"我不知道他是不是想让我重现一下泡盛酿酒厂的那一幕。不过，30 显然不是个素数，但这个数字就有点难度了。我用几个小数字试了一下，都除不开，但考虑到把软木塞拿过来的这位那么有信心，901 肯定能被某些更大的素数整除。很快，我们桌上的一个人就找到了答案（是 17），901 可以被 17 整除。即使只是 17，我也很难心算出来。

我认为这个软木塞的小插曲表明，数学思维可以分为两类。有些人看到一个数字，马上就会开始尝试去确定它是不是一个素数。尽管我热爱素数，但我也从来不觉得有必要这么做。另外一些人更关心背后的结构和关联。这两类思维都是很有用的技能。要解决一个重大的悬而未决的猜想通常需要第一种技能。然而，如果要首先提出一个猜想，也就是提出关于事物可能会看起来如何的新观点，那就需要第二种技能了。

我一直很好奇：日本的数学家是否会觉得日本所做的数学研究与西方的研究相比，存在某些不同之处？中国和日本的象形文字是否会在数学和语言之间创造一种不同的互动？如果母语的特点是更注重形象或画面，那会不会影响对数学的表达？黑川通过语言玩的命理游戏反映了看待世界的另一种方式。

日本人拥有令人钦佩的敬业精神，我们在会议期间也有所目睹，但有人说这种敬业精神其实阻碍了日本人发现潜藏在表面之下的结构。懒惰的数学家会不得不动脑筋找捷径，通常这个过程会让内在的逻辑显现出来。相比之下，如果铁了心要克服一切困难，完成各种没完没了的计算，反而会错过这个部分。不过，这种看法似乎是对日本文化的一种刻板印象，尽管其实日本人自己也应该对形成这种刻板印象负责。

尽管我和黑川之间存在巨大的文化差异，但我认为我们对独立于各自文化背景的数学世界持有相似的看法。这也是吸引我走进数学世界的原因之一。著名数学家戴维·希尔伯特曾经说过，"数学不关心种族……对于数学而言，整个文化世界是一个统一的国度"。

数学与歌舞伎：精英的舞台

回到东京，黑川教授带我去了一家歌舞伎剧场。那是一次无与伦比的体验。歌舞伎表演风格固定而又正式，因此具有一种自然主义戏剧[⊖]绝不可能拥有的魔力。这种表演有一种内在逻辑和规则，演员甚至观众都会去遵循。随着演员们接连出现在舞台上，台下比较熟悉演出的观众就会大声喊出每一位演员的艺名，甚至是他们的歌舞伎编号，这个编号在每位歌舞伎演员入行时便开始伴随他们，就像是足球队中球员的号码。在演出过程中，如果在错误的时间点大喊，那么就彻底破坏了这个仪式。

就这一点而言，数学世界与歌舞伎表演出现了有趣的共鸣。歌舞伎演员虽然接受了歌舞伎表演的各种规则，但仍然可以很有创造力。做数学研究也是一个充满创造力的过程，也会让人觉得是一种在舞台上的即兴表演。搭好一个舞台，设置好可以让思想发生撞击的各种条件，然后就让一切顺其自然地发展。在大多数情况下，最终并不会有什么结果，不过有时这个过程会带来让人豁然开朗的新观点。与剧场表演中的规则一样，数学世界中的各种条件把一切推向一个个不同寻常、出人意料的方向，相比之下，毫无限制的自由却无法实现这一点。

英国戏剧、电影制作人、导演彼得·布鲁克曾就自己在剧场的工作发表评论，听起来很容易就让人觉得是在讨论数学家的生活。"剧场很小，这意味着高强度的工作、严格的纪律和绝对的精确。同时，剧场其实是属于精英群体的，这几乎是一个前提条件了。"布鲁克最后这句话说明了实验戏剧与数学之间的另一个相似之处：两者的受众群体都很小。

今晚对这家歌舞伎剧场来说相当特别，因为剧团的一位新演员首次走上舞台与观众见面。这位演员才 6 岁，是剧团另一位演员的儿子。很明显，整个剧团因为这位新演员的加入而感到自豪。从现在开始，这位演员将被称为"白鹰"。我意识到，我们的会议从某种意义上说也是为更年轻的博士生们所举行的庆祝活动。他们是我们所要依靠的新鲜血液，是我们的孩子，他们会让我们这门古老的学科保持活力，甚至把它带入新纪元。

在结束日本之旅前，我来到了日光，一座以数量众多的神社和寺庙而著称的城市。这里的雕刻艺术和色彩美到令人惊叹。不过，当我穿过一家神社的大

⊖ 戏剧流派之一。19 世纪下半叶形成于法国，后蔓延至欧洲各国。法国作家爱弥尔·左拉率先提出自然主义戏剧主张，认为戏剧应摆脱古典主义和浪漫主义的束缚，时代要求戏剧成为人生的实验室，成为对人类生存状态的一种探索。——译者注

门，走进院子的时候，发现一件非常奇怪的事情。神社大门由 8 根柱子支撑，柱子上饰有漂亮的对称网格图案。在 8 根柱子中，有 7 根是完全相同的，只有 1 根与众不同，因为这根柱子上的图案是上下颠倒的。正是由于这根柱子，大门所具有的美丽对称被彻底破坏了。

我问黑川这是为什么，他说这是故意为之的结果。这是日本建筑的一个共同特点，就像制作地毯的阿拉伯工匠会故意织错一处一样，因为他们认为，如果创造出了完美对称，很有可能会激怒真主。14 世纪日本文学作品《徒然草》中的几句话呼应了日光这个神社大门所表达的深意："就世间万物而言……并不需要整齐划一，保留某些不完整之处是很有趣的，会让人觉得有成长和发展的空间……即使是建造皇宫，工匠们也总会保留一个不完整之处。"

也许，我也应该从这个角度来看待自己有关对称的 ζ 函数定理。我已经解决了 5 种 ζ 函数，但还没解决第 6 种。我本来希望这次日本之旅可以帮自己找到拼图的最后一块拼板。然而，现在，我应该记住日光神社大门处那根与众不同的柱子，因为它让我意识到，不管这篇论文现在是什么状态，都应该马上把它寄出去，然后继续前进。

05

CHAPTER 5

幸运总会垂青有准备的人。

——路易斯·巴斯德

第 5 章

12 月：联系

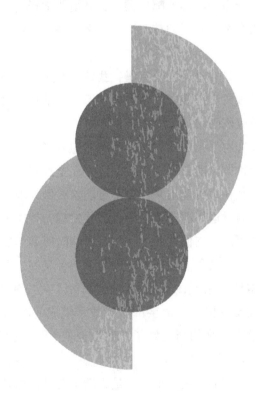

12月5日，德国波恩，马克斯-普朗克研究所

　　位于德国波恩的马克斯-普朗克研究所是我最喜欢的地方之一。在那里，我在数学研究方面取得了一些最令人兴奋的突破，正是这些突破让我热血沸腾，也给了我从事数学研究的激情。事实上，我一直在研究如何计算以边数为素数的多边形所能构建出的对称群的数量，而在波恩取得的突破之一让我在这方面的观点发生了根本性转变。

　　我每年都会去马克斯-普朗克研究所几次，每次停留一周左右。在停留的那段时间，我会与搭档弗里茨·格鲁尼沃尔德一起工作，弗里茨是以 ζ 函数为工具来研究对称的先驱之一，我们一起工作时常常会展开激烈的头脑风暴。波恩可能是世界上最无聊的城市了，就像一张白纸，也因此成了工作圣地。几年前，研究所搬到位于市中心的老邮局楼上，环境非常舒适。波恩原来有很多德国的政府机构，现在都迁到了柏林，于是很多漂亮的大楼都空了出来，可以说算是一大好处。

　　就在几年前，也是在这间办公室里，我曾经有过那么一刻的灵光乍现，当时我想要给远在伦敦的妻子莎妮打个电话，但怎么都打不通，电话那头一直都是忙音。当时伦敦应该已经是大约晚上8点钟了。

　　在等待莎妮煲完电话粥的过程中，我突然想到构建一个全新对称对象的方法，这个对象的对称群可能会展现出我们过去完全没有见过的新特征。我并没有把这个对象实实在在地构建出来，也不可能这么做，因为这个对象存在于九维空间中。但是，通过运用群论这门语言，我发现，就这个对象所具有的所有不同对称而言，我可以把它们彼此之间相互影响时所遵循的规则都写出来。我连忙拿出随身带着的淡黄色便笺簿，匆匆写下一个又一个方程式。首先，我要解决的问题，从本质上来说，就是如何把所有 x、y、z 放进一个 3×3 的矩阵中，也就是说，我要做出一个由字母而非数字组成的迷你数独。在解决了这个问题后，一切就看起来相当美妙了，而且也似乎让人觉得这就是那个正确答案。

　　我需要校验一下才能确定这个矩阵是否满足要求。如果我是对的，那么这个对象将会把对称世界与一个被称为"椭圆曲线"的完全不相关的领域联系起来。"灵光闪现"这个词恰如其分地描述了我那种得到了重要启示的感觉，因

为那感觉真的像是大脑瞬间过电了一般。这样的灵光闪现并不会经常出现，但确实是大多数数学家所期盼和追求的。在我的职业生涯中，迄今为止，我大概可以找到三个这样的时刻，它们就相当于一个足球运动员打入了当季最佳进球。除了这三个时刻，在职业生涯的其他时间里，做研究、找结果的过程更像是跑马拉松，只有持续发力，逐渐累积，才换来了最后撞线的那一刻。当然，远大的目标都需要坚实的积累才能实现。我并不是突然之间就在这一刻获得了这个发现，事实上这是我在波恩几个月以来坚持进行基础性研究的结果。

直到现在我仍然记得，那天坐在这个办公室里，我觉得有点喘不上气来。我想告诉别人我做到了，但是周围一个人都没有。后来，我终于打通了莎妮的电话，便告诉了她。但莎妮不是数学家，她无法真正理解这个发现对我的研究是多么意义重大。她从我的声音可以听出来这很令人激动，但我想要有个人能理解甚至同样体会到我此刻的感受。我也需要跟一个能够判断我有没有可能出错的人聊一聊。

我给弗里茨打了个电话，在这个世界上，只有为数不多的几个人能够理解并感受到我此刻的激动心情，而他就是其中之一。我们约好当天晚上晚些时候去喝杯啤酒，这样我就可以把电话里跟他说的只言片语在纸面上详细解释一番了。

弗里茨给人一种性格相当腼腆的感觉，白色蓬松的头发让他看起来像只爱主情深的宠物。他的声音柔和而低沉，他还经常在我们发现计算中的荒唐错误时爆发出狂笑。不过，弗里茨有一辆奔驰车，当他手握方向盘时，他就会变成一只狂躁的野兽。所以，当他带着我在高速公路的快车道上呼啸前行时，我不得不一边跟他讨论数学一边抓紧副驾座位旁边的扶手。

我们第一次见面是在一次数学会议上，地点就在德国黑森林州中部一个被称为奥博沃尔法赫的数学胜地。遇到弗里茨仿佛找到了我们这个数学游牧部落走失的一员。我们发现我们两人都对同样的事情充满热情。从那次会议之后，我每次去波恩都要待上一个星期，我们就像音乐家一样，把自己关进位于马克斯－普朗克研究所的办公室里，一周结束时，我们通常都能创造出一些新东西。在接下来的几个月里，我们会把在波恩辛勤取得的成果撰写成论文。

尽管我们语言相通，但在合作中的贡献相当不同。有时，这感觉就像我们是同一个梯子的两半，分别有一些梯子上的横挡，如果只靠自己，谁都无法向上爬，然而，如果弗里茨和我把两半梯子拼合到一起，那么我们就可以一起攀登到顶端。很多想法通常都来自前意识，如果没有清晰地表达出来，就永远不会具体化。有时我会产生某种直觉，并试着解释给弗里茨，这个过程对于很多想法的诞生都起到了至关重要的作用。我们两人之间有很多心照不宣的对话，比如互相低声嘟囔，比如我绞尽脑汁用手比画，想告诉弗里茨我当时看到的结构。在这样的对话后，我常常会发现，对于那些我还在努力想要用语言描述出来的结构，弗里茨早已经找到了合适的语言。

这个过程需要我们小心呵护。人们通常认为我们做数学研究一定是整天都在发邮件，而不需要见面。但我们之间的这种合作其实很独特，绝不可能通过电子邮件的方式来进行。一开始，我们会一起坐上几个小时，各自安静思考，什么也不说，时不时地在演算纸上画几笔。不过，接下来哪怕只是有一个人说了一个词，也能激发另一个人脑中的火花。不管是看着弗里茨的眼睛，我用手比画，还是低声嘟囔，这些都是电子邮件无法复现的。

白板是我们合作时的最佳画布，尽管我在独自做研究时并不喜欢用它。淡黄色便笺簿是我的私人空间。在白板上，我可以用红色、蓝色、绿色的笔来写字，可以把愚蠢的想法擦掉，可以尝试新的想法，也可以用画图的方式来表达我脑中逐渐成形的想法。有时我会因为在白板上写的东西不能永久保留而感到遗憾，因为在晚上回到家以后我常常会记不清我们都做过些什么。约翰·康威告诉我，他的一位搭档会在白板被擦掉前把上面的内容拍成数码照片。

像我和弗里茨这样的合作需要合作者之间的高度信任。这需要特别小心地处理，真的要特别小心。我曾经试图与某些人合作，结果却发现他们的竞争心态都特别强。可能你们一直在一起讨论某个问题，然后经过一晚上的研究，他们却跑回来跟你说："看！看！我解决了这个问题！"人人都想当第一个解决问题的人、同行中的领军者，或者用自己的名字来命名一个定理，这可以理解，这也是获得进步的一个重要驱动力，但却会成为人与人之间展开合作的巨大障碍。一位同事曾告诉我，他只有在确定某个想法行不通时，才会与他人分享。所以，如果我想与他人合作，就必须找到一个与我可以真正开诚布公、坦诚相待的人。这就像是一段数学婚姻。就弗里茨而言，我觉得我们是在同一边的。我可以和他一起冒险，他也不会拿我常常脱口而出的傻话来评判我。在任何一段持久而又有意义的关系中，信任都是必不可少的。

　　我的终极目标是计算对称对象的数量，这些对称对象的特点是，其对称群是通过多次重复某个不可分对称群的相关操作，并将它们组合而构建出来的，而这个不可再分解的对称群则由边数为素数的多边形旋转所组成。换句话说，我要计数的对象都具有某个素数的 n 次方种的对称。几年前，我在剑桥大学进行了一次演讲，在那之后我了解到，在 20 世纪 60 年代出现的 PORC 猜想认为，应该存在一系列简单的方程式，让我可以找到我一直在追寻的答案。如果我要计算的是具有 p^5 种对称的对称对象数量，那么这肯定是成立的。如果我想知道有多少对象具有 17^5 种对称，那么我只需要把素数 p=17 代入方程式 $2p$+67 即可。但是，如果想知道有多少对象具有 17^{10} 种对称，那情况会怎样呢？会不会有这样一个简单的方程式，只要把 p=17 代入，就可以告诉我具有 17^{10} 种对称的对称对象的数量？有了我在波恩的发现后，我不太确定该如何回答这个问题了。

　　那天，给莎妮打电话的时候，我听着电话听筒里的忙音，想出一个新的对称群，这个对称群给当时正在既定研究方向上埋头向前冲的我敲响了一记警钟。如果在构建具有某个素数的 n 次方种的对称的对象时满足了一个额外条件，我称其为椭圆条件，那么在计算有多少种构建这些特殊对象的方式时，就不能只用一个简单的方程式了，而是要依赖于数学中一个被称为"数论"的分支，与对称性数学相比，这将是一系列完全不同类型的问题。

　　如果要计算有多少种对象既具有某个素数的 n 次方种对称，又满足我所说的椭圆条件，首先要解决以下问题：假设有一对数字 (x,y)，x 和 y 均在 1 与素数 p 之间，且多项式 y^2-x^3-x 可以被素数 p 整除，那么有多少对这样的数字？这个问题中的多项式被称为椭圆曲线，寻找这类多项式的解是数学中最为困难的问题之一。这些曲线之谜就是英国数学家安德鲁·怀尔斯证明费马大定理的核心所在，也是所谓千禧年七大数学难题之一的核心所在。对于这七大难题，美国克雷数学研究所目前对其中每一个都悬赏 100 万美元来征集解答。

　　19 世纪德国数学家卡尔·弗里德里希·高斯解出了我在前面所提到的那个多项式，这也是高斯的伟大成就之一。在一篇日记中，年轻的高斯解释了如何计算出可以让多项式 y^2-x^3-x 能够被素数 p 整除的数对 (x,y) 的个数。如果素数 p 除以 4 余数为 3（也就是 3，7，11，…），那么就会存在 p 个数对 (x,y)。这看起来整洁清爽。然而，对除以 4 余数为 1 的素数 p 来说（也就是 5，13，

17，…），情况就要复杂得多。对这样的素数来说，不存在一个简单的公式来计算有多少个满足条件的数对 (x, y)。

由于我打电话时想出来的那个对称群与数论中被称为椭圆曲线的奇怪概念有关联，所以我常常把这个对称群称为"我的椭圆曲线范例"。这个新的对称群指引我转向了一个全新方向。突然之间，计算对称群的数量就与求解数论中的复杂方程式产生了错综复杂的关联。这与大家的期待完全相反，正因如此，我特别喜欢这个对称群，急切地想要把这个发现告诉弗里茨。

那天晚上，当我把这个范例介绍给弗里茨时，他也认为这感觉是对的。等我们喝完啤酒，我就直接上床睡觉了。如果我在晚上获得了一些好的想法，通常都会带着这种取得了突破的满足感去睡觉，而不是为了检查这个想法是否存在错误而熬到深夜。如果真的有错误，那么早上起来这个错误并不会消失，而我至少可以在取得了"突破"的美好假象中多沉浸一会儿。

然而，弗里茨喝完啤酒后却一直工作到深夜，确定了我的这个发现确实如我所设想的那样。第二天早上，他向我展示了一种美妙的语言，我可以用它来分析这些对称。回到伦敦后，我花了几个月的时间来深入研究、小心求证，确定椭圆曲线并不只是一个在深入研究之下就会消失的幻影，我也因此有了信心，相信未来在论文发表后，所有读到这篇论文的人也都会认同这一点。事实上，有很多种方法可以让椭圆曲线自行消失，但我相当确定它不会。

时至今日，当我回想起那段时光，仍然能让我心头一震的，并不是那段辛勤工作、让这个发现变得实实在在的日子，而恰恰是在波恩初次与这个发现碰撞的时刻。在波恩，在那个夜晚之前，这个对称群是不存在的，而到了第二天早晨，它就已经有了"1 天龄"。我真切地觉得是因为创造，它才有了生命。我本来可以写下其他无数种对称对象，但其中任何一种都不会如此有趣，也都无法让我产生特殊共鸣。数学家所扮演的角色就是用数学这个巨大的调色板来创造一些特别的事物，数学也正是因此而成为一门艺术。

在数学的历史长河中，这样的关联并不是第一次出现。求解方程的概念是理解对称的一个转折点，它带来了一种数学家在探讨对称到底是什么时所需要的语言。然而，仅仅一个晚上还并不足以让人理解其中的关联。

数学诗篇：揭开方程式的奥秘

求解方程是古人留下来的遗产。4000 年前，古巴比伦人想要计算土地的面积，因此产生了二次方程式，于是古巴比伦数学家开始尝试解开这些方程式。这一时期的一块泥板就记录了一块土地周长的计算过程。这块土地面积为 60 平方单位，其中长边比短边长 7 个单位（见图 5-1）。这就相当于求解方程式 $x^2+7x=60$ 中 x 的值。古巴比伦数学家找到了一种可以计算出 $x=5$ 的算法。尽管他们并不掌握任何数学语言，无法把这个问题清晰地表达出来，更没有能力把他们所找到的算法描述出来，但这种数学思想一直存在。到了中世纪，数学家才把古巴比伦人的这种思想发展成了一种适用于一切二次方程式的方法，也正是这种方法，最终走进了课堂，成为现在学生们所学习的方法。

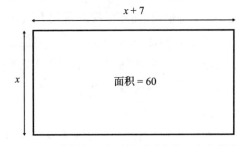

图 5-1　因计算土地面积而诞生的二次方程式

公元 7 世纪，新的阿拉伯王朝建立了帝国。在接下来的 500 年里，这个帝国一直是世界文化教育发展的中心。在这个时期，欧洲发展停滞，库法、巴士拉、巴格达等阿拉伯城市却繁荣发展起来，建了一个又一个图书馆、博物馆、学术机构和清真寺。

有一家学术机构后来成为这一地区学术生活的圣地，孕育了医学、天文学、哲学和科学等领域的诸多伟大突破。这所学术机构名叫"智慧宫"，相当于当时的马克斯－普朗克研究所，由巴格达哈里发马蒙创建。马蒙希望他所统治的城市可以成为另一个古埃及的亚历山大港，因此决定建造一座图书馆和天文台。因此，这个新成立的学术机构汇聚了众多学者，他们面临的第一个任务就是把帝国正在不断收集积累的大量古希腊语、拉丁语、希伯来语典籍翻译成阿拉伯语文本。为了收集典籍，帝国派出一支支远征队到各地尽可能地发掘在亚历山大图书馆毁灭之时幸存下来的书稿。多位巴格达哈里发甚至都已经准备同意将学术文献纳入与他国签署的和平协议。

尽管很多典籍在翻译之后都惨不忍睹，但数学思想具有通用性，因此这就意味着，在有关数学的译文中，任何错误都会很快被发现并得以纠正。数学论证的过程都具有内在逻辑，这本身就是一个自我修正的机制，不受语言及其所在文章或著作的影响。

在智慧宫，拥护数学研究的是一位名叫穆罕默德·本·穆萨·阿尔－花拉子密的学者。他认为数学是一种强有力的工具，人们在与他人的一切互动中都需要不断地使用这种工具。他也开始尝试创立一种更加抽象的算术方法来解决大量不同场景中的问题。花拉子密用一本著作记录了自己的发现，现在这本著作通常被认为是现代代数的开端。

在这本著作中，花拉子密没有使用现代代数书中常见的符号或方程式，而是用语言描述了解方程式的常规方法。尽管这些方法都很抽象，但花拉子密仍然看到了它们的强大力量，认为它们会成为自己国人生活中实用的辅助工具。他通过列举一系列问题，从法律纠纷到挖掘运河，论证了自己的观点，也就是求解方程式应该是每个普通人必备的一项基本技能。他还提出，权力将属于那些能够运用数学语言的人。

数学术语"代数"起源于花拉子密的著作《代数学》(*Hisāb al-jabr w'al-muqābala*)。阿拉伯语单词 al-jabr 其实是一个医学术语，表示修复断裂的骨头。花拉子密把这个术语运用在数学中，想要表明方程式就像戴着面具的数字，而代数学则可以让隐藏在面具后面的数字恢复本来的面目，就像医生修复骨头一样。举个例子，未知的数字可能会被称为 x（不过在花拉子密的著作中，这些内容完全由语言描述出来，不涉及任何符号），而有关 x 的方程式则可以给出关于 x 的某些信息，比如有关 x，可能已知方程式 $x^2+2x=3$。花拉子密想要找出一种方法来转换方程式，从而找出隐藏其中的 x 的值。

那么如何求出像 $x^2+2x=3$ 这样的方程式中 x 的值呢？如果这个方程式中没有 $2x$，也就是如果这个方程式是 $x^2=3$，那么马上可以通过对方程式两边同时取平方根来求出 x 的值。乍看起来，$2x$ 的存在让解方程变得非常复杂。花拉子密解此类方程式的策略是，首先通过转换让方程式看起来更简单，也就是说，让这个方程式中的 x 只以平方的形式出现。因此，就这个方程式而言，两边同时加 1，方程式左边就变成了

$$x^2+2x+1=(x+1)^2$$

这样一来，花拉子密展示了这个方程式如何可以被写成更简单的方程式

$$(x+1)^2=4$$

在这个方程式中，未知数 x 没变，但方程式已经不同了。花拉子密可以解出这个新方程式，因为他只需要求 4 的平方根，也就是 2，再用 2 减去 1。因此，$x=1$ 是这个方程式的解，同时也是原始方程式 $x^2+2x=3$ 的解。

但这个方程式还有另一个解，也正是这个解最先预示了这个方程式与对称谜题之间存在某种关联。智慧宫的学者们没有找到这第二个解，因为他们还没有发现负数这种全新而又强有力的数。

最终，印度数学家让负数在数学版图上占有了一席之地。他们发现，加入负数这种全新的数以及零的概念后，就有可能解出像 $x+3=1$ 这样的方程式了。印度数学家之所以用"负债"的概念来命名这种新的数，是因为这种数可以很有效地表示一个人欠另一个人钱。在有关负数的最早的文献中，有一篇是由 7 世纪印度数学家婆罗摩笈多撰写的。就我们现在所知，婆罗摩笈多第一个记录了"如果一个负数与其自身相乘，所得结果将是正数"的观点。如今，这一点已经作为一条数学法则流传下来，大多数小学生都知道。不过，婆罗摩笈多在证明这个观点时所运用的思想与花拉子密后来所创立的代数十分相似。婆罗摩笈多意识到，这个观点会对解二次方程式产生影响，因为这意味着每一个正数都有两个平方根，一个是正数，另一个是负数。因此，$x=2$ 是方程式 $x^2=4$ 的一个解，而 $x=-2$ 同样是这个方程式的解。

这是一个信号，表明对称在这些方程式中发挥了作用。方程式的负数解是正数解的镜像。婆罗摩笈多意识到，更为复杂的二次方程式也会有这样的镜像解。以前面提到过的稍微复杂一些的方程式 $x^2+2x=3$ 为例，我们发现另一个镜像解是 $-2-1=-3$。然而，婆罗摩笈多仍然不清楚这个负数解有什么实际意义，因为这些方程式的目的，其实是帮助人们计算，如果要圈住一块土地需要建造多长的栅栏。

有证据表明婆罗摩笈多已经开始研究一种抽象符号来表达这些方程式了。尽管后来花拉子密所著的《代数学》仍然是一本纯语言描述的书，但在此之前，婆罗摩笈多已经开始尝试用表示颜色的单词的首字母来代表方程式中的未知数了。然而，直到婆罗摩笈多死后大约 1 000 年以后，这种新生的数学语言才由欧洲人重新发明，进而开始蓬勃发展。事实上，即使在欧洲，负数的概念也花了几百年才站稳脚跟，在此之前，在没有负数的情况下，方程式的这些镜像解始终不为人所知。现在，负数和零已经深深融入了我们的日常生活，因此似乎很难让人相信欧洲文化居然花了如此漫长的时间才接受了这些来自东方的新的数。负数与借钱相关联，有助于表达负债的概念。在中世纪的欧洲，高利贷是一种罪，因此负数就变成了魔鬼的象征。

尽管阿拉伯人可能并没有意识到镜像解的存在，但智慧宫的数学家们掌握了对二次方程式进行转换的新技能，这使他们有了信心，想去看一看这种新的代数语言还能带来些什么。这种代数语言并没有让人们回到古希腊人的几何学和图形上去，而是带来了新的方法，让人们可以找出方程式中隐藏的解。智慧宫的数学家们所创立的是一种全新的数学，具有巨大潜力，可以解开大量谜题，而不仅仅是二次方程式。

如果说二次方程式是因为在农耕中需要计算所圈土地的周长才出现，那么为了建筑房屋而计算石块体积就成就了三次方程式，也就是说，在这样的方程式里，未知数以立方而非平方的形式存在。有没有办法把像 $x^3+2x^2+10x=20$ 这样的方程式转换一下，从而求出未知数 x 的值呢？

11 世纪波斯诗人莪默·伽亚谟（西方人多称其奥马尔·海亚姆）接受了求解三次方程式的挑战。然而，他的工作环境并不理想。当时他住在波斯城市内沙布尔，这座城市因几十年前遭入侵而一直处于侵略者的控制之下。尽管在智慧宫建立之初，学术活动得到了极大重视，但海亚姆发现，国家的统治者变得越来越迷信，因此他必须不断地与江湖郎中和占星师争夺统治者的关注。"我们的这些同行大都是伪科学家，他们把真理与谎话混为一谈。"海亚姆曾这样表达不满。

海亚姆是一个真正博学的人。他写过论音乐的文章，在伊斯法罕建造了一个天文台，成了这一地区最重要的天文台之一。在这个天文台，他极为精确地测定了一年有多长时间，并用这个测定结果修正了当时的历法。海亚姆还撰写了波斯文学经典著作之一、由 600 首诗篇所组成的史诗《鲁拜集》。这部著作的标题中"鲁拜"一词由当时的波斯语音译而来，意思是四行诗，这正是海亚姆所使用的诗体。就这种诗体而言，每一首诗都有四行，其中第一、第二和第四行押韵，第三行不押韵，也就是 AABA 的形式。那个时期的诗人沉醉于可以贯穿诗篇的形式和结构。有时一首诗中第三行的韵脚会被用来创作下一首诗的韵律，也就是说，下一首诗是 BBCB 的形式。在不同诗篇的相互关联中，一种循环对称开始显现出来。

　　经典诗歌有着严格的韵律结构和形式逻辑，这使经典诗歌成为最能与数学证明过程相呼应的一种文学形式。因此，除了诗歌，海亚姆还从数学中得到了极大享受，而这一点也许完全不会让人觉得惊讶了。尽管海亚姆在求解三次方程式方面取得了一些进展，但还是没有找到完整的答案。"也许在我们之后，会有人找到这个答案。"海亚姆写道。

　　海亚姆从一开始就准备好要求解三次方程式了。三次方程式与三维几何有关，这让海亚姆确信自己找到的数学方法并非毫无意义。对海亚姆来说，这些方程式与几何学相关是很重要的一点。"不管是谁，如果单纯把代数当作一种求未知数的技巧，那任何思考都将一无所获。代数是几何的实例。"海亚姆也思考过四次方程式，但最终觉得它们毫无意义而不再理会，因为四次方程式所描述的几何对象具有三个以上维度，但这样的对象显然是不存在的。在海亚姆之后，又经过了几代数学家的努力，代数与几何之间的关联才被切断，也正是由于这些数学家的努力，人们才看到了在代数与几何分离后数学会走向何方。

　　海亚姆发现一共有 14 种不同的三次方程式。他认为如果能解开方程式 $x^3+2x=5$，那么对另一个整体形式相同的三次方程式，可以运用同样的解法，只需要改变方程式中的数字，比如 $x^3+8x=13$。形式为 $x^3+ax=b$ 的方程式是海亚姆划分的第一类三次方程式。而像 $x^3+x^2+2x=5$ 这样的方程式，按照海亚姆的分类，就属于另一类三次方程式了，可能需要不同的解法。由于不知道负数的概念，海亚姆认为 $x^3+2x+5=0$ 和 $x^3+2x=5$ 是两种不同的三次方程式，因为 5 在这两个方程式中分别在等号两边。在负数作为一个数学概念为人们所接受后，$x^3+2x+5=0$ 就被认为等同于 $x^3+2x=-5$ 了。由于对负数概念的无知，海亚姆才认为有 14 种不同的三次方程式。最终，随着负数和零成为数学语言中的一部分，14 种三次方程式就被合并缩减成一种广泛通用的三次方程式了。

　　尽管海亚姆取得了一些进展，但最终三次方程式的完整解法并没有诞生于东方。在海亚姆探索三次方程式解法的一个世纪之后，他曾生活的那个以智慧宫为基石的伟大王朝轰然倒塌。后来，经由那些辗转至欧洲的学者和翻译家，数学的接力棒才从东方传递到了欧洲那些羽翼尚未丰满的学术机构。

数学决斗

到了 16 世纪，经过几位意大利数学家之间一系列奇妙的互动，用代数语言解三次方程的方法才终于面世。在这一时期，整个欧洲学术圈都徜徉在再次被人所知的古希腊学术成果之中。这些终于重新走入人们视野的成果似乎表明，虽然已经过去了近 2 000 年，但欧几里得和阿基米德的几何学似乎并没有得到多少发展。不仅如此，意大利的考古发掘也让罗马城内的古代遗迹重见天日。正在经历文艺复兴的欧洲似乎无论如何都逃不开自己那古老的起源。在这样的背景下，意大利学者找到了古希腊人甚至阿拉伯人想都没想过的新数学方法，这极大地推动了现代欧洲科学的发展。

发现这种新数学方法的是意大利数学家尼柯洛·冯塔纳。冯塔纳早年生活艰辛，12 岁时差点命丧黄泉。那是在 1512 年，法国国王路易十二世派兵入侵了冯塔纳的家乡意大利布雷西亚，并在城内大肆屠杀当地居民。当时，12 岁的冯塔纳的脸被军刀砍伤，然后就被当作死人丢在了一旁。母亲把这个最小的儿子救了下来，悉心护理他脸上的骇人伤口。冯塔纳下颚骨被砍断，还丧失了味觉。最终，这个男孩脸上的伤口愈合了，但说话始终吐字不清，于是从那时起，他就得到了"塔尔塔利亚"的绰号，也就是意大利语中"结巴"的意思。成年以后，冯塔纳蓄起了胡子，想以此来遮住法国侵略者留下的丑陋伤疤。

年少的冯塔纳确实曾倒在军刀的利刃下，但是后来在一场思想的对战中，他却成为获胜的一方。上学时，同学们因为塔尔塔利亚恐怖的面容而对他避之不及，于是塔尔塔利亚便开始专注于数学，并用这种方式来躲避周围的社会压力。自学成才的塔尔塔利亚发现自己在数学方面很有天赋，他还出版了一本书来解释如何运用数学来预测炮弹弹道。这本书中包括了有关发射角度的表格，是此类表格中最早的版本。不过，冯塔纳最热衷的还是求解方程式。

16 世纪初，人们普遍认为三次方程式是不可能解开的。数学家卢卡·帕乔利也秉持这样的观点。1494 年，他撰写了一篇文章，在当时被很多人认为是对有关求解方程式的已有知识进行的权威论述。由于帕乔利所秉持的观点，也就是三次方程式不可解的观点，已经为大多数学者所接受，因此在这方面的任何突破都只能来自象牙塔之外了。1534 年，整日在自家小屋里为解开三次方程式而奋战的塔尔塔利亚发现了三次方程式坚固铠甲上的第一条裂缝。他的秘诀就是在充分运用立方根的同时运用平方根。通过立方根和平方根的搭配使用，塔尔塔利亚发现可以构建出一个公式来解某种特殊类型的三次方程式。

不过塔尔塔利亚发现自己并不是唯一一个宣布已经解开三次方程式的人。一位名叫安东尼奥·菲奥尔的意大利年轻人夸口也掌握了解三次方程式的公式。有两位数学家取得突破的消息传开了，于是一场竞赛在两人之间展开。在那个年代，"纵狗斗熊"游戏⊖和斗鸡是在意大利农民阶层中最受欢迎的大场面，而在意大利北部的学术圈，看两位数学家用头脑一争高下则是更符合他们胃口的娱乐。菲奥尔非常自信地认为塔尔塔利亚只是在虚张声势，因此他相信自己一定可以击败没有受过什么教育的塔尔塔利亚。

然而，问题是，由于此时欧洲数学领域还没有接受负数概念，因此需要分析很多不同类型的三次方程式。正如海亚姆此前所发现的，如果不考虑负数，那么三次方程式有 14 个不同种类。$x^3=5x+1$ 的解法，并不适用于 $x^3+4x=1$。如今，数学家们有了负数概念的加持，会把 $x^3+4x=1$ 变换成 $x^3=-4x+1$，然后运用 $x^3=5x+1$ 的解法，只需要把其中的 5 换成 -4。在还没有负数概念的年代，欧洲数学家们必须找到不同的方法来解开这些不同种类的三次方程式。

不过，年轻的菲奥尔并不是单靠一己之力找到了三次方程式的解法。故事要追溯到他的老师数学家希皮奥内·德尔·费罗。1526 年，临终之际的费罗不想把自己解方程式的秘诀带入坟墓，因此，便将这个解法告诉了守在病榻旁的学生菲奥尔，不过这个方法也仅适用于 14 种三次方程式中的 1 种。

1535 年 2 月 20 日，两位数学家来到了博洛尼亚大学，它也是当时欧洲最大最著名的学术中心之一。这所大学就像几个世纪前巴格达的智慧宫一样，拥有极高声望，吸引了来自欧洲各地的学者。公开的学术竞赛向来都会吸引大量观众，因此，到了两位数学家要进行数学比拼的那一天，博洛尼亚大学人声鼎沸。

在这场比赛中，每位数学家都要解出对方给出的 30 个方程式。当时预计两人分别用各自的方法解开 30 个方程式需要 40 天。在比赛中，任意一方解开一个方程式，就可以享用一顿由对方出钱的晚餐作为奖励。就菲奥尔给塔尔

⊖ 14～15 世纪，英国流行"纵狗斗熊"（bear baiting）游戏，游戏一般在斗熊场里进行，用锁链将熊栓在柱子上，再放一群狗咬它，经过一番撕咬搏斗之后，总是以熊被咬死而告终。今义怂恿或唆使（abet）即由此引申而来。——译者注

塔利亚所出的 30 个方程式而言，尽管题目的背景描述千差万别，从计算切割蓝宝石的利润，到确定已经被砍成多块的大树的高度，但最终其实都可以归结为同一个类型的方程式 $x^3+bx=c$，其中 b 和 c 在不同方程式中具有不同的数值。把所有鸡蛋都放进一个篮子的菲奥尔确信塔尔塔利亚没有丝毫胜算。

菲奥尔在无意中把所有 30 个方程都建立在一种三次方程上的策略几乎是成功的了。尽管塔尔塔利亚在解三次方程式方面取得了一些进展，但一开始，在 14 种三次方程式中，他只找到了其中 1 种的解法，也就是像 $x^3+bx^2=c$ 一样的三次方程式，而这并不是菲奥尔计划在比赛中让塔尔塔利亚去解的那一种。然而，1535 年 2 月 13 日，距离两位数学家的对决只有 8 天了，这天清晨，在对决的激励下，塔尔塔利亚成功把自己的想法整合成了一种适用于所有三次方程式的解法。他通过一系列巧妙的替换来变换方程式的形式，证明了可以把一种类型的方程式变换成另一种类型。在论证结尾处，塔尔塔利亚发现，真正需要解开的三次方程式其实只有 2 种不同的类型，而对于这 2 种类型，他都已经有了解法。

只用了区区 2 小时，塔尔塔利亚就解开了菲奥尔给出的全部 30 个方程式。与菲奥尔不同，塔尔塔利亚给菲奥尔出的方程式并不都是同一种类型的，而是涵盖了三次方程式的所有类型。菲奥尔只能用老师传授的方法解开其中 1 种类型的方程式，而无法解开其他方程式。他没能看出这 14 种三次方程式其实只是披着不同的外衣，归根结底，它们一共可以划分成 2 种不同类型。经过这次比拼，菲奥尔让人们看到了他只是一个平庸的数学家。而塔尔塔利亚尽管大获全胜，但他拒绝了菲奥尔出钱请吃 30 顿晚餐。

塔尔塔利亚取得惊人胜利的消息很快就在博洛尼亚大学传开了，甚至还传到了更远的地方。有一位数学家尤其渴望了解塔尔塔利亚获胜的秘诀，于是便与塔尔塔利亚联系，请求他公开他的神奇公式。

三次方程式的争议

吉罗拉莫·卡尔达诺在给自己找麻烦方面很有天赋。圆滑不是他的强项，他总是会惹怒那些位高权重的大人物。在帕维亚大学学习期间，卡尔达诺的专业其实是医学，而非数学。他渴望拥有权力，因而参加了大学校长的竞选，并以一票的微弱优势当选。很多人都对他争强好胜的政治风格感到不满，卡尔达诺自己对这一点也心知肚明，但从不因此而感到抱歉：

> 我一直有一个习惯，那就是总爱说些自己也知道不太顺耳的话，这是我的独特之处，也是我最大的缺点。我意识到了这一点，也很清楚这给自己树了多少敌人，但我仍然故意坚持这个习惯。

卡尔达诺的父亲是一位职业律师，但在数学领域极有天赋，甚至可以在几何学领域给达·芬奇提供建议。他在卡尔达诺竞选大学校长期间去世，但他的数学天赋其实早已传给了儿子。父亲曾向卡尔达诺传授数学的严谨逻辑，希望可以给卡尔达诺未来的律师生涯打下良好基础。然而，叛逆的卡尔达诺却不想成为律师。数学知识让他对概率理论有了些理解，而这最终却指引他走进了意大利国内大大小小的赌场。

当同时掷出两个骰子时，其实也许有办法来预测某些数字出现的概率，卡尔达诺就是最早意识到这一点的其中一人。他对用两个骰子掷出两个 6 的概率进行了分析，并试图把这个分析运用到实际中。然而，很快，对赌博的迷恋就取代了对骰子背后数学的理性分析，卡尔达诺最终把父亲留下的家产全部挥霍一空。在一个特别绝望的夜晚，卡尔达诺指责同一赌桌上的对手欺骗了他。本来，运用自己的数学知识，卡尔达诺可以胜算很高，但此时他无法承认失败，于是便拿起一把匕首，在对手的脸上划了一刀。

这一切都让他无法赢得尊重，他作为医生的职业生涯也毫无起色。当权者也发现卡尔达诺是私生子，便以此为借口拒绝他加入"米兰医学协会"。落魄的卡尔达诺典当掉了妻子的首饰和家中的家具，把换来的钱又全用在了赌博上。后来，到了 1535 年，他被迫沦落到在济贫院中度日。最终，还是数学拯救了他。有人注意到了卡尔达诺的天分，帮助他摆脱了贫困，还让他到米兰去当老师。与此同时，卡尔达诺继续行医，也取得了一些成就，但真正让他逐渐声名鹊起的其实是他所撰写的数学论文。

卡尔达诺对求解方程式尤为感兴趣。当时的数学家都认为，三次方程式与二次方程式不同，无法用一个神奇的公式来解开。卡尔达诺在帕乔利出版于1494 年的有关算术的权威著作《算术、几何、比与比例概要》中也读到了这个观点。然而那时，卡尔达诺听说一位名叫塔尔塔利亚的不知名数学家只用了很短的时间就解开了 30 个三次方程式。他知道，能做到这一切，塔尔塔利亚一定是掌握了某种公式。

当你意识到某个问题可能是有解的，而且已经有一个人在过去被认为是无路可走的方向上成功走出了一条路，那么你就会很想挑战一下，看自己是否也可以解决这个问题。大多数数学家都认为，如果有人可以解决某个问题，那么自己应该也可以。毕竟，数学论证给人的感觉是并不依赖于其发现者的存在。一旦某个问题被证明，那么这个问题就开始变成一个实实在在的现实。不过，在取得首次突破之前，总会有一种找不到办法的感觉，会觉得它是一个不可完成的任务。

数学家们都无法接受承认失败。他们最不希望的就是别人把答案告诉自己。因此，卡尔达诺花了数年时间苦苦研究三次方程式的解法，因为他坚信，如果三次方程式的解法公式存在，那么自己一定可以把它找出来。然而，到了1539 年，卡尔达诺再也坚持不下去了，他举旗投降了。然后，卡尔达诺给这位神秘的塔尔塔利亚写了一封信，询问是否可以把他的公式放在自己正在撰写的一本有关算术的书中。当然，塔尔塔利亚不会允许其他人发表自己的发现，便告诉卡尔达诺他计划亲自公布这个公式。

此时，卡尔达诺急切地想知道这个公式。他再次与塔尔塔利亚联系，承诺如果塔尔塔利亚把公式告诉自己，自己绝不会告诉别人。这一次，塔尔塔利亚还是拒绝了他。卡尔达诺被激怒了。对公式如此保密到底有什么意义？难道与其他数学家共享发现不是塔尔塔利亚的责任吗？卡尔达诺在一次公开辩论中对塔尔塔利亚发起挑战。不过，这似乎毫无意义。毕竟，就塔尔塔利亚已取得了突破而言，不存在任何争议。这与某些数学论断不同，塔尔塔利亚在比赛中解开了三次方程式，这就证明了他已经找到了公式。塔尔塔利亚没有责任再进一步证明自己。因此，他再次拒绝了卡尔达诺。

最终，卡尔达诺发现要吸引塔尔塔利亚公开他的秘密，就必须给他钱财。于是，他写信给塔尔塔利亚，委婉地暗示一位非常富有的资助人（也就是米兰总督），很有兴趣赞助这位解开了三次方程式的伟大数学家。卡尔达诺在信中说，如果塔尔塔利亚来米兰，他可以帮忙引荐。卡尔达诺的计划奏效了。那时的塔尔塔利亚非常需要资金支持。塔尔塔利亚在威尼斯有一份教职，收入微薄，仅能满足温饱，于是他写信给卡尔达诺，接受了他的提议，并于 1539 年 3 月从威尼斯来到了米兰。

根据塔尔塔利亚后来对与卡尔达诺会面所进行的描述，卡尔达诺殷勤至极，谈话间不断劝说他解释一下求解三次方程式的秘诀。塔尔塔利亚感兴趣的却是何时可以见到那位富有的新资助人。卡尔达诺对这一切进行了谋划和操纵，塔尔塔利亚来到米兰的这段时间里，米兰总督刚好前往旁边 50 公里开外的维杰瓦诺市了。"在他回来之前，我们有很多机会交流讨论我们自己的事情。"卡尔达诺开始反复与塔尔塔利亚探讨他为什么如此不愿意公开求解三次方程式的秘诀。

当在数学领域取得了一项突破时，这个新的想法很有可能会带来更多突破。塔尔塔利亚明白，如果自己找到的方法可以解开三次方程式，那么这个方法也许可以延伸到更复杂的方程式上，比如分别包含 x^4 的四次方程式和包含 x^5 的五次方程式。他向卡尔达诺解释说，因为怕自己万一是发现了一座数学金矿，所以在对这个发现做进一步挖掘之前，他不打算公开。不过，在可预见的未来一段时期内，他都将忙于教学和准备欧几里得著作的新译本。

卡尔达诺承诺不会将塔尔塔利亚的秘诀透露给任何人，只是自己想知道这个神奇的公式是什么。塔尔塔利亚不相信他。此时的卡尔达诺已经快要疯了，他苦苦研究了多年，仍然没能找到三次方程式的解法，因此现在的他不顾一切地渴望这个答案：

我向你发誓，以上帝的名义，以我本人人格担保，如果你把你的发现告诉我，我不仅永远不会把它公开，我还承诺用密码把它记录下来，这样在我死后，也没有人可以理解它。

这就是塔尔塔利亚所记录的卡尔达诺在他到达米兰第三天时给他的誓言。

此时，塔尔塔利亚已经失去了耐心。他想亲自骑马到维杰瓦诺去跟米兰总督商谈，但他需要卡尔达诺的引荐信，然而这时卡尔达诺已经给这封引荐信开出了价码。于是，在卡尔达诺发誓绝不将这个发现告诉其他人，也不会写在书中让其他人在卡尔达诺死后发现这个秘密之后，塔尔塔利亚终于还是妥协了。"为了让我自己在任何突发情况下都能想起这个方法，我把它写成了一首有韵律的诗。"塔尔塔利亚解释道。他说这个韵律相当曲折而又神秘，但却是他赢得所有比赛的关键。接着，塔尔塔利亚就为热切期盼着这个公式的卡尔达诺写下了这首诗：

> 当三次方与数字在一起，
> 相当于某个离散的数字，
> 找到其他两个与这个数字不同的数字……

接下来，这首诗还有风格相似的 21 行，解释了如何对方程式进行变换，直到最后找出解开方程式的奥秘。这首诗是这样结尾的：

> 发现这些奥秘，花费的时间并不漫长，
> 那是在一千五百三十又四年。
> 依赖于强大又有力的根基，
> 诞生于大海旁边的城市。

凝视着塔尔塔利亚写下的诗，卡尔达诺脸上明显露出了如释重负的表情，"这首诗太容易理解了，其实现在我已经几乎完全明白了"。与卡尔达诺这种如释重负形成鲜明对比的，是塔尔塔利亚自己心中充满不安。这个公式可能会开启一个全新的世界，让人们找到解开一切方程式的公式，那么为什么要把这样一个伟大的发现告诉人呢？塔尔塔利亚仍然非常信任卡尔达诺。

接下来，塔尔塔利亚并没有骑马前往维杰瓦诺，而是调转方向往威尼斯回家了。一路上，他骑着马，越想越生气。他开始意识到卡尔达诺是如何用一个富有的资助人做诱饵，一步一步哄骗自己说出了那个宝贵的公式的。等回到了威尼斯家中，塔尔塔利亚已经确信卡尔达诺会违背誓言，会把他的发现公布于众，只是时间早晚的问题。一年后，卡尔达诺出版了两本新书，塔尔塔利亚知道自己最担心的事情就要变成现实了。然而，当他打开这两本书时，却没有找到自己所发现的三次方程式的解法。

卡尔达诺尽管性格令人讨厌，但还是信守了诺言，没有公开塔尔塔利亚的公式。好吧，是几乎没有公开这个公式。但他忍不住与自己最得意的学生洛多维科·费拉里讨论了这个公式。年少的费拉里最初是卡尔达诺的仆人，但当卡尔达诺发现这个 14 岁的少年可以读书认字时，就把他变成了自己的私人秘书。日子一天天过去，卡尔达诺自然就与费拉里讨论起了塔尔塔利亚的公式。

卡尔达诺慢慢理解了塔尔塔利亚那首言辞晦涩的诗，然后就开始明白三次方程式的解法了。然而，问题是，当尝试用这个公式实际去解方程式时，卡尔达诺发现，对于某些方程式，这个公式并不灵。在塔尔塔利亚那首诗中，有一个做法有时导致需要计算一个负数的平方根。就卡尔达诺所知的数字中，没有哪一个的平方是负数。这意味着什么呢？运用古时候的公式来解二次方程式，有时结果会是一个负数的平方根，但是当这种结果出现时，人们就会说这个方程式是无解的。然而，塔尔塔利亚解开三次方程式的方法却有相当奇特之处。如果不去理会那些无解的负数的平方根，那么，当按照整首诗的描述走到最后，就会发现这些奇特的平方根都消失了，也就是几个平方根相互抵消了，剩下的数字都非常普通，还可以解开整个方程式。这是有什么魔法吗？卡尔达诺对这首诗的理解正确吗？

1539 年 8 月 4 日，卡尔达诺给塔尔塔利亚写信描述了他遇到的这个奇怪的问题。至于塔尔塔利亚是不是更清楚其中的奥妙，似乎并不确定，不过可以明确的是，塔尔塔利亚认为这是一个把卡尔达诺彻底赶出局的好机会。"作为回复，我得告诉你，你还没有真正掌握解开这类问题的方法，事实上，我得说你的方法是完全错误的。"

然而，塔尔塔利亚最害怕的还是他的公式被公布于众，而这很快就要变成现实了。那时，刚刚 18 岁的费拉里通过三次方程式的解法发现了另一个公式，可以用来解开含有 x^4 的方程式，也就是四次方程式。卡尔达诺为这位年轻人的发现所折服，甚至辞去了自己在米兰皮亚蒂基金会的职位，以便让这位青年奇才能在其中占有一席之地。不过，此时，卡尔达诺陷入了一个两难境地：一方面，四次方程式解法的基础是塔尔塔利亚的三次方程式解法；另一方面，三次方程式的解法又绝不能随着费拉里的发现而走进大众视野。尽管与费拉里讨论塔尔塔利亚的解法就已经部分违背了自己的诺言，但卡尔达诺仍然觉得有责任不出版任何内容，而这又意味着自己的学生将得不到那些本该属于他的赞誉。

卡尔达诺提出可以去博洛尼亚，向同事纳韦寻求建议，以走出这个困境。事实证明，向纳韦求助是一个非常明智的选择。当时，在纳韦手里，有一本他岳父留下来的破旧笔记本，他的岳父就是数学家费罗，正是他首先解开了三次方程式又在临终前将解法告诉了自己的学生菲奥尔。卡尔达诺和费拉里翻看这本笔记本，在其中找到了一个公式，与塔尔塔利亚在多年以后独立发现的公式相同。这下卡尔达诺总算可以名正言顺地出版费罗的公式，而不需要感到自己违背了对塔尔塔利亚许下的诺言。接下来，卡尔达诺出版了自己的伟大作品《大术》（*Ars Magna*），向世人公布了三次方程式和四次方程式的解法。在书中，他对塔尔塔利亚独立发现三次方程式解法给予了应有的承认和称赞，但给予赞誉最多的其实是费罗的贡献："这项技艺之微妙无人可及，之明晰易懂也超越了一切凡人能力之所及，是真正的上天的恩赐。"

然而，卡尔达诺给予塔尔塔利亚的承认和称赞果然并不足以抚慰塔尔塔利亚。对塔尔塔利亚来说，整个世界开始坍塌，先是在这部对自己独立发现的公式进行讨论的著作中，自己的名字并没有出现在作者栏，现在又出现了一个 18 岁的自以为是的新手，找到了四次方程式的解法，胜过了自己。对于塔尔塔利亚来说，这一切已经让他受够了。

尽管可能是徒劳，塔尔塔利亚还是想要努力挽回声誉，于是便把所经历的一切写了下来，其中包括了一系列对卡尔达诺的恶毒攻击。卡尔达诺在一路往上爬的过程中已经得罪了太多人，对于别人向他泼脏水早已习以为常，但他的学生费拉里觉得自己有责任捍卫老师的名誉。费拉里写信给塔尔塔利亚，嘲讽他的数学论证不够充分，并向他发起挑战，要进行公开辩论。对于塔尔塔利亚来说，与这样一位寂寂无闻的数学家进行竞赛不会给自己的声誉带来一丁点好处，而在公开数学竞赛中击败卡尔达诺才值得一搏。于是，塔尔塔利亚回信给费拉里，试图把卡尔达诺也拉进来。

两人间的书信就这样在威尼斯和米兰之间往来。由于两人都想获得来自数学界的更多支持，因此便将这些信件公布于众。在费拉里和塔尔塔利亚试图一决胜负的过程中，不仅有数学问题的比拼，还有各种人身攻击。从费拉里给塔尔塔利亚所提问题的范围和种类来看，费拉里的四次方程式解法是经得起推敲的，而费拉里本人也逐渐成长为一个深沉而又有哲学高度的思想者。除了三次方程式，费拉里向塔尔塔利亚发起的挑战还包括解决几何中"证明一切"的问题，从而解释柏拉图的相关文章，甚至还包括公开辩论是否"1（unity）是一个数"等诸如此类的哲学问题。

塔尔塔利亚虽然鄙视费拉里，但还是忍不住接受了费拉里提出的 30 多个问题，因此他的回信逐渐变得越来越详尽。关于柏拉图和数的概念的哲学争论，在塔尔塔利亚看来是不值得一个数学家去关注的，这种态度在现代数学家身上并不少见，他们都很看不上那些把时间全都花在数学领域中的哲学命题上的同行。作为对费拉里提出的数学问题的回应，塔尔塔利亚常常表示这位对手其实是在"钓鱼"挑战，也就是说，他其实并不知道这个问题的答案，因此想通过挑战来从塔尔塔利亚这里攫取更多想法。"公开提出一个问题，但并不知道答案，这太令人羞愧了。"

费拉里则在回应中指出塔尔塔利亚在展示其解法时没有进行充分证明。"你就像一个造假的人，省略了最重要的部分，即要'证明一切'的要求。"他还表示，塔尔塔利亚不愿意就一些与数学相关的更有深意的问题进行论辩，这表明：

你是一个把全部精力都耗费在方根、五次方、三次方等细枝末节上的人。如果让我给你发奖，我会按照亚历山大大帝时期的习俗，给你全都是像土豆和萝卜这样长在地下的根茎类植物，让你一辈子都不会吃别的。

当两人的对战达到高潮时，塔尔塔利亚收到了一份任职邀约，来自其家乡布雷西亚的布雷西亚大学。这个职位薪水丰厚，但有一个附加条件：校方会选择一位数学家与塔尔塔利亚进行公开辩论，塔尔塔利亚只有在辩论中获胜才能最终获得这个职位。当塔尔塔利亚收到校方来信，要求他前往米兰与费拉里进行辩论时，他的心一定沉入了谷底。多年以来，塔尔塔利亚一直在努力争取这样一份薪水丰厚的工作，然而现在，如果想要得到这份工作，他就必须放下脸面和身段，与卡尔达诺的学生进行辩论。无论如何，塔尔塔利亚都认为费拉里还没有真正掌握可以对自己发起有力还击的数学技巧。

1548 年 8 月 10 日早晨，两位数学家相聚在米兰城中一座方济会修道院的美丽庭院中。由于两人在过去两年进行了大量公开书信往来，因此这次公开辩论广受关注，花园里挤满了围观的人，其中有许多米兰城中的名流，他们都热切盼望着目睹两位数学家用数学思维拼得火光四溅。对于塔尔塔利亚来说，这样的比赛决定了其生计来源，他有信心击退费拉里的挑战。塔尔塔利亚只有哥哥在现场支持，费拉里则邀请了一众朋友到现场给自己加油打气。

辩论开始后，塔尔塔利亚就开始意识到费拉里并没有在吹牛，就那些他抛给自己的难题而言，费拉里确实知道答案。事实表明，这位年轻的对手在运用三次方程式和四次方程式的解法公式方面已经远远超过塔尔塔利亚。只是为了记住方程式的解法公式，塔尔塔利亚就要编造一首诗，所以对于他来说，费拉里的反应太快了，让他应接不暇。于是，塔尔塔利亚调转方向，开始批评费拉里的方法，企图以此来打乱他的节奏。随着辩论不断深入，塔尔塔利亚意识到自己已毫无胜算。费拉里接连抛出更加致命的打击，这让人们看到塔尔塔利亚对方程式解法的理解是多么粗浅。相比之下，这位年轻学生则可以娴熟地变换公式从而为己所用。

到了公开辩论的第二天，围观的人再次聚集到花园，结果却发现塔尔塔利亚因为不愿意承受在数学上一败涂地的耻辱，已经连夜逃回威尼斯。于是，费拉里在人们的欢呼声中成为胜利者，收到了如雪片般飞来的任职邀约，甚至连神圣罗马帝国皇帝查理五世（当年把摩尔人赶出阿尔罕布拉宫的正是这位皇帝的外祖父）都请他来给自己的儿子当老师。然而，费拉里一门心思想要赚钱，因此相比于给皇帝的儿子当老师，他更想成为米兰总督的估税官。想想从那个时代开始，有多少数学家都没禁得住这座城市的种种诱惑！年轻的费拉里因为四次方程式的解法公式而收获了声名和财富，但却在年仅 43 岁时就离开了人世。据说，费拉里是砒霜中毒而亡，下毒的是费拉里的亲妹妹，因为她一直觊觎在费拉里死后继承他的巨额遗产。在费拉里葬礼之后两周，他的妹妹就结婚了，但没过多久，新婚丈夫就带着所有钱财潜逃了，只留下费拉里的妹妹独自过着赤贫的生活。

塔尔塔利亚接下来在布雷西亚大学担任了一年的教职，不过，在他那次并不光彩的失败后，学校先是拒绝向他支付薪水，后来直接将他解雇了。塔尔塔利亚被激怒了，多次把学校告上法庭，想要讨回在学校上课应得的薪水，但最终都一无所获。心灰意冷又身无分文的塔尔塔利亚最终回到威尼斯度过了余生。

卡尔达诺这边，两个儿子麻烦缠身，使他无暇专心研究，因而再也没有拿出任何有意义的成果。卡尔达诺的大儿子詹巴蒂斯塔私自娶了一个不知廉耻的女人，这个女人只想从现在既有钱又有名气的公公身上尽可能地榨取钱财。大儿子与妻子的关系变得越来越糟糕，最终，詹巴蒂斯塔受够了，下毒杀害了妻子。

在接下来对詹巴蒂斯塔的审判中，法官说如果他的父亲愿意与死者家人和解，那么詹巴蒂斯塔就可以免受绞刑。死者家人从过去就一直在榨取钱财，因此坚持要卡尔达诺给钱才能和解，而且开出了一个卡尔达诺根本无力承担的价码。1560 年 4 月 13 日，卡尔达诺的大儿子在狱中饱受折磨后，被执行了绞刑。从此以后，卡尔达诺就一直无法从没能救回儿子的阴影中走出来。

更糟糕的是，卡尔达诺的小儿子继承了他的赌博恶习，并因为赌博而失去了一切，最后只好去偷父亲的钱财和珠宝。卡尔达诺向官府告发了自己的儿子，并要求禁止他出入博洛尼亚。在自传《我的生平》中，卡尔达诺写到了他人生的四大悲剧，分别是婚姻、大儿子的悲剧之死、小儿子的卑鄙性格，以及自己的牢狱之灾。其中，最后一个指的是在生命的最后阶段，他因为被宗教裁判认定为异教徒而在监狱中度过的那段时间。卡尔达诺似乎是故意要激怒教会，因为他为了要留名青史而撰写了一本书来颂扬古罗马暴君尼禄折磨殉道者的行为，并占卜了耶稣的星象。然而，在卡尔达诺死后，让他名留青史的，并不是他对神灵的亵渎，而是他在寻找方程式解法故事中所扮演的角色。1576 年 9 月 21 日，卡尔达诺自杀身亡，自杀的原因并不是因对晚年种种不幸遭遇感到绝望，而是为了要实现早些年自己给自己占卜的死期。

12 月 12 日，马克斯 - 普朗克研究所

这一周，弗里茨和我都在努力搞明白如何才能确定具有某个素数 n 次幂个对称的对称对象一共有多少种。上一次在波恩所取得的突破让我意识到，要找到对称对象的种类可能需要解决一种完全不同的问题，这是我们一开始绝对没有想到的。事实上，对称对象种类的数量可能与一组方程式解法的数量是相同的。摆在我们面前的问题是：需要求解的方程式具备怎样的特征？就我在波恩所取得的突破而言，椭圆曲线是核心，那么我们要求解的方程式会像这些椭圆曲线一样怪异吗？或者，它们也许会更简单一些，就像卡尔达诺和塔尔塔利亚求解的方程式一样？

这一周，弗里茨和我都在尝试分析在计算这些对称群数量时可能需要的方程式。然而问题是，随着分析的深入，我们发现这变成了一个巨大的我们自己都无法奢望去掌握的问题。我感觉就像一开始捡起了一块石头，然后石头突然变得像一座大山那么大。我们有没有可能找到某个令人惊叹的切入点来应对这

个复杂的问题呢?

因为压力,我一直头痛不止。每天晚上,在结束一天的工作后,我都感觉被掏空了。现在,弗里茨和我已经不打算直接攻克这座大山了,而是打算从山脚下的一点切入,这对于我们来说更易于掌控。我们找到一个方法来研究这个问题中的一小部分,甚至可以用电脑来做一些实验。我觉得这很棒,在工作中,我很少会用到电脑,但当确实用到时,我就会觉得自己是在做真正的科学研究。一开始,我们需要进行实验设置,接下来,电脑就可以进行机械的计算了,最后我们就会得到一些答案!我们与其凑在白板前绞尽脑汁地试图找到某种抽象的方式来穿越这个对称的世界,不如在这个世界里多进行几次探索性尝试,从而对这里的形势做出评估。我们最终要找到的那个宏大理论会像是针对一片土地的整体理解,而无须到访它的全部。尽管如此,第一次用电脑做实验就像是检查一下我们自己周围,看到底能看到些什么。实验结果并不是大量毫无规律可言的随机数据,这是很重要的一点。

在等待电脑给出某些可能可以为我们指引方向的答案时,我们终于可以放松一下。就在电脑还在不停地计算时,弗里茨和我来到了外面的广场,买了杯咖啡。圣诞节就要到了,圣诞红酒的浓醇香气从各大圣诞市集飘散出来,弥漫在空气中。再过几个月将是一年一度的狂欢节,通常以冷静著称的德国人都会盛装打扮,度过疯狂的一周。我最喜欢在这个时候来到波恩。去年狂欢节我就在这里,看到德国人打扮成香蕉和大黄蜂,走过波恩的大街小巷。人群中并没有人看起来特别享受,但每个人都很认真。50岁的男士们穿着打扮成狗或瓢虫的服装,站在路边摊旁吃香肠。在广场上,弗里茨跟我说他从没有装扮成这种奇怪的样子。这太可惜了,我会很乐意看到他打扮成香蕉的样子。

当我们从广场回到楼上去检查电脑进度时,我们发现给电脑分配的工作有点太多了,它的内存已经用完。于是,我们再一次在数学丛林中孤军奋战。每当遇到困难时,我都会努力去回想那些只要一个灵光闪现就让所有迷惑都变得通透起来的时刻。尤其是在波恩取得突破的那个夜晚,它就是我的灯塔,指引我走过了许多黑暗的日子。

我决定从波恩到另一个我最喜欢的德国城市哥廷根去看一看。这座位于德国童话大道上的城市在19世纪曾一度被数学家们奉为圣地,它也是我心目中两位数学英雄高斯和黎曼的故乡。我和一位朋友在当地墓园度过一个下午。一开始，朋友提出这个建议时，我觉得这个消遣提议听起来相当令人毛骨悚然，然而后来我却发现，这其实是一次迷人的科学朝圣之旅。哥廷根的许多伟大科学家都埋葬在这里。除了他们的名字和生卒年月，墓碑上通常还会刻有让墓碑主人声名大噪的那些方程式。就是在这个下午，我想好了将来要刻在自己墓碑上的铭文。我并不是说自己在波恩那个夜晚所取得的发现会撼动整个世界，而是说如果要在自己的墓碑上刻点什么，那么就一定是那个定义了我所构建的对称群的方程式：

$$G = \left\langle x_1, x_2, x_3, x_4, x_5, x_6, y_1, y_2, y_3 : \begin{array}{lll} [x_1, x_4] = y_3, & [x_1, x_5] = y_1, & [x_1, x_6] = y_2 \\ [x_2, x_4] = y_1, & [x_2, x_5] = y_3, & \\ [x_3, x_4] = y_2, & & [x_3, x_6] = y_1 \end{array} \right\rangle$$

06

CHAPTER 6

排除了一切不可能，剩下的即便再令人难以置信，那也是真相。

——夏洛克·福尔摩斯,《四签名》

第 6 章
1月：不可能事件

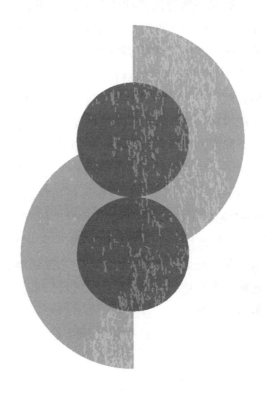

1月23日，牛津

可以这么说，是"回文"成就了我和莎妮的婚姻。彼时，我还是一个年轻的博士后，想在耶路撒冷找一间公寓。因为我不是犹太人，所以找房子颇费周章。在四处碰壁了几星期后，我终于交上了好运。一位女士从一间刚刚拒绝过我的房门里探出头，上下打量我一番后问道："你知道'回文'是什么吗？"（在耶路撒冷找房子这件事上，如果你不是犹太人，那么知识分子身份就是退而求其次的优势了。）这次我顺利租到了一间空房，而我的妻子莎妮正是同我合租一整套公寓的三个租客之一。

和莎妮的第一次约会，是去出席她朋友儿子的割礼[⊖]。宾客们围坐在一起吃鸡腿，刚出生 8 天的小婴儿被祖父和父亲固定在桌子上，请穆汉（mohel，行礼师）行割礼。这是我第一次经历这种"大场面"，我内心多少感到一点害怕和不安，为了故作镇定，就跟莎妮聊起我所做的研究。我拿桌子上摆放着的方形烟灰缸和圆形玻璃杯当道具，向她解释何为"对称"。

这个星期莎妮又要回以色列参加割礼。鉴于上次经历给我留下的"深刻"印象，我决定还是自己"逃回"牛津去继续我更擅长一些的数学研究。上个月在波恩的研究尚未取得新进展，我打算换个思路，转向另一个课题。我经常遇到这种同时被好几个问题困住的情形，这时候硬钻牛角尖是没有用的。暂时把注意力放到别的事情上，过段时间再回过头来看这些问题，反而更容易找到解决它们的方法。15 年前，是"回文"帮我在以色列找到了栖身之所。而现在，我正研究的 zeta 函数[⊜]问题，也呈现出类似"回文"的有趣现象。

每组对称都有一个特定的 zeta 函数。该函数可用一个多项式来表示。如果对称群结构不是很复杂，我是可以推导出该群的 zeta 函数表达式的。在以色列时我就曾注意到这样一个有趣的现象：每次的推导结果，总是能呈现出漂亮的基于回文对称的多项式。例如：

$$2x^6 + 4x^5 + 7x^4 + 3x^3 + 7x^2 + 4x + 2$$

⊖ 《圣经》记载，犹太人祖先亚伯拉罕在 99 岁时获得上帝旨意，行了割礼。上帝告诉亚伯拉罕，以后世世代代的犹太男子，出生后的第八日都要受割礼。从这一天起，新生婴儿就与上帝结下了契约，割礼是犹太人一生中最重要的仪式，有着神圣的特殊意义。——译者注

⊜ zeta 函数即黎曼函数，也就是前文的 ζ 函数。——译者注

该多项式中各项的系数构成了一种对称模式：

$$(2, 4, 7, 3, 7, 4, 2)$$

就像单词一样，公式也可以构成"回文"。

　　这种出人意料的对称模式，是无法用计算机的随机算法生成的。每当发现一种新的对称，并将其对应的 zeta 函数表示为多项式时，该多项式似乎都满足回文对称，数学家们称之为函数方程。但这种规律是否总能成立，它是公理吗？随着日复一日的积累，越来越多的算例成了证据支撑着这一结论。我无法解释一个对称的对象，它的 zeta 函数为什么会具有这种回文对称性。这个结论看起来似乎是对的，但它需要被证明。如果我遇到的都是一些结构非常特殊的例子，那么或许在下一个算例中，这种对称性就会消失。数学的麻烦之处是，证明公理的证据往往具有很大的误导性。看起来非常强大的模式会突然在眼前消失，或许这同样也是数学家痴迷于证明的原因吧。对于其他学科来说，证据是最重要的，但对于数学家来说，他们只相信证明。

　　自打第一次造访耶路撒冷以来，我做了很多尝试来证明这种回文对称是恒成立的。其实，回文本身并不是那么重要，重要的是对称群与回文之间完美的映射关系，这种美丽的模式像一座明亮的灯塔，暗示着一种更深的底层结构，引导我以回文为起点，去探索宏伟、瑰丽的对称结构。不过，最近几年我突然意识到，之所以我能看到出现回文对称，可能仅仅是因为我选对了例子而已。

　　波恩的课题取得突破，发现了新的对称群后，让我再次怀疑上述回文对称关系恒成立的可能性。因为它的出现完全改变了我对 PORC 猜想的看法，或许会从根本上推翻我对回文对称的猜想。这一切既令我感到惊喜，又让我措手不及。

　　在发现这个对称群一年后的某天，我的研究生克里斯托弗兴冲冲地发了一封电子邮件给我，他激动地询问是否可以前来伦敦向我展示他的新发现。能让我全神贯注工作的最佳场所就是我的家，这一点我的学生们都知道。但即便在当时那种最令人分心的环境中，克里斯托弗带来的新发现还是深深地吸引了我的注意力。我在对称群分析上做了许多基础性的工作，并通过不断地摸索，打通了对称群与椭圆曲线之间连通的"隧道"。克里斯托弗在此基础上对我的椭圆曲线对称群的 zeta 函数进行了完整的推导计算，就好比在其间修建起了永固的"桥梁"。

这个新的 zeta 函数会具有回文对称吗？当我们检查克里斯托弗的计算时，似乎有些地方不太对劲儿。他的计算结果虽然非常接近，但并不完全符合回文对称。经过仔细分析之后发现，在克里斯托弗的计算中，与椭圆曲线有关的部分也可能具有对称的属性，而先前我们忽略了这一点。我立刻冲上楼去取一本关于特殊曲线的书，很快便找到了想要的东西。这些椭圆曲线的 zeta 函数也具有回文对称性。当把这一切综合起来时，就像施了魔法一样，克里斯托弗的计算完全吻合了对称性。回文对称还在！

那一刻真是令人激动。一日为师，终身为父，就像是看到自己的孩子有所成就一样，我由衷地为克里斯托弗的成就感到骄傲。他正在体验生命中第一次有所发现的喜悦，他得到了所有数学家们都渴望的那一束光。如果我的这个奇奇怪怪的椭圆曲线的例子仍然具有这种回文对称，那么我对回文对称的猜想极有可能是正确的。坦白地讲，我希望克里斯托弗的研究可以推翻这个猜想，毕竟它在极大程度上改变了我对 PORC 猜想的认识。但事情的发展往往就是这样——不遂人愿。克里斯托弗的新发现驱使我找寻为什么会存在这种对称，以证明我的猜想。

发现新的回文对称这件事，至今让我记忆犹新。当时我和克里斯托弗正沉浸在巨大的喜悦中，莎妮打来电话让我立刻打开电视机。纽约世贸中心双子塔遭到两架飞机自杀式袭击，在遭袭一个多小时后双子塔轰然倒塌。那一天正是——2001 年 9 月 11 日。

我又回顾梳理了几年前和弗里茨一起发现 zeta 函数公式时所做的理论研究，我坚信回文对称的秘密就隐藏其中。但令人困惑的是，迄今为止，我仍然无法搞清楚为什么 zeta 函数的表达式中总是出现回文对称。我在黄色的便笺簿上一遍遍地推导，试着通过不同的排列方式重构这个表达式，试图找到某种特殊的重构表达式，并发现它与对称性之间的联系。就好像拿着一个魔方，不停地横着扭、竖着转，希望突然之间所有的色块会一下归位，即显示出我心中所想的答案。但是，这一切并没有发生。

在克里斯托弗取得突破后的几周，我跟波恩的弗里茨通了电话。我推荐克里斯托弗去马克斯－普朗克研究所向弗里茨展示他的研究成果。又过了几周，再次通电话的时候，弗里茨告诉我："我想我和克里斯托弗大概在下周就能完成证明。"听闻这一消息，我陷入了恐慌。我本该高兴，可那时却有点崩溃了。

因为那正是我无数个日日夜夜、苦思冥想渴望证明的。我意识到在分享研究灵感和想法这件事情上，自己可能犯了一个错误，但我并不自私，对学科进步有益的事我还是会去做的。但那一时刻，我无法接受别人可能会证明这一猜想的事实。长江后浪推前浪，浮事新人换旧人，难道我就这样早早地出局了吗？我感觉自己就像塔尔塔利亚，眼看着年纪轻轻的费拉里在自己的三次方程解法基础上解出了四次方程。此刻，我真想立马就跳上一架班机飞往波恩。

克里斯托弗从波恩返回时带回了证明失败的消息，他们最初的想法有些太过乐观了。我又重回"竞技场"，虽然不愿意承认，但心里还是松了一口气。后来，我把这些感受分享给一些同事，他们都被逗乐了。诚然，在教出令人骄傲和自豪的学生和他们后来居上、青出于蓝而胜于蓝之间，确实存在一种微妙的紧张关系。

直到几年后，事情才又有了一个意想不到的转机。我和卢克（Luke）约好在牛津的办公室见面。卢克也是我的研究生，同时又是一位编程高手。以往的证明推导过程都是特定的，需要通过纸和笔逐个分析和计算每一个单独的对称群。而卢克找到的方法，可以让计算机以更为系统的方式来探索对称群。对于结构较为简单、直观的对称群组，系统可直接获得计算 zeta 函数所需的相关参数。卢克针对我研究的课题展开了他的工作。计算机以强大的算力把手工计算远远地甩在了身后，绝尘而去。但这绝不是摇摇手柄那样简单、机械地重复——计算机的功能与性能很大程度上取决于编程人员，计算是在他们的操控和引导下完成的。

卢克向我展示了他近期获得的一些工作成果。他拿来一厚沓印有各种方程式的资料。尽管这些函数方程的长短不一、规模各不相同，有些甚至有好几页纸的篇幅，但都完美地呈现了回文对称——多项式系数以最中央的数为"轴"，向两边以对称的方式展开。我逐页翻看这些资料，当我快看完时，卢克从最下面抽出了一张纸，说道："看，我找到了这个。"我盯着这张纸上的方程式，这个函数方程式中各项系数并没有出现回文对称。

多年来我一直尝试用各种办法证明回文对称的猜想，而现今借助计算机的力量获得的这个结果，让我的猜想瞬间土崩瓦解。这也就是计算机最能发挥作用的地方——它可能不太擅长证明，但它很擅长验证猜想。现在我终于明白了为什么卢克刚坐下时显得那么紧张。正常来讲，他对自己发现了如此重要的成果应该感到兴奋，但他一定在考虑，如果有人告诉我，我花了 10 年时间在追寻的仅仅是一个虚幻的泡影，我会做何感想。这甚至比别人在我面前证明了我的猜想还要致命。这多像俄狄浦斯的悲剧。

对于这个事实，除了接受之外，我别无选择。这就是研究课题发给我的一手牌。我不能为了让自己变得好受些，就去改写它，让它去适应自己的世界观。数理逻辑就是这样丁是丁、卯是卯。这组对称是如此美丽，让我觉得它必须是真的，但逻辑告诉我不是这样的。数学家在工作时会受到审美意识的强烈影响，而正确的道路往往是最美丽的。正如自然界中的对称内部蕴含着特别的意义一样，我强烈地感觉到这种回文对称暗含了某种关于内部结构的信息，从而使 zeta 函数满足其特有的映射关系。既然许多对称群都被验证了具有这种回文对称的特性，那么现在最大的问题是：为什么有些群，比如卢克的例子，就不具有回文对称的特性呢？

卢克的例子充分展现了计算机在数学研究中的能力和潜力。上周报纸上有一则新闻报道，计算机帮助科学家发现了一个位数超过 900 万的素数。只有拥有如此强大算力的计算机，才能让我们接触到如此巨大的素数，并能够产生比预期更多的数据。如果我有大量的时间，也许我可以通过手工去计算卢克的例子。但毫无疑问，我肯定会犯错误。因为一旦我发现答案没有出现我所期待的回文对称，那么我一定会认为在我的计算过程中肯定是哪里出错了，而根本不会去想是否有更深层次的原因导致出现了这样的情况。一旦能得到对称，那么我会认为我的计算十有八九就是正确的，因为对称很难偶然被发现。我经常用这种行之有效的方法来检验自己的计算结果。但计算机的能力也有阈值，卢克说目前已经达到了计算机所能处理的极限。但这些例子之外，仍有一片无限广阔的未知领域，也只有人类的头脑才能胜任"领航员"这一职务。

卢克的例子将永远成为一个警示，时刻提醒我要以开放的心态面对每个研究课题。他对对称群的研究巧妙地揭开了研究对称理论更深层次的奥秘：对称不是一种单一和独立的存在，还有一种我们没有考虑到的结构。这种现象还未被命名，但它应该有一个名字。于是我们将 zeta 函数系数构成"回文"对称结构的对称群称为"回文对称群"。

这是一个新的开端。研究方向发生改变后就需要增加更多新的词汇来进行描述和解释。今天早上卢克又要来找我，他的计算机探索是否能带来新的惊喜，我们拭目以待！

无论是一个学生的到访，还是一封来自地球上某个偏远角落的信，都有可能为数学的研究带来突破，进而改变这门学科的整体结构。数学家们沿着塔尔塔利亚、卡尔达诺和费拉里开辟的道路继续探索，试图寻找五次方程的根式解。然而即将到来的惊喜却在众人的意料之外……

麦哲伦海峡一瞥

19 世纪初的挪威比以往更加封闭。一方面是自然原因，冬季的到来使得峡湾经常封冻，阻碍了正常的经贸往来；另一方面，当时的挪威被北欧强国丹麦所统治。"拿破仑战争"最激烈的时候，丹麦统治阶级利用英法矛盾，以中立地位大搞海上粮食贸易，引起英国不满，英国要求丹麦交出从事贸易的舰队和商船，成为英国的附庸国，但丹麦拒绝了这一要求。英国担心丹麦会被拿破仑利用从而发动对英国海岸的入侵，于是在 1807 年"先发制人"，炮击丹麦哥本哈根，摧毁了丹麦的舰队，由此丹麦由中立倒向法国拿破仑一边，成为交战国。英国认为对挪威的政治孤立和经济封锁是惩罚丹麦的一种方式。同时，英国也遭受到了以法国为首的欧洲各国的"大陆封锁"，以惩罚英国对丹麦的"侵略"行为。挪威的主要经济支柱是向英国出口木材，因此经济封锁对于挪威来说是毁灭性打击。封锁使挪威的经济陷入困境的同时，还切断了来自丹麦的粮食供应。因此，到了 1813 年，挪威发生了大饥荒，百姓过着饥寒交迫的贫苦生活。

在国家正遭受政治孤立、社会动荡之时，一个年轻的挪威人迈出了他在通往数学研究道路上的第一步，这一步使他成为挪威历史上最伟大的数学家之一。这个年轻人就是天才数学家尼尔斯·阿贝尔（Niels Abel）。阿贝尔平时很少与人接触，除了有限的几本流转到挪威的专业图书之外，阿贝尔几乎没有接触过其他专著。但他却攻克了法国、意大利、德国著名数学家们努力了几个世纪也未能解开的难题。早在文艺复兴时期，数学家们就已经解决了三次方程和四次方程的根式求解问题。但在之后的 250 年间，一直没能找到五次方程的求解方法，直到阿贝尔提出了破解之法。

　　阿贝尔小时候经常被父亲从睡梦中唤醒去观察月食、彗星等奇特的天文现象。夜空中闪耀着的星星也常常让小阿贝尔激动不已。幼年的成长经历，激发了阿贝尔对于科学的浓厚兴趣和强烈的好奇心。但数学最初并不是阿贝尔所喜爱的科目。也许是因为他所就读学校的一位老师强迫孩子们学习乘法表等，还经常体罚他们。直到某一天，这位老师太过激动，丧失理智，失手将一名学生打死而被学校除名。接替他的是一位年轻的数学家——伯恩特·霍尔姆博（Bernt Holmboe）。

　　霍尔姆博对欧洲数学领域的发展状况和最新发现熟稔于心。他给孩子们讲述的关于数学发展的故事成功地吸引了阿贝尔的注意力，当时数学界所取得的重大突破及面临的挑战改变了阿贝尔探索的兴趣点。在霍尔姆博的循循善诱下，阿贝尔的数学天赋开始显现，他开始阅读莱昂哈德·欧拉（Leonhard Euler）和艾萨克·牛顿（Isaac Newton）等著名数学家的伟大著作。不到一年的时间，阿贝尔在数学上取得的进步已遥遥领先于其他同学，并且他还在不断地超越自我。

　　阿贝尔父亲因"不实举报竞争对手"而被免职，他羞愤难当，终日郁郁寡欢，本就有酗酒问题的他更是每日都酩酊大醉。阿贝尔中学毕业那一年，父亲醉酒后不幸去世，全家七口人生计的重担突然落到了 18 岁的阿贝尔肩上。他的母亲和他的父亲一样也有酗酒的问题，不止如此，就在阿贝尔父亲葬礼当天下午，她还依然跟情人在一起，她成了社会弃儿。

　　作为阿贝尔的老师，霍尔姆博实在不愿意看到这个年轻人惊人的数学天赋被埋没。他决定用自己微薄的收入资助阿贝尔继续读书。1821 年，阿贝尔在老师的资助下进入挪威首都新开办的大学——克里斯蒂安尼亚大学（即现在的奥斯陆大学）学习。或许是为了逃避家庭和生活的双重压力，阿贝尔更乐于全身心地投入到与感情和情绪无关的数学世界里。求五次方程的根式解的问题引起了阿贝尔的极大兴趣。他仔细研究了塔尔塔利亚、卡尔达诺和费拉里发现的三次方程和四次方程的求解公式。这些公式似乎具有不可思议的魔力，可以求出任何三次方程或四次方程的根式解。因此他决心通过求解五次方程来证明自己的实力，从而跻身于最伟大的数学家的名列。

　　求五次方程的根式解这个问题的门槛并不高，哪怕是一个新手数学家都可以摩拳擦掌、跃跃欲试一番。德国数学家瓦尔特·冯·契恩豪斯（Walther von Tschirnhaus）认为他早在 1683 年就已经破解了五次方程的根式解问题，但他的同胞戈特弗里德·莱布尼茨（Gottfried Leibniz，牛顿的数学对手）在契恩豪斯的分析中发现了错误。正如 17 世纪评论家让·艾蒂安·蒙蒂克拉（Jean-E'tienne Montucla）所写："在四周壁垒森严的中心城堡中，这个问题在拼命地保护着自己，做困兽之斗。谁将是带领众人冲锋并最终降服它的幸运儿呢？"

在那个时代，求五次方程的根式解与费马大定理的证明（阿贝尔也曾做过尝试）以及破解素数之谜有着相同的地位。后两个问题已从众多非专业的数学爱好人士那里获得了无数个"解"。就像现在我每周都会收到几封描述素数起源理论的信件一样，在那个时代，欧洲一些权威学术机构的专业人士也经常会听到有人声称解决了五次方程的根式解问题。经过几个月的不懈努力，阿贝尔带着他认为可以解决"这个时代的伟大未解之谜"的成果找到了霍尔姆博。霍尔姆博非常惊讶，但他也没有办法来验证阿贝尔所取得的结果。于是，他将阿贝尔的研究寄给了丹麦数学家费迪南德·德根（Ferdinand Degen），并希望由哥本哈根皇家学会的刊物发表。

不久后他们收到了来自德根的回信，德根在信中表示想看一些实际的计算案例。毕竟，实际的应用才是对阿贝尔理论的最终检验。阿贝尔提出的公式必须能够解出任意的五次方程。但是当阿贝尔坐下来开始计算一个特定的五次方程时，突然意识到他的方法尚存在缺陷。也许德根早就发现了这个缺陷，但他还是慷慨地给了阿贝尔一个机会，让他自己去发现。显然，德根在阿贝尔的来信中看出了他的数学才华。他甚至还给这位年轻的数学家提出了一些有趣的问题让他去尝试。就像穿越连通太平洋和大西洋的麦哲伦海峡一样，德根相信阿贝尔有天赋、有能力穿过"海峡"去探索更加浩瀚的数学分析的海洋。

发现计算公式中的缺陷对阿贝尔触动很大。在经历了目睹自己的"伟大发现"在瞬间土崩瓦解的痛苦之后，阿贝尔对求解五次方程有了更深层次的理解，甚至可以说，这完全改变了他解决这个问题的思路。他开始考虑去证明"五次方程的根式解实际上并不存在"！就像成年礼一样，阿贝尔认识的转变标志着他从一名业余的数学爱好者变成了一名数学家，最终也使得他成了那个时代最伟大的数学家之一。革命尚未成功，同志仍需努力。这种认可需要阿贝尔去努力争取，这最终也让他付出了极高的代价。

阿贝尔觉得挪威太过封闭，不是激励他实现自己梦想所需要的环境。于是争取到克里斯蒂安尼亚大学提供的一笔为数不多的资助后，他前往哥本哈根向德根学习。事实上，哥本哈根之行对阿贝尔数学方面的帮助和启发并不大，但他在那里遇见了他的挚爱克里斯汀·坎普（Christine Kemp）。阿贝尔曾对他的一个朋友说过："她并不漂亮，红红的头发，脸上还长了雀斑，但她是一个非常可爱可敬的女人。"阿贝尔觉得自己的社会地位还不够高，不适合结婚，但他许下承诺，一旦获得挪威的大学的教授职位，就立刻迎娶她。坎普接受了阿贝尔的承诺，愿意等着他功成名就。

憧憬着未来的幸福生活，阿贝尔全身心地投入到五次方程没有根式解的证明之中。

精神折磨

三次方程求根公式中出现的负数平方根，曾被卡尔达诺认为是一种"毫无意义的精神折磨"。但到了 19 世纪初，人们开始逐渐理解这些数的含义。笛卡儿将它们命名为"虚数"后，作为数学世界中不可或缺的一部分，"虚数"才逐渐被真正接受。数学家们承认了"虚数"的存在，但揭开虚数的奥秘还需要不懈地努力。在研究探索的过程中，他们发现解方程与对称可能有着密切的关系。

数学史其实就是不同文化不断地去探索和发现新类型数的历史。整数概念的产生是人类进化过程中的一个组成部分。人类大脑似乎天生就识得 1，2，3，…因此，数学家们也将其称为自然数，这样的命名确认了这些数字在自然界中的基本地位。为了丁一卯二地识别事物的数量，世界各地的人们开始引入各种文字和符号来表达其中的差异。

人类大脑进化到能够识别整数的概念这一事实，可能要归功于达尔文提出的"适者生存"法则。自然界中的动物群体通过评估对手的数量来选择是该"战斗"还是该"逃跑"。有研究表明，动物不仅会"比较"，还会"数数"。为了避免自己的孩子走丢，猫和猴子会清点自己孩子的数量；鸟类会清点鸟蛋的数量，以判断它们的巢里是否有其他鸟潜入并产下了寄生蛋；5 个月大的人类婴儿有能力判断他的某个玩具是否被人从一堆玩具中拿走；即便是宠物狗，当被人们用 1+1=3 的游戏戏耍时，它们也会意识到其中肯定有什么地方是可疑的。

　　人类已然以 1，2，3，…这些自然数为基础构建了其他新的数字类型，如负数和虚数。每种新类型数从诞生伊始都要经历一个被怀疑、排斥，到逐渐被接受，再到被广泛应用的过程。人们会用函数方程、图形的形式将它们表示出来。于是，一种新的数学"语言"便诞生了，这种"语言"使后辈也能够自由、满怀信心地谈论这些发现。以前那些解二次方程的人发现，解方程难度很大，就是因为当时没有负数这个概念。

　　求解方程催生了许多新类型数的出现。负数最初就是为了解决"若 $x+3=1$，试求 x 是多少"这类问题而出现的。分数帮助我们分割那些不可以实现自然分割的数。例如，在 $3x=7$ 中，如何将 7 个面包平均分配给 3 个人呢？这就需要利用分数来实现。

　　在古希腊时期，毕达哥拉斯学派认为整数是世界上最基本的组成要素，所有数学问题都可以由整数经过加减乘除来解决，这些整数被称为"有理数"。然而，对于如图 6-1 所示的直角边长度为 1 的等腰直角三角形来说，根据毕达哥拉斯定理（勾股定理），其斜边的长度应为一个平方为 2 的数，但这个数无法用整数和分数表示。这个数到底是多少？如

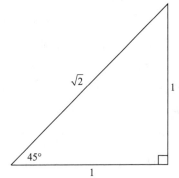

图 6-1　等腰直角三角形斜边长度为 $\sqrt{2}$

果取 7/5，它的平方接近 2 ；如果取 707/500，它的平方会更接近 2。分子与分母的数值越大，其比值就越接近该三角形斜边的实际长度。毕达哥拉斯学派也证明了，不存在能够精确地表示该边长的分数。

　　2 的平方根和其他不能用分数表示的数所构成的集合被称为"无理数"，即不能用两个整数的比值所表示的数。在塔尔塔利亚求解方程的过程中，还使用到了立方根。例如，$x^3=2$ 这样方程的解就是 2 的立方根。如果一个立方体的体积为 2，那么该立方体的边长即为 2 的立方根。2 的五次方根因其没有明确的几何意义——它似乎需要在一个五维空间里进行描述和概念化，所以最初对于数学家们来说这也是较难理解的。奥马尔·海亚姆认为研究这些数的意义不

大。但随着数学研究的发展，早期通过几何关系表征数学运算的方式逐渐被更加抽象化的理论数学所替代。数学家们开始在各自的研究领域探索新类型数的运算规则。2 的五次方根虽没有明显的几何含义，但有些数字，如 11 487/10 000 的五次方，就非常接近 2。

对几何物体的测量和计算，不断催生着新类型数的诞生。拿一段绳子，将其一端固定在地面上后，用另一端绑在绳子上的笔在地上画出一个圆。假定绳子长度为 1，那么笔尖划过的距离，即圆的周长是多少？这是一个非常重要的数，数学家赋予它一个专有符号：π。1761 年，人们证明了 π 是一个无理数，无法用分数来表示。

1882 年，人们发现 π 更为神秘。莱布尼茨命名这种特性为"超越性"（π 是超越数）。超越数不能满足任一整系数的代数方程，即 π 不可以表示成任何整系数多项式方程的根的形式。

尽管无理数和超越数有一些"难以琢磨"，但数学家们尝试通过画图的方式来标定其所在位置，以确定其大小和范围。具体做法是：建立一个数轴，分数、无理数（如 2 的五次方根）和一些重要的常量（如 π）都可以被看作该数轴上的点。所有的整数、分数、无理数和超越数共同构成了数轴上的所有数，统称为"实数"。

当数学家们试图求解，诸如 $x^2=-1$ 的方程时，问题又来了。虽然印度数学家已然证明负数的平方等于正数。但数轴上似乎并没有任何数可以满足这个方程。那么想要求解这类方程，就只有两种方式：要么宣布这些方程在实数范围内是无解的，要么更加大胆地去创造一种新的数。

自从卡尔达诺认识到求解负数的平方根的必要性以来，数学家们对于新类型数的探索、接纳和包容的能力也变得越来越强，大家逐渐认可了这些新的数被纳入数学标准。但这样会不会导致过多的新类型数被"创造"出来呢？例如，如果想要寻找四次方为 −1 的数，需要再创造一种新类型数吗？

17 世纪的数学家们大胆猜想：求解诸如 $x^2=-1$ 方程这样的问题，只需要发明一种新类型数，便可与实数域中任何所需的数字相结合，得到任意方程的解。并不是所有的数学家都对这一猜想抱有信心。莱布尼茨就是其中之一，他认为，仅仅引入 −1 的平方根，并不能解决那些更为复杂的问题，比如"−1 的四次方根是多少"。他觉得数学的发展必然会催生越来越多新类型数的出现。

平方为 −1 的数字被称为"虚数"，用符号 i 来表示。为了证明虚数存在的伟大意义，数学家们大约花费了 200 年的时间。最后，是高斯在他的博士论文中提出并证明了通过两个实数 a 和 b 以及一个虚数 i 构造的一个数 $x=a+bi$，可求解任意形如 $x^6+x^5+3=0$ 或 $x^4=-1$ 的方程式。这种由虚数和实数共同构成的数被称为"复数"。

例如，令 a 和 b 都等于 $\dfrac{1}{\sqrt{2}}$，则 $x = a + bi = \dfrac{1}{\sqrt{2}} + \dfrac{1}{\sqrt{2}}i$，那么根据 $i^2=-1$，

$$x^2 = \left(\frac{1}{\sqrt{2}} + \frac{1}{\sqrt{2}}i \right)^2 = \frac{1}{2} + \left(2 \times \frac{1}{2} \times i \right) + \frac{1}{2}i^2 = i$$

可得 $x^4 = i^2 = -1$，故 $x = \dfrac{1}{\sqrt{2}} + \dfrac{1}{\sqrt{2}}i$ 为方程 $x^4 = -1$ 的一个解。

这一发现意义重大，后来被称为"代数基本定理"。在证明这个定理的过程中，高斯还回答了另一个困扰数学家们已久的难题：如果虚数不在数轴上，那它们到底在哪里？高斯通过图形的方式在复平面上很好地表示了虚数，使其看起来是"真实"的，并暗示了方程式根的求解可能与对称有一定的关联。

事实上，高斯的证明过程虽然使用了绘制几何图形的方法，但他并没有公布他所使用到的表示实数和虚数关系的几何图形，其原因是担心自己会被那些仍然固守方程和公式语言的数学权威机构嘲笑。几何表示具有的强大力量和独特魅力，能够赋予虚数以现实、物理意义，其他人想出这种方法也只是时间问题。两位非专业数学家——挪威测量学家卡斯帕尔·韦塞尔（Caspar Wessel）和瑞士人让–罗伯特·阿干特（Jean-Robert Argand），在他们联合出版的小册子中阐明了复数的代数运算的几何解释。阿干特其实是这三人中最后一个完成并发表这一想法的人，但他的名字却和我们现在所说的阿干特图（即把复数表示为复平面上的一点）联系在一起载入史册。在这里不禁感叹一下，世间之事如此十之八九。

既然在实数轴上无法找到平方为 −1 的数，那么能否创造一个新的数轴来表示这些虚数呢？在二维复平面图中，水平实轴与垂直虚轴共同构建起了复数的几何表示（见图 6-2）。例如，复数 3+4i 可用点（3，4）来表示。

这种复数的几何表示为大家所知后，数学家们立刻就意识到这种表示方法的强大之处。在复平面内，你只需要在实轴和虚轴上找到这两个复数相对应的

实部和虚部，并分别相加即可。数学家们还发现了一个更为有趣的现象：两个复数的乘法运算可以通过"模长相乘、辐角相加"来实现。几个世纪以前，代数曾经为了自身的发展努力摆脱了与几何的联系，而现在则再次回归几何。就像有一本能够将代数语言转换成几何语言的词典——两种不同的语言诠释了相同的事物。这本词典——代数几何学表达的独特之处，就在于它可以用一种更加简洁、明晰、透彻的语言呈现想要表达的思想。

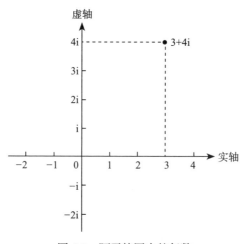

图 6-2　阿干特图中的复数

　　例如，方程 $x^4 = -1$ 的解对应的点可以在阿干特图上找到，其实部和虚部均为 $\dfrac{1}{\sqrt{2}}$，如图 6-3 所示。该点 $x = \dfrac{1}{\sqrt{2}} + \dfrac{1}{\sqrt{2}}\mathrm{i}$ 位于半径为 1 的圆上，以（1，0）点为起点，逆时针旋转 1/8 圆后所在的位置。

　　对 x 的 4 次幂来说，这是一个非常完美的几何诠释。以点 (1, 0) 为起点，每增加 1 次幂，其结果就相当于该点以当前位置为基础，沿圆周逆时针旋转 1/8 圆后得到的点所对应的复数。经过四次这样的旋转后，得到数字 −1（对应阿干特图上的点（−1，0），其虚部为 0）。几何语言在某种程度上要比代数语言更加简单和直观。不仅如此，它还同时揭示了方程 $x^4 = -1$ 的另外三个解。选取图 6-4 中 x、y、z、w 四个点中的任意一点作为起点，以同样的方式围绕中心点逆时针旋转一定距离后，最终都可以抵达点（−1，0）所在的位置。例如，点 y 是位于实数轴上的点（1，0）绕中心点逆时针旋转 3/8 圆后所得。那么，y^2 可以

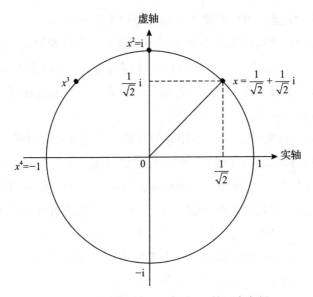

图 6-3　阿干特图中，x 表示 -1 的四次方根

注：x 的 4 次方即以点（1，0）为起点，逆时针方向沿圆旋转 4 个 1/8 圆得到的点（-1，0）。

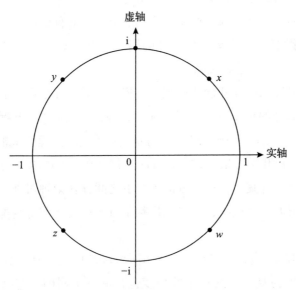

图 6-4　点 x, y, z, w 分别表示在复平面内方程 $x^4=-1$ 的四个解的所在位置

看作继续旋转 3/8 圆后得到的点（0，-1），对应复数 -i。同样，y^3 得到 x 点，y^4 得到点（-1，0），对应复数为 -1。也就是说，点 y 同样也是方程 $x^4 =-1$

的一个解。以此类推，可以验证方程的另外两个解 z 和 w。

上述解的图形化表示以及方程解对应的点从一个位置移动到另一个位置的过程，揭示出了诸如 $x^4 = -1$ 这样方程的几何对称性。如果能更加明确地阐释这种联系，那么求解方程的"秘密"就不是什么事了，并且还能够找到一种描述对称性的新语言。

方程 $x^4 = -1$ 被发现有 4 个不相等的复数解，这可谓一个重大突破。奥马尔·海亚姆对方程的分析使他意识到方程的解可能不止一个。1629 年，佛兰德斯[⊖]数学家阿尔伯特·吉拉德（Albert Girard）提出，方程解的数量取决于方程的最高次幂。如果方程是四次方程，如 $x^4 = -1$，那么该方程应有 4 个解。而方程 $x^7 = -1$ 则应有 7 个解。其中，$x = -1$ 是最显而易见的一个解，还有另外 6 个解，它们与 $x = -1$ 一起均匀排列于一个半径为 1 的单位圆的内接正七边形的 7 个顶点之上。方程 $x^2 = 4$ 是一个更为简单的例子，它有两个解：$x = 2$ 和 $x = -2$，满足几何对称关系。数学家们把这种现象进一步推广到更为一般的情况：五次方程有 5 个解，七次方程有 7 个解，以此类推。

这些特别的解，开始为我们揭开方程的求解与对称的联系。数学家们最终发现，每个方程都与对称有着分不开的羁绊。方程 $x^4 = -1$ 的 4 个解 x、y、z、w 与正方形的部分对称性相关联。

尼尔斯·阿贝尔已经开始认识到，方程解的对称性是揭示五次方程是否具有像三次方程那样的根式解的关键。显然，像 $x^5 = 3$ 这样的方程可以用五次方根来解，那么 $x^5 + 6x + 3 = 0$ 呢？塔尔塔利亚找到了三次方程的求根公式，它是一个同时包含立方根和平方根的式子。五次方程存在类似的求根公式吗？在 1824 年，阿贝尔给出了答案。五次方程的 5 个解之间存在某种对称性，这使得五次方程就没有求根公式。最终，阿贝尔推翻了自己在三年前寄给德根的五次方程的求根公式。

与塔尔塔利亚、费拉里和卡尔达诺所解决的问题相比，证明五次方程不存在求根公式更为复杂，其思考的角度也是截然不同的。怎么才能让人们相信，即便在想象力大爆发的状况下，也永远无法找到五次方程的求根公式？塔尔塔利亚得出的公式是可以被验证的。现在，五次方程正迫使数学家们进行更

⊖ 西欧的一个历史地名。——译者注

多概念性的思考。伴随着这种抽象化的转变，萌生了一种新的语言——对称语言。

洗牌方案

　　阿贝尔的天才之处在于，他打破了过去所有明确的显式方程和公式的束缚，对代数表达式进行了更为抽象的理论分析。在学校里，老师教我们用花拉子密公式（即一元二次方程求根公式）来求解二次方程。对于方程 $ax^2+bx+c=0$ 的解 x，你只需要将系数 a、b 和 c 代入下述求根公式即可得到

$$x = \frac{-b \pm \sqrt{(b^2 - 4ac)}}{2a}$$

　　阿贝尔证明了，五次方程的求解问题中，无论你使用平方、立方或者专门为此设计一个更高次的根式，构造出多么复杂的求根公式，都总会存在一个方程无法用该求根公式求解。所以，五次方程是不存在求根公式的。为了证明这一观点，阿贝尔使用了数学家们常用的经典方法：从否定结论开始，假设这一公式存在，如果能够得出矛盾，那么就说明假设不成立。

　　这就是"归谬法"——从一个假设开始不断推演，直到得出一些荒谬的结论。那么就可以证明，该假设一定是错误的。这正是毕达哥拉斯学派所擅长的，他们用这种方法证明了"$\sqrt{2}$ 不能用分数表示"。如果读者也想尝试一番，不妨去证明一下"偶数和奇数是相等的"这个问题。剑桥大学著名数学家哈代在其著作《一个数学家的辩白》中写道："'归谬法'是数学中最完美的武器之一，这是比国际象棋里的任何一种开局都要优越的策略。下棋时，棋手也许要牺牲一个兵或其他更多的棋子，而数学家们不用牺牲任何东西，他们只需不停地推演即可。"

　　假设五次方程的根可以通过一个公式来获得，那么得到的 5 个解分别是什么呢？阿贝尔开始对这个公式进行各种变换，在其中搜寻一些根本性的谬误，从而否定该假设。他知道，对于方程 $x^5-6x+3=0$ 来说，它的解并不难求出。为描述方便，我们这里分别用字母 A、B、C、D、E 来表示这 5 个不同的解。阿

贝尔也可能是把这些字母想象成了复平面（阿干特图）上的 5 个点。然后，他开始研究由这 5 个解构成的所有的表达式，如 $B - A \times C - D \times E$ 或者 $A \times B \times C \times D \times E$ 等。

他迈出了数学史上最具灵感的一步，即用 5 个解轮流替换表达式里的各项。会出现什么结果呢？对于表达式 $A \times B \times C \times D \times E$ 来说，无论如何调换和打乱 5 个解的次序，都不会影响最终结果。因为表达式 $A \times B \times C \times D \times E$ 就是将 5 个解相乘，与打乱顺序后（如 $B \times A \times C \times D \times E$）得到的计算结果是相同的。但如果将表达式 $A - B \times C - D \times E$ 中的 A 和 B 对调，就变成了 $B - A \times C - D \times E$，那么这两个表达式的计算结果大抵也就不一样了。

对于某个特定的表达式构型（运算符保持不动，但变量可以交换），如果 A、B、C、D、E 可以任意打乱顺序，那么总共可以得到多少种不同的表达式呢？这需要计算组成表达式的 5 个解有多少种不同的排列组合：

$$
\begin{array}{ccccc}
A & B & C & D & E \\
\downarrow & \downarrow & \downarrow & \downarrow & \downarrow \\
D & A & E & B & C
\end{array}
$$

这与计算密码转子上刻有 5 个字母的五轮密码锁总共有多少种密码的问题类似，但又不尽相同，因为密码锁的密码是允许出现重复值的。我们也可以将其想象为一种基于 5 个字母的拼词游戏。如果每个字母只能出现一次，那么总共能拼出多少个不同的"单词"呢？第一个字母可以有 5 种选择。假设我们选择了 D，那么在不允许重复的情况下，第二个字母就剩下 4 种选择了。同理，第三个字母剩余 3 种选择，第四个字母剩余 2 种选择，最后一个字母则只有 1 种选择。5×4×3×2×1=120，所以，我们可以构建出 120 个不同的单词，每个单词都可以代表上述表达式中字母的不同排列方式。对应地，将方程的 5 个解分别代入 120 种表达式，即可得到 120 个计算结果。

这 120 个计算结果是否相等，与表达式密切相关。有些表达式无论这些字母按照什么样的先后顺序排列，计算后都只会得到同一种结果。例如，$A \times B \times C \times D \times E$ 的计算结果就不会因为字母的顺序改变而改变。有些表达式会得到两种计算结果。例如，在下述表达式中，交换字母顺序后得到的计算结果只有两种，且互为相反数：

$$(A-B)(A-C)(A-D)(A-E)(B-C)(B-D)(B-E)(C-D)(C-E)(D-E)$$

阿贝尔最重要的突破就在于证明了基于这 5 个解 A、B、C、D、E，永远无法构建出一个满足所有排列所对应的计算结果只有三种的表达式。不仅如此，计算结果有四种的表达式也不存在。但计算结果有五种或五种以上的表达式是可以找到的。从能够得到两种结果的表达式直接跳到了能够得到五种结果的表达式，这种异常的出现会不会另有玄机呢？

由二次方程、三次方程和四次方程的解，构建出的表达式并不存在这种异常。只有五次方程的 5 个解 A、B、C、D、E 在构建表达式时会出现这种"跳跃"。阿贝尔是如何利用这个发现的呢？

他首先假设 A、B、C、D、E 5 个解可由一个神奇的"魔法公式"（五次方程的求根公式）得出，这个公式就像阿拉伯人推导出的二次方程求根公式或塔尔塔利亚证明的三次方程求根公式一样。在做出这种假设之后，他就开始寻找矛盾。首先，阿贝尔为这个"存在"的公式推导出一般表达式。然后，将这个可以得出 A、B、C、D、E 5 个解的公式代入他一直在探索的表达式如 $A - B \times C - D \times E$ 中，看是否会产生矛盾。经过一系列反复推导，阿贝尔最终找到一个矛盾点，那就是所谓的"魔法公式"代入表达式后可得到的计算结果数量，与他早先已证明的基于 5 个解不存在 3 个或 4 个计算结果的结论互相矛盾。这就足以表明，该"魔法公式"是不可能存在的。

阿贝尔当时还没有意识到，如果把 A、B、C、D、E 看作是复平面上的点，那么 5 个解的排列更像是对其在复平面上所对应的 5 个点进行的几何轮换。如果这些点均匀分布在一个圆上，那么 A 到 B、B 到 C、C 到 D、D 到 E、E 到 A 的轮换，就相当于将一个圆旋转了 1/5 圈。阿贝尔这种阐明方程求解问题的方法，同时也赋予了对称更加清晰的表达。A、B、C、D、E 5 个字母所构成的 120 个单词，拉开了用几何移动的语言处理平面中各点排列问题的大幕。但令阿贝尔更感兴趣的是，他刚刚解决了那个时代最大的问题之一：五次方程没有一般根式解。

脾气乖戾的柯西

阿贝尔知道，自己手里的这个成果就是他前往法国、意大利和德国大学院校的通行证，是他功成名就的机遇，也是他在自己的祖国挪威获得教授职位的敲门砖，还是迎娶远在哥本哈根的爱人的保证。尽管极度贫困，他还是想方设法筹够了发表论文所需的资金。但筹来的钱也只够付 6 页的版面费。在进行归谬法论证的时候，阿贝尔手稿的篇幅可不小。由于出版商和书商成本要求的限制，阿贝尔只得绞尽脑汁地提炼出论文的要点，以便解决版面的成本问题。但即便是扒皮留骨，只剩下了梗概，也遮盖不了这项成果耀眼的光芒。论文的开头这样写道：

> 绝大多数的数学家都在研究代数方程的通解，只有屈指可数的几人在证明代数方程不存在通解。但是，如果我没有弄错的话，这些少数派到目前为止还没有成功。正因如此，我希望数学家们能欣然接受这项旨在填补这一空白的研究……

然后，阿贝尔就领着我们开宗明义、直截了当地跃进了他的思想逻辑之中。

阿贝尔把他的论文寄给了当时最杰出的数学家，但他更希望法国科学院最终能够认可他的证明。法国科学院成立于 1666 年，从最初仅是几个科学家在皇家图书馆的聚会交流，发展成为推动整个欧洲科学进步的机构。1721 年，法国科学院设立了为解决特定问题而颁发的专门奖项，该举措意义重大，以至于在随后的几十年里，影响并定义了科学的未来。出于实际应用的考虑，当时的一等奖都颁给了有关船舶桅杆、航海星图绘制和指南针应用备忘录等问题的研究。但随着时间的推移，法国科学院在问题的设立上渐渐地转向了更为抽象的数学领域。

法国科学院会定期举行有关时下杰出成果的介绍和讨论的会议。对于每一个崭露头角的数学家来说，得到院士们的认可至关重要，也正因如此，阿贝尔才用法文撰写了他关于五次方程求解问题的论文。阿贝尔希望他的研究能够得到数学家奥古斯丁·路易斯·柯西（Augustin Louis Cauchy）院士的青睐。如果柯西肯为他的论文背书，那就意味着他将不会再站在冰天雪地里远远凝视着期望之地了，他将成为那个时代的新星而备受瞩目。柯西被称为科学院里"最难啃的骨头"之一。不知阿贝尔知不知晓，其实柯西一直也在研究对称与方程求解的问题，但他并没有在这两者之间找到什么联系。

1789 年 8 月 21 日，在巴士底狱被攻陷一个多月之后，柯西在巴黎出生了。柯西的童年十分悲惨。他的父亲曾是波旁王朝的重要官员。随着巴黎恐怖统治的加剧，看到朋友和同胞接连被审判和处决，柯西的父亲忧心忡忡。于是，他决定带着全家前往他国避难。逃亡的生活异常艰辛。柯西的父亲曾写道："我们的面包从未超过半磅，有时甚至连半磅都不到，经常食不果腹。不得已时，只能用配给的少量硬饼干和大米充饥。"

在此期间，柯西不幸罹患天花，疾病让他的身体十分羸弱。跟随父亲东躲西藏逃避追捕以及饥饿的威胁长期笼罩整个家庭，这些可能是导致柯西性格内向的原因。童年时，柯西很少和其他同龄的孩子一起玩，相反，他潜心读书，想在书中寻求慰藉，从困苦的生活中暂时跳出来。虽然他热爱文学，但显然数学对他有着特殊的吸引力。柯西的老师这样说道："有关文学的作业，基本上都是顺理成章的，很少能见到突生异端。但是数学思想，会像闪电一样闪过这个年轻人的脑海，他完全被吸引住了，并为此着迷，以至于他会让自己把这种强烈的令人信服的思想转换成数字和图形。"

当恐怖的暴乱结束后，一切又回到了日常，柯西一家搬回了巴黎，他的父亲又重新投入了忙碌的政治活动。最终，老柯西通过努力工作，终于得偿所愿——当选为参议员。在参议院，他与两位参议员成为朋友，他们也是赫赫有名的大数学家：皮埃尔·西蒙·拉普拉斯（Pierre-Simon Laplace）和约瑟夫·路易斯·拉格朗日（Joseph-Louis Lagrange）。在法国大革命之前，拉格朗日因解决了一些法国科学院重要的悬赏题目而誉满天下。拉格朗日打趣地把自己能成为数学家归功于父亲的破产："如果我很有钱，可能我就不会投身于数学了。"

但和柯西的父亲一样，当大革命席卷整个法国时，拉格朗日也是度日如年，惶惶不可终日，最后也只是侥幸幸免于难罢了。因为他出生在意大利，根据 1793 年 9 月的新法律，他将面临牢狱之灾。由于受到著名化学家安托万·拉瓦锡（Antoine Lavoisier）的庇护，拉格朗日这位数学家成为该法令的例外。但在一年之后，拉瓦锡未能幸免于难，他被送上了断头台。只因为他还有一个职务是被废黜君主的税务大臣，革命党不可能赦免他。在搭救了自己的拉瓦锡死后，拉格朗日叹息道："砍下他的脑袋只是一瞬间，但他那样的头脑一百年也再长不出一个来了！"有人这样总结，拉格朗日之所以能在法国大革命时期活下来，这归功于他的"大众观点"，即"聪明人的首要原则之一就是严格遵守他所生活国家的法律，即便这些法律是不合理的"。也许这正是他从规则的数学世界中学到的重要一课。

有一天，柯西的父亲让儿子陪他去卢森堡宫工作，并向伟大的院士们展示自己儿子一直研究的一些数学问题。拉格朗日对柯西印象深刻，转身对他的同事拉普拉斯说："你看到那个小伙子了吗？他真棒！在数学方面，他未来的发展不可限量，将远远超过你我。"但拉格朗日对柯西的父亲提出了一个不同寻常的建议："在他完成文学学业之前，不要让他过深地涉入数学，也不要让他撰写任何数学论文。在研究数学之前他的语言能力应该先得到发展。"

拉格朗日已经预见到了数学领域正在发生重大变革。因此，就需要一种更抽象并且足够复杂的语言来表达和描述新时代数学的微妙之处。假如柯西在很小的年纪就能在希腊语和拉丁语的语法和规则方面打下扎实的基础，那他就具备了创造这种新的抽象数学语言的基础。拉格朗日告诫道："如果你不赶快让小柯西接受扎实的文学教育，那么他的兴趣爱好会把他带上歧途。他将会成为一个伟大的数学家，但却不知道怎么用语言去阐述自己的数学思想。"

柯西在 16 岁时就已经进入大学读书，尽管有优越的学术环境，但他始终觉得自己与大学格格不入。他的同学们都对当时的革命政治很感兴趣。柯西跟他的母亲一样是虔诚的天主教徒，同时他还继承了父亲坚定的保皇派观点。他的同学经常毫不客气地嘲笑他的政治立场和宗教观点。柯西坚定地守持着自己的信仰，甚至加入了一个天主教的秘密社团，该社团致力于帮助那些效忠教皇的人获得有影响力的社会地位。

尽管柯西反对共和制，拿破仑还是征召他进入瑟堡的工程师队伍，这支队伍正在打造一支用来入侵英国的舰队。柯西毕业后苦干了三年，他对自己在这三年的回忆是这样的："我每天凌晨四点起床，从早忙到晚。工作不会使我疲倦，恰恰相反，它让我健体强身，使我十分健康。"

拉格朗日也没有忘记昔日的那个数学神童，他建议柯西去研究一个困扰数学家们的难题。该问题涉及某些新发现的对称形状。早在 2 000 年前，与柏拉图同时期的泰阿泰德就证明了世界上只存在 5 种"柏拉图立体"。柏拉图立体被称为最有规律的立体结构，其每个面都只能由一种正多边形构成。例如，12个正五边形可以构成一个正十二面体，它看起来就像一个由正五边形构成的"球"。

1809 年，数学家们重新构建了正十二面体，这令所有的人都感到惊讶。

泰阿泰德的柏拉图立体中，面与面不能相交。如果去掉这个限制条件会怎样呢？巴黎的一位数学老师采用一种新的构建方法，将 12 个五边形拼接在一起，形成一种新的对称体，并命名为"大十二面体"（见图 6-5）。尽管它看起来像由许多三角形构成，但从宏观角度看，它还是由 12 个相交的五边形所组成。除了面与面相交之外，它满足了所有柏拉图立体所要求的条件。那么，像大十二面体这样奇特又美丽的形状还有没有了呢？很快，就又发现了另外的三种。数学家们开始猜想这种对称结构的构建将会在哪里结束。

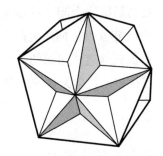

图 6-5　大十二面体

　　法国科学院决定将 1811 年的悬赏奖项颁发给能够解决这一问题的人，即证明 5 种柏拉图立体与新发现的 4 种立体均由相同的正多边形构成，并且这样的三维形状总共只有上述 9 种。当时的柯西是瑟堡的一名工程师，正为打造拿破仑入侵英国的舰队而努力工作。他决定试着去研究一下，看看这 4 种新发现的立体结构是不是对古希腊对称结构的唯一补充。如果想获得科学院的悬赏奖项，就需要提供一个无懈可击的论据来证明为什么不可能有更多这样的立体结构存在。如果能够构建出新的结构那当真是极好的。因为它的存在一旦成立，就足以证明一切，就像二次、三次、四次方程的求根公式一样。但这需要提供非常充分、合理的逻辑论证来说服整个科学界，没有"拼凑"出一个新的立体这样投机取巧的方法。

　　柯西开启了一个新的挑战，即寻找一种可以清楚、明确地表达几何和空间的视觉世界的语言。正如笛卡儿所言："感觉给人以欺骗。"柯西解决这个问题的方式标志着数学研究方法的发展走向一个转折点。他意识到了几何表示法的弱点，并想要寻求一种更为严谨的表达方式，以避免视觉上的欺骗和陷阱。这与文艺复兴时期科学家们的态度形成鲜明对比。比如，约翰尼斯·开普勒（Johannes Kepler）早在几个世纪前就对将几何图形转换为语言的想法嗤之以鼻，他认为："符号证明不了什么，几何符号也并不能揭示自然哲学中的奥秘。"

　　凭借这种全新的针对空间和对称数学运算的方法，柯西成功解决了法国科学院 1811 年的悬赏问题：基于正多边形构建的对称结构有且只有 9 种，即 5 种经典柏拉图立体与新增的 4 种新构型。在获得了法国科学院年度大奖后，他很快就跻身学术精英之列。但是，鱼与熊掌不可兼得，在兼顾瑟堡的工程项目与解决这个问题的情况下，他耗费了太多的精力，最终付出了惨痛的代价。1812 年 9 月，柯西因严重的精神衰弱和抑郁而病倒了。他回到了巴黎，他突然意识到远离"知识的中心"巴黎，对自己没有好处，巴黎才是让他大展拳脚、发挥自己数学天赋的地方。

鲁菲尼的小错误

尽管出现了这些新的对称形状，但是从数学理论来讲，对于描述对称到底是什么，成体系的理论仍然是缺失的。怎么判断两个物体是否具有相同的对称呢？我们总是过多地强调物体的物理存在，而并没有从理论上解释和理解是什么使得它们对称或者不对称的。

在阿贝尔寄给柯西的论文中就已经开创性地提出了对称的语言。但柯西收到的有关五次方程求解问题的论文不止一份。早在几年前，柯西就曾费力地读完一本长达 512 页的专著，其作者是意大利医生兼数学家保罗·鲁菲尼（Paolo Ruffini）。鲁菲尼的这篇恢宏巨著与阿贝尔寒酸到只有 6 页的小册子形成鲜明对比。鲁菲尼也宣称，他已经证明了五次方程不能用根式求解。与贫困的阿贝尔不同，他付得起版面费，而且还是好多页的。

介绍这部"巨著"给柯西的是拉格朗日。虽然拉格朗日并不认为这本书的价值有多大，但柯西还是像他年轻的时候一样，满腔热情地开始研读了。鲁菲尼的灵感来自拉格朗日 30 年前写的一篇论文。数学家们一直都不愿意承认五次方程不存在根式解，这也就是为什么鲁菲尼虽然勇敢地迈出了第一步，却始终没有得到认可。

鲁菲尼相信他的这一突破会让他声名鹊起。用拉格朗日的话说，他破解了"代数中最著名、最重要的问题"。因为是受到了拉格朗日的启发，鲁菲尼决定把论文寄给"不朽的"拉格朗日。作为一个意大利人，鲁菲尼确信他的论文将会受到好评。但事实并非如此，就像石沉大海一样，丝毫没有引起任何波澜，远远没有达到他的预期。拉格朗日没有给予任何回复。于是，鲁菲尼决定再写第二个版本，在 1801 年寄给拉格朗日。他随书附了一封信，信中满是沮丧，期望能得到些许回复，哪怕是否定。其中有这样一段话：

由于无法确定您是否收到了我的拙作，现再寄一本给您。如果我在证明过程中犯了任何错误，或者说我自认为发现的新理论，其实也只是我自以为是，却早已有人发现，而我只是写了一本毫无用处的书，也请您不厌其烦拨冗回复、指出。

但这封信寄出后，仍然是石沉大海，杳无音讯。1802 年，鲁菲尼又寄出了一个版本和一封信，信中写道："请接受我冒昧寄送给您的这本书，因为我觉得没有其他人比您更具权威性……"

作为同乡，很多人是支持他的，但他们的支持更多是基于乡党之谊，而非建立在冷静严密的分析之上。一位比萨的教授在收到鲁菲尼的手稿后写信给他："我为和你同为意大利人而骄傲，也为我们共同的祖国自豪。我们一同见证了一种新理论的诞生和完善，而其他国家对此却贡献甚少。"

但鲁菲尼的证明在一个关键问题上犯了错误。要是有人给他指出这一点，也许他就能及时纠正，并获得应有的荣誉。其理论的致命问题在于，他假设的"魔法公式"是具有某种特殊性的，但是他要证明的却是"魔法公式"在普遍状态下并不存在。但对于为什么可以假定该公式（如果它存在的话）具有特殊性，他没有进行任何论证。这是"证明拼图"中缺失的一块。没有它，这就像家谱上并没有记载，鲁菲尼却宣称自己是尤利乌斯·恺撒大帝的后裔一样，毫无证据支持。

由于没有获得专业数学机构的认可，鲁菲尼便回到他身为医者的医疗工作之中。1817 年，意大利暴发斑疹伤寒疫情，在诊疗病人时他不幸也染上了这种疾病。病情一直反反复复，但他还是想方设法出版了一本关于他本人病程发展情况的研究报告。1822 年，在去世前的几个月，鲁菲尼收到了来自柯西的一封信。他关于五次方程的工作并没有完全被忽视，信中写道：

在我看来，你那本关于方程一般解法的研究报告，是一本值得数学家们关注的著作。我个人认为它完全证明了四次以上的代数方程无法用根式解出的问题。

很显然，柯西也没有察觉到鲁菲尼所犯的那个微小错误。

柯西对鲁菲尼的赞美多少有点不符合他的性格。人们对柯西的普遍看法是，他是一个自恋的数学家，只对自己的研究感兴趣，从不愿在该给予肯定的时候给他人以支持和褒奖。当他向科学院描述鲁菲尼的研究思想时，其性格的这一面就显现出来了。在科学院的周会上他并没有介绍鲁菲尼的工作，而只是说了自己对鲁菲尼研究结果的概括。鲁菲尼的研究激发了柯西的灵感，但他却只字未提。

这并不是柯西最后一次把自我推销置于带给他灵感或者给他的研究打下了基础的人之前。他的成功开始在他身上滋生出一种傲慢，这种做派让他的同僚们越来越反感他。柯西的同事让 – 维克托·彭赛列（Jean-Victor Poncelet）说："我与柯西在巴黎街头相遇时，他都不屑于跟我打招呼。我刚刚收到一封来自柯西的信，他拒绝将我的论文提交给科学院。"

我在他家附近"埋伏"着，以期能"偶遇"这位刻板的"法官"……我准备在他离家出门的时候和他"相遇"，他却快速地从我身边走过……同样是作为科学工作者的我，丝毫没有得到应有的尊重，他也没有给机会让我说点什么，只是告诉我巴黎综合理工学院就要出版他的论文了，他研究的这个问题会得到很好的研究，然后自顾自地走开了。

柯西的同僚们对他已经形成了负面印象。恶其余胥，他的数学成果也受到大家诟病：他获得科学院大奖，不是因为构建出了新的对称体，而是证明了没有新的对称体。

他只把消极的教条引入科学领域……事实上，凡是他所发现的事实的反面，他总要加以证明：如果他在白垩[⊖]中发现了黄金，他就会向世人宣布，白垩并不完全是由碳酸钙构成的。

隐没的天才

鉴于 19 世纪初挪威地理隔绝、政治孤立的局面，以及鲁菲尼的研究成果没有受到法国科学院重视这两个原因，阿贝尔极有可能并不了解鲁菲尼的研究

⊖ 石灰岩的一种，主要成分是碳酸钙，是由古生物的残骸积聚形成的。——译者注

进展。在鲁菲尼用了数百页的篇幅却犯了不该犯的错误时，阿贝尔却只用了 6
页就搞定了这个问题的证明。更重要的是，在阿贝尔的证明过程中并没有出现
任何错误，因此，在关于求解五次方程问题的证明上阿贝尔是完胜的。

　　1825 年秋天，阿贝尔和他的四个朋友开始了他们的欧洲之旅，阿贝尔希
望他之前寄出的论文能让他此行受到欢迎。这一场长途跋涉令人生畏，阿贝尔
只有 23 岁，这是他第一次离家去那么遥远的地方。他依靠资助获得了这趟旅
行的相关费用，资方也希望他尽可能多地待在巴黎，因为巴黎是数学圣地。但
他的朋友们计划先去往德国。阿贝尔也不愿独自去法国。在寄往家中的信里，
阿贝尔曾这样写道："我现在无法忍受孤独。每当一个人独处时，我就很沮丧，
变得脾气暴躁，对工作失去兴趣。"于是，他决定和朋友们一起去柏林。

　　在柏林，阿贝尔结识了一位富有创新活力的公务员，他的名字叫奥古斯
特·克雷尔（August Crelle），在普鲁士内政部工作。克雷尔对数学充满了热情，
他为年轻的数学家们组织聚会，让他们讨论自己的想法；他还创办了一个数学
新期刊，计划在其中发表这些前途无量的青年数学家们的研究成果。

　　克雷尔拥有一双善于发现天才的慧眼。没过多久，他便发现这个来他家参
加聚会的年轻挪威人的与众不同。在他创办的期刊首刊里就收录了阿贝尔不下
七篇论文，其中就包括阿贝尔关于五次方程无根式解的证明。在阿贝尔给他的
恩师霍尔姆博的回信中，曾这样写道：

　　你无法想象一个优秀的人（克雷尔）到底是什么样的，他体贴周到又真诚，
不像许多人那样只是表现得彬彬有礼。我和他的关系就像我和你或其他好朋友
的关系一样好。

　　阿贝尔相信，他的研究成果的发表将对他申请挪威唯一一所大学数学教
授的职位大有帮助。得到那个职位，他就可以和未婚妻完婚了。但在柏林收到
的一封信却令他几近崩溃，信中告诉他那所大学的数学教授人选已经确定下来
了，无巧不成书，得到教授职位的人不是别人，偏偏是自己曾经的恩师霍尔姆
博。虽然阿贝尔很爱他的老师，但霍尔姆博在数学上的造诣远不如自己。霍尔
姆博还很年轻，在可预见的将来，这一职位再有空缺的可能性极小。

　　尽管如此，克雷尔的支持还是给了阿贝尔精神上的鼓舞，这使他能够有勇
气去巴黎，去了解人们对他的研究成果有何看法。旅途中，他们又绕道去了意

大利和瑞士。阿贝尔非常激动："上帝啊！我，对！就是我，也像其他人一样，对大自然的美也是如此喜爱。这次旅行令我终生难忘。"最后，他抵达了巴黎，兴奋地期待着能够见到那个时代最伟大的数学大师们。

但令阿贝尔失望的是，似乎没有人对他的研究感兴趣。柯西压根没有向科学院提交阿贝尔的论文，他似乎完全沉浸在自己的工作之中。阿贝尔写信给霍尔姆博：

> 对外来者的态度，法国人要比德国人还冷淡。要获得他们的好感是极其困难的，在这里我也不敢自命不凡。总之，在这里每个初来乍到的人都是寂寂无闻的无名小卒，我刚刚完成了一篇关于某一特定类型超越函数的大型论文，并准备在下周一提交给科学院的研究所。我曾把它拿给柯西先生，但他却不屑一顾。

此时，阿贝尔的钱已经花得没剩下多少了。他只能限定自己每天只吃一顿饭。晚上他喜欢去打台球或者偷偷溜进他喜欢的剧院蹭戏看，但他对自己的工作完全提不起劲儿来，这让他感到沮丧："他们都是可怕的自我主义者……这里的每个人都是独来独往，不打扰他人。每个人都好为人师，却没人选择潜下心来学习。"

他最终放弃了柯西："柯西一定是疯了，虽说他是唯一一个知道该如何研究数学的人，但他却是师心自用，我也无计可施。"阿贝尔决定及时止损，返回挪威。他于1827年5月抵达挪威首都。阿贝尔的重大突破被完全忽视了。此时的他不仅仍然籍籍无名，而且还欠了一屁股债。他与未婚妻完婚的希望变得更加渺茫了。

但阿贝尔并没有放弃数学，他仍在不停地思考。阿贝尔开始意识到，他用于证明五次方程无一般根式解问题所使用的方法，还可以解决更多的问题。如果将方程的每个解进行排列，可以发现它们似乎告诉人们每个方程都存在一个与之相关的对称对象。正是这些对称对象的个体属性决定了如何求解相应的方程。想到这里，"麦哲伦海峡"似乎就出现在了阿贝尔的眼前。一如德根在哥本哈根的预言。阿贝尔写信给克雷尔，详细描述了自己的想法，并向克雷尔申请贷款，告诉他自己穷得就像"教堂里的老鼠"，信的最后署名是"被毁了的人"。

阿贝尔很想念他的未婚妻，他决定暂时抛开数学、贫困和未知的未来，与她共度一段时光。1828年12月，他去了佛兰德岛和他的未婚妻一起过圣诞节，她是一个家庭教师。佛兰德天寒地冻，他买不起更多的防寒衣物，在进行了一次袜子当手套的浪漫雪橇之旅后，阿贝尔便病倒了，并且病情发展得非常迅速，不久后就病入膏肓了。

尽管柯西对阿贝尔的成果不怎么感兴趣，但巴黎的其他数学家已经开始觉察到阿贝尔的非凡之处了。在得知他在挪威过着贫困的生活后，他们写信给瑞典国王，十分积极地为这位年轻的、有"如此罕见之天才"的数学家谋得一个职位。克雷尔也努力为阿贝尔在柏林争取一个职位。终于，1829 年 4 月 8 日，克雷尔写信告诉阿贝尔一个好消息，鉴于他在数学研究方面所做的开创性工作，柏林的大学将为他提供一个教授职位。"你完全可以对自己的未来报以足够的信心。你将去一个很好的国家，那里气候更加宜人，更接近科学，更接近真正的朋友，他们非常尊重你、喜欢你。"

但这封信还是来得太迟了。就在克雷尔传来好消息的当天，阿贝尔去世了，年仅 26 岁。关于对称的秘密只得停留于地平线边缘，在人们的视线之外。阿贝尔也没能实现和未婚妻结婚的梦想。临终前，他写信给他的朋友巴尔塔扎尔·凯伊尔豪（Baltazaar Keilhau），恳求朋友代替自己照顾克里斯汀·坎普。尽管素未谋面，但他的朋友还是答应了。

随着时间的推移，数学家们开始对阿贝尔所做工作的创新性、美感和深度进行评估。正如法国数学家查尔斯·赫米特（Charles Hermite）所评论的那样，"阿贝尔给数学留下的遗产足够让我们忙碌上 500 年。"1830 年，法国科学院追授阿贝尔数学大奖。时至今日，挪威的"阿贝尔奖"普遍被认为是数学家的最高荣誉之一。该奖项成立于 2003 年，获奖者的奖金是 50 万英镑$^{\ominus}$，阿贝尔奖与其他科学领域的诺贝尔奖一样享有盛誉。

但对于大多数数学家来说，最好的奖励并不是获得法国科学院大奖或者接到来自挪威的领奖通知，而是在突破一个难以解决的问题时，肾上腺素激增所产生的兴奋感和成就感。我学生克里斯托弗第一次获得这种奇妙的感受是在 2001 年 9 月 11 日，回文对称出现在他的运算结果之中时。对于卢克来说，这种感觉是伴随着计算机的哔哔声而来的，这声响预示着首次计算出了没有对称性的 zeta 函数。虽然阿贝尔在获得奖项和工作职位之前就去世了，但他很清楚自己破解了数学中最伟大的难题之一这个事实，他依然获得了极大的满足感和成就感。

$\ominus$　1 英镑≈9 元人民币。

CHAPTER 7

这是一个最好的时代，也是一个最坏的时代；这是
一个智慧的年代，也是一个愚蠢的年代……

——查尔斯·狄更斯，《双城记》

第 7 章

2 月：革命

2月13日，巴黎拉维莱特

尽管数学的语言具有通用性，但不同的数学家使用数学语言的方式大相径庭。这听起来似乎不太可能，但使用数学语言方式的不同确实会带来独特的数学风格，也反映了其使用者所具有的文化特征。英国人的性情倾向于关注细节，他们经常会沉迷于奇怪的个例和反常的现象。相较而言，法国人更喜欢宏大的抽象理论，并擅长发明新语言来描述极尽复杂的新结构。

我的合作伙伴弗朗索瓦·卢瑟就是一个法国人，在他的帮助下，我得以将我在波恩的重大发现——椭圆曲线的例子引入到一个名为"动机积分"（motivic integration）的宏大理论中。在马克斯–普朗克研究所时，我就发现了连接两者的第一条通道。在巴黎，弗朗索瓦又帮助我学会了如何描述这条通道，让我得以把这条窄窄的小通道拓宽成了绚丽的阳关大道。现在，群与几何之间的联系路径就像我刚刚穿过的去往巴黎的英吉利海峡隧道一样。

研究数学需要一种执着。弗朗索瓦除了在数学领域具有非凡能力之外，他还喜欢长跑——我说的可不仅仅是马拉松。他参加了一个耗时 48 小时的比赛，赛程是从一个岛的一端到另一端，中间还要翻越一座海拔 3 000 米的高山。有一次我去找他，当时雪深及膝，他刚滑雪 70 公里回来。还有一次，在早饭前，我让他带我去"小跑"一下，结果在跑回家的最后一段路程中，我在他的花园里吐了。他在跑步中所表现出的耐力也反映在了他的数学研究的毅力上。因此，他能够坚持不懈地在一些我认为最抽象的数学研究领域不断探索，寻找论据来支持论点。

弗朗索瓦的其他一些爱好是我更加乐意参与的，比如美食、美酒和看《丁丁历险记》，但即便在这些方面，我依然赶不上他，因为他在这些方面的知识非常渊博。他曾经问过我这样的问题："你知道《丁丁历险记》中的贝尔是谁吗？"我试着回想《丁丁历险记》里的女性人物，但除了歌剧演员卡斯塔菲尔女士以外，其余的任何一个角色我都回忆不起来。显然，《丁丁历险记》的作者埃尔热是一个不怎么喜欢女性角色的人。但弗朗索瓦告诉我："你的 T 恤上写的是丁丁骑的那匹马的名字。"我低头看了看自己的 T 恤，上面画着《丁丁在美洲》的一个场景，一位年轻的记者打扮成了牛仔骑在马上。

曾有一次我在法国巴黎综合理工学院开了一场研讨会，会后大家一起去吃午饭。桌上有一块漂亮的圆奶酪，我兴致勃勃地去切它，但引发了一阵令人不安的沉默。弗朗索瓦解释说，在切这块奶酪时，你只能沿着水平面切下一片，但这几乎是不可能做到的，正因如此，这块奶酪从上桌以来一直就没有人去动它。我之前一直认为牛津的用餐礼仪已经够严格了！

一些法国数学家认为，他们数学研究的高质量得益于这些研究都是由法语写就的。弗朗索瓦的一位同事布鲁诺·普瓦扎就对法语感到特别自豪，他从不屈从于期刊要求他使用英语写作的要求，而英语是公认的科学领域的通用语言。普瓦扎最重要的成果之一是一本关于"数理逻辑及其与群论的相互作用"的开创性著作。他坚持用法语出版，这也就意味着没有出版商愿意帮他出版。这位仁兄当机立断，决定自己以 Nur al-Mantiq wal-Ma'rifah 的名义资助这本书的出版。Nur al-Mantiq wal-Ma'rifah 在阿拉伯语中是"逻辑与知识之光"的意思。正因为他对这本书有完全的编辑控制权，所以它相当特别，每一章都以一幅色情图作为开始。普瓦扎在引言里这样解释，这些图片是为了在讨论接下来的数学难题之前，先安抚一下读者的大脑。

你可以想象这引起了学术界多大的愤怒。研究数理逻辑的数学家中有很多女性，她们显然很不高兴，尤其是当你在目录中看到一些女性的名字时，对应的页码会直接指向那些图片。最后一章的插图是作者穿着睡袍，斜倚在扶手椅上向读者暗送秋波。但是，鉴于这本著作所具有的数学价值，它是不可能被忽视而束之高阁的。在普瓦扎看来，他的这本书用法语来著述真是再合适不过了：

科学的法语，多么美丽的语言呀！……我不是一个法国民族主义者，也不怀念法国人主导世界格局的那个时代。……我相信各种在科学交流中使用的语言，其本身是有价值的。

有一次我在俄罗斯参加一个会议，会上普瓦扎坚持用法语发言，并同声翻译成俄语，这把那些只会讲英语的听众弄得干瞪眼。对此他表示：

抱有善意的朋友告诉我，对一个人用他听不懂的语言讲话是很不礼貌的。如果真的是这样，那么考虑到数学家们用英语和我交谈的次数，我会对他们的粗鲁程度给予很"高"的评价。

一天下午，我计划去巴黎高等师范学院拜访弗朗索瓦，看看以他的法国视角能不能帮我弄清楚我研究的 zeta 函数在什么情况下具有回文对称性，什么情况下不具有。我和弗朗索瓦在合作撰写一篇论文，我们已经对论文进行了构思，只是谁都没有时间去写。但对于这次的巴黎一日游，我的主要目的不是探索数学结构。法国首都巴黎有许多奇妙的对称性建筑实例，于是，我打算抽一些时间，带着我忠实的"路路通"——托马尔，跨越海峡去进行一次朝圣之旅。我们的第一个目的地是"金字塔"。

巴黎卢浮宫的新入口非同寻常，是一座玻璃金字塔，它与卢浮宫这座华丽建筑形成了鲜明对比，这种并置充满灵感，令人为之一振（见图 7-1）。这就好像是在邀请游客模仿伟大的考古学家——印第安纳·琼斯（《夺宝奇兵》系列电影的主角），去探寻卢浮宫深处隐藏的巨大宝藏。古埃及金字塔的结构相当简单，每一层都为其上的一层提供了坚实的基础。但卢浮宫的金字塔是中空的，工程师们利用三角形的强度建造了卢浮宫金字塔，每个三角形面都由较小的三角形和菱形格子构成。卢浮宫金字塔使用了 600 多块玻璃。金字塔四周被水环绕，通过水面的反射，人们不仅可以看到位于水面上方的正四面体玻璃金

图 7-1　巴黎卢浮宫金字塔

字塔，还可以看到它与水面上的倒影共同构成的一个正八面体，这也是柏拉图的对称形状之一。

参观完巴黎市中心的金字塔后，我们前往拉维莱特公园，这里矗立着另一处非凡的建筑——La Géode 电影院（或称晶球电影院）。它是一个巨大的银色球体（见图 7-2），在它的四周环绕着巴黎郊区方盒子一样的房子。托马尔对其印象深刻："它看起来就像一艘外星飞船。"就像阿尔罕布拉宫和卢浮宫一样，水面的使用增强了建筑的对称性，它就像一个巨大的气泡漂浮在开阔的水面上。这个球体里面是一个巨大的 IMAX 电影院，你可以从地面以下进入。

　　大自然钟爱球体，因为球体是一种维持"最低能量"的状态，这就是为什么气泡和雨滴都是球形而不是方形的。但是对于人类来说，想要创造一个完美的球体并不容易。当教皇本笃十一世要求乔托用一幅画来证明他身为艺术家的价值时，乔托徒手画出了一个完美的正圆。对于建筑师来说，建造一个球体可能是最大的挑战。试图用礼品包装纸把足球包起来的人会和建筑师面临同样的难题。

　　从远处看，这个巨大的晶球看起来就是一个完美的球体，但走近细细观察，就会发现建筑师使用了一种非常巧妙的办法以实现这种效果。晶球表面是由一片片三角形构件组成的，总计 6 433 块，共 136 种，这些不同形状三角形构件拼接在一起形成一个曲面。部分构件组合在一起形成六边形或五边形。晶球所基于的多面体框架事实上是一个正二十面体——由 20 个正三角形组成的柏拉图立体。建筑师又把这些三角形分解成许多更小的三角形，虽然每一块三角形都是平的，但通过彼此衔接，逐渐向外凸起，这样才得以使这座建筑更接近球体。

图 7-2　La Géode（晶球）电影院

　　托马尔看着自己在建筑物表面的玻璃镜面中的影像或被拉长又或被压扁，玩得不亦乐乎。晶球看起来就像一个镜子屋。一种怪诞的、钟声一样的音乐环绕着 La Géode，增加了超现实主义的效果。这种声音来自一个音乐钟，你可以根据钟声与建筑之间的位置关系来判断时间。

　　当使用三角形的构件来创建一个完整的球体时，必须保证每个构件的尺寸精确，不能有误差。1984 年 4 月 16 日，那是一个极度紧张的时刻，La Géode 的设计师穿着未来主义的宇航服，将最后一块三角形放置到位。但凡有一点小小的误差，都会导致这个球体"拼图"无法完成。是数学和工程学二者的结合确保了 La Géode 的表面没有出现令人难堪的空洞。

自由、平等、博爱

在巴黎市中心建造完美、对称的球形建筑，是法国人一直以来就有的想法。La Géode 实现了一个 200 年前的梦想。19 世纪的头几十年里，巴黎是欧洲风云变幻的中心。1789 年的法国大革命使不可能的事情突然成了可能。先前的社会制度和所有过时的思想都被革命青年的激进思想势如破竹般一扫而平。人人高喊着"平等！平等！"，社会的所有阶层都应该被平等对待。对称成为社会的核心。

建筑被认为是这种新思潮的理想载体。1784 年，艾蒂安－路易·布雷就已经计划在巴黎建造一个巨大的球体，以此向伟大的艾萨克·牛顿致敬。法国革命者异乎寻常地被球体的平等主义本质所吸引，并将其作为体现他们理想的完美象征，他们采纳了布雷的计划。对他们来说，球体是"社会主义"的终极形态，因为没有哪个方向比其他方向更受青睐。

布雷的宏伟目标是建造一个表面布满小孔的直径为 150 米的空心球体（见图 7-3）。在白天，光线透过小孔射入，在球体的内部营造出一幅璀璨星空、满天繁星的绚丽景象——史上第一座天文馆。到了夜晚，悬挂在球体中央的一个巨型灯被点亮，就像 18 世纪宇宙中心的太阳一样普照整个世界。但法国革命者发现，像政治一样，数学理想的实现也并不容易，建造这样的球体是巴黎人跨越两个世纪的夙愿。

随着革命浪潮逐渐平息，那个动荡时期的热情最终也失去了动力。虽然如此，革命精神是当时建立的许多院校的灵魂所在，其中许多的院校仍然存续至今。建立新的文化教育中心，以培养这个革命时代的新思想家。1794 年，伟大的法国巴黎综合理工学院诞生了，这所学院改变了法国的科学教育，让巴黎成为欧洲文化、科学教育的中心。

图 7-3　布雷球体设计图

　　法国巴黎综合理工学院录取新生是根据学生的学术水平和知识水平来进行选择的，没有人会因为交不起学费而被拒之门外。每个学生每年都能领到 900 法郎（相当于今天的 1 000 英镑）的薪水，并且学校还为新生报销与军队一流炮手同等待遇的差旅费。对于新的法兰西共和国来说，军事科学人员与军事武装力量同样重要。法国巴黎综合理工学院甚至有专属的军装。在所有的学科中，数学和自然科学属于最热门的专业。法国巴黎综合理工学院的校训是——"为了祖国、科学和荣誉"。

　　1804 年拿破仑加冕称帝。通过把革命的色彩与对波拿巴的狂热崇拜联系起来，革命似乎实现了某种程度上的稳定。但是拿破仑把政治革命变成了征服世界的使命。法兰西第一帝国的溃败与扩张同样迅速。在侵俄战争惨败后，第六次反法同盟将拿破仑打败，1814 年拿破仑被迫退位，波旁王朝复辟，法国重新回到波旁白底鸢尾花旗和路易十八的统治之下。路易十八是被送上断头台的路易十六的弟弟。自此《马赛曲》被禁唱，三色旗也不再飘扬在巴黎的屋顶之上。

　　支持复辟的人不可能轻易地就将法国大革命给整个欧洲带来的影响和思潮抑制下去。法国巴黎综合理工学院一直都是雅各宾派和自由主义的中心和沃土，它的存在就是保皇党的眼中钉、肉中刺。尽管学校被剥夺了军事地位，校长也被开除解雇，但是保皇党还是认识到这所学校在为国家培养一流科学家方面的重要性。虽然法国巴黎综合理工学院一直在培养现代科学家，但是，成立于 1666 年的旧皇家科学院（法国科学院）仍然代表着学术成就的最高峰。尽管旧皇家科学院在大革命初期就因被认为是一个保皇主义的反动机构而被关闭了，但很快它就恢复了在法国学界的中心地位。

1829 年春天，一位名叫埃瓦里斯特·伽罗瓦的 17 岁少年穿过科学院的庭院，俯瞰塞纳河。他手中有一个文件袋要送给柯西教授，里面有一份手稿，这位年轻的学生知道这份手稿不仅会引起柯西的兴趣，还会引起数学界其他人的兴趣。对伽罗瓦来说，选择把他的想法呈送给柯西，而不是其他院士，是需要很大勇气的。因为众所周知，柯西教授在科学院的每周例会上只会发表自己的工作成果，而且通常状况下他也不会赞同别人的观点。这么评价他完全是事出有因，他曾无视阿贝尔的工作，也曾把鲁菲尼的成果纳入自己的发现，据为己有。但伽罗瓦相信，几个月前他所取得的突破将引发一场数学革命，就像罗伯斯庇尔在巴黎点燃的革命圣火。

柯西已经习惯了接收来自欧洲各地的手稿，这些籍籍无名的作者希望他们的成果能在科学院的例会上得到讨论。他曾经费力地读完意大利医生鲁菲尼寄来的长达 512 页的证明，也曾与挪威的阿贝尔浓缩在六页之内的论文进行过斗争。不过，他一定会对这个文件袋所附的地址——路易学校（路易皇家中学）很感兴趣。罗伯斯庇尔和维克多·雨果都曾就读于该校，这所学校坐落在塞纳河左岸，是一幢雄伟而古旧的建筑，那里离科学院不远。窗户上的栅栏使它看起来更像一个监狱，而学校的管理者也并不否认给人的这种印象。那里纪律严明，惩罚频繁。路易皇家中学有十几间"禁闭室"，凡是被抓到在课堂上讲话、左顾右盼、不安分甚至在宿舍床上翻来覆去的学生，都会被关禁闭。

伽罗瓦在巴黎郊区的一个名叫皇后堡的地方长大。12 岁那年，他被送到路易皇家中学寄宿，在那之前，他一直在家里被母亲悉心照顾，过着养尊处优的生活。他和父亲非常亲近，自从到了路易皇家中学寄宿，他就非常想念他的父亲。这个转变一定是非常痛苦的。突然间，他发现自己生活在这样一个世界里：他经常受到惩罚，在禁闭室里受罚时学校只提供干面包和水，晚上还会被在学校里出没的老鼠咬伤。伽罗瓦刻苦学习以期满足他父亲望子成龙的希望。语言对伽罗瓦有特别的吸引力，在最初的三年里，他拉丁语和希腊语的优异成绩给老师留下了深刻的印象。

15 岁时，伽罗瓦偶然发现了一本法国数学家阿德利昂－马里·勒让德（Adrien-Marie Legendre）的书，书中提出了一种新的语言，一种似乎能与他直接对话的语言。一个令人兴奋、充满神秘的新世界被打开了，这个新世界也成了伽罗瓦逃离恐怖的路易皇家中学的一个避难所。这本书的内容原本是两年的课程，但伽罗瓦仅用了两天就把它学完了。他的老师们当然注意到了他的变化："他被数学的鬼魅迷住了心窍。"人文学科老师在谈到他的其他科目时说：

在他的作业中，除了奇异的幻想和漫不经心，什么也没有，他总是做那些不该做的事。这种状况越来越严重，他也因此被一次又一次地惩罚、关禁闭。他的野心、时常炫耀的创意、古怪的个性使他在学校里孑然一身，无人愿与之为伍。

天选之人，必然雄心勃勃。伽罗瓦的父亲是皇后堡的市长，是大革命的有力支持者，他把自己所珍视的理想灌输给儿子。在波旁王朝复辟的时期，他是法国当选市长中为数不多的自由民主党人士，他的当选在一定程度上得益于保皇党候选人的轻率之举，这位候选人因为社会环境逃离了这座城市。

伽罗瓦相信，伟大的法国巴黎综合理工学院是他的命运之地——年轻革命者的圣城，欧洲学术成就的高峰。他渴望着离开路易皇家中学，逃离单调乏味的生活。于是，他不顾老师的建议，背着父母，于1828年6月参加了以严格著称的法国巴黎综合理工学院的入学考试，时年16岁。时运不济、命途多舛，光有高远的志向和灵气逼人的气势是远远不够的，他没能通过考试。

数学非黑即白、非对即错的必然性会对深谙数学语言的人产生深刻影响。伽罗瓦对自己的能力深信不疑，因为他能解出老师布置的所有问题。在数学世界里，没有任何模棱两可或可商讨的余地。他确信自己的证明是正确无误的，这是毋庸置疑的。但数学不仅仅是证明，它还与交流有关。虽说在伽罗瓦的脑海里，一切都是清晰而明澈的，但他同样需要把自己的想法传递给周围的人。

伽罗瓦投考法国巴黎综合理工学院名落孙山以后，他便打定主意，第二年再去参加考试以证明自己的实力。每名考生只有两次机会报考法国巴黎综合理工学院，他下定决心在下一次考试中向人们证明，他在欧洲最负盛名的学府获得一席之地是实至名归的。也正是在这一年，伽罗瓦看到的一篇论文为他后来拿给柯西的论文中所包含的突破播下了种子。激发鲁菲尼进行求解五次方程工作的也正是这篇论文。在这篇论文中，拉格朗日开始探索，如果像洗扑克牌那样，将方程的5个解按照一定顺序进行排列或置换将会发生什么的问题。

受到拉格朗日论文的启发，伽罗瓦取得了概念上的突破，它开辟了一条新的路径引领数学进入一个新的世界，在那里对称将揭示数学的秘密。他拿给柯西的论义中第一次尝试阐明自己的观点。伽罗瓦相信，这将证明他完全有资格被法国巴黎综合理工学院录取。

方程的形状

伽罗瓦意识到，在五次方程求解问题的背后还隐藏着一个更深层次的问题。经塔尔塔利亚发现的三次方程求根公式推导出的方程解是由一些平方根和立方根组合起来的。虽然阿贝尔已经证明了五次方程不存在类似的一般求根公式，但仍然有一些特殊的方程的解可以用五次方根来表示，如 $x^5=3$。那么诸如 $x^5+6x+3=0$ 的方程是否有根式解呢？伽罗瓦认为，五次方程的求解存在两种情况：一种是可以用求根公式求出的，另一种则是不可解的。

阿贝尔的证明只是停留在没有一般性的求根公式（"魔法公式"）可以一下解决所有的五次方程求解问题，并且他对伽罗瓦的研究也已做了一定的思考尝试。但天妒英才，他的英年早逝无情地剥夺了他更进一步探索该问题的机会。伽罗瓦认为，方程解的对称性是解决这个问题的关键。

方程 $x^2=2$ 有两个解：分别是 2 的平方根 1.414… 和它的相反数 −1.414…。同理，在虚数引入后，一个包含 x^3 的三次方程可得到三个解，一个包含 x^5 的五次方程可得到五个解。x 的指数越高，它的解就越多。伽罗瓦仔细研究了四次方程的四个解。例如，$x^4=2$ 的四个解：有两个是实数，即 1.189 21… 和它的相反数 −1.189 21…；另两个是虚数，即（1.189 21…）i 和 −（1.189 21…）i。我们将这些解在高斯创建的复平面中表示出来。在图 7-4 中，点 A 和点 C 分别表示两个实数解，点 B 和点 D 分别表示两个虚数解。

在图 7-4 中，我们将数字替换成正方形的四个顶点，那么反过来，利用正方形的对称性也很容易获得该方程的四个解。伽罗瓦认为，这四个解对应的数字之间存在某种特定的联系，这种联系将它们绑定在一起形成一个整体。例如，$A+C=0$，$B+D=0$，那么，$A+C=0$ 和 $B+D=0$ 即可看作是将这个特定方程的解联系在一起的"定律"。图中各解之间通过定律产生某种"刚性"联系。

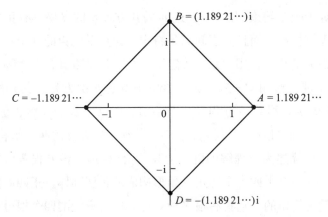

图 7-4 四次方程 $x^4=2$ 的四个解与正方形的对称性是相符合的

　　伽罗瓦决定对这些解进行重新排列，看是否还能得到新的定律。例如，A 和 C 互换后，得到的等式 $C+A=0$ 依然是成立的。但 B 和 C 互换，即由原先的 $A+C=0$ 变成 $A+B=0$，显然是不成立的。A 与 B 不能构成满足方程解的对称性定律。进一步分析，由 A、B、C、D 四个字母所构成的全排列共有 24 种（4 的阶乘），但其中只有 8 种排列方式的置换发生前后能够满足定律的约束条件。例如，将所有字母依次轮换就是奏效的：若 A 替换成 B，B 替换成 C，C 替换成 D，D 替换成 A，那么 $A+C=0$ 和 $B+D=0$ 就变成 $B+D=0$ 和 $C+A=0$，这些等式依然是成立的。

　　这些能够使等式成立的置换方式，其含义并不仅限于它们是由 A、B、C、D 四种元素构成的 24 种全排列的子集。事实上，它们反映了由 A、B、C、D 四个点依次相连构成的正方形的对称性置换（见图 7-4）。只要按照正方形的对称性去置换 A、B、C、D，就总能满足上述"定律"。方程的解所遵循的"定律"就像正方形对称性所具有的"刚性"约束性质一样——无论是以中心对称的轮换，还是以中线或对角线为轴对称的翻转，角 A 的对角必然是角 C，角 B 的对角必然是角 D。

　　当时的伽罗瓦对隐藏于方程式背后的几何形状并没有清晰的认知，也不清楚他描述方程的解所使用的新语言对揭示这些几何形状的对称有什么帮助。但这也无伤大雅，因为语言的独特魅力就在于它强大的抽象能力——一种独立于任何几何结构之外的数学描述能力。伽罗瓦发现，方程的解构成一个排列组合集合，它们共同满足于某种特定"定律"的约束。对方程解进行置换操作（或对称运算）对于确定约束"定律"，进而揭开方程解的奥秘具有重要意义。他把元素由方程解构成，而且元素间满足特定"定律"约束的这个特殊集合称为"群"。群成员间的相互作用关系，决定了一个方程是否具有根式解。

伽罗瓦发现，形如 $x^4 - 5x^3 - 2x^2 - 3x - 1 = 0$ 的四次方程，其解所要满足的"定律"约束更少。尽管该方程同样具有 A、B、C、D 四个解，但其"刚性"约束降低了，我们可以任意置换所有解。伽罗瓦将方程的四个解构成的 24 种全排列置换操作描述为方程解的群"运算"。同样地，该方程背后也隐含着一个几何对象——一个由四个全等正三角形构成的正四面体。正四面体是所有柏拉图立体中最为简单的，它具有很多种对称。四次方程的四个根可以看作是正四面体的四个顶点（见图 7-5）。四面体的所有对称置换操作与其四个顶点的全排列一一对应。很显然，无论是正四面体的不同对称置换操作还是方程四个解的全排列，两者实际上是对某种抽象事物的不同描述方式，它们都捕捉到了隐藏在其背后的对称属性。这便是伽罗瓦的伟大发现。

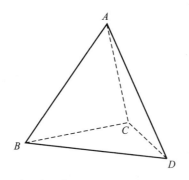

图 7-5　四次方程 $x^4-5x^3-2x^2-3x-1=0$ 的解与正四面体的对称相对应

伽罗瓦的重要突破就在于，他发现五次方程的解所构成的置换群具有某种与二次、三次、四次方程截然不同的特性。隐藏在五次方程背后的几何形状的对称与正四面体或正方形的对称相比要复杂很多。例如，方程 $x^5+6x+3=0$ 的五个解的对称就与更为复杂一些的柏拉图立体之一——正二十面体的对称密切相关。伽罗瓦发现，正二十面体对称的复杂程度与正方形和正四面体不可同日而语。在他拿给科学院柯西院士的论文中就阐述了，为什么人们会在五次方程的求解问题上开始出现戏剧性的谬误。

遗失的手稿

当柯西打开伽罗瓦送来的论文时，他的心沉了一下，因为他又看到了一份声称证明了五次方程没有根式解的论文。但当他仔细阅读伽罗瓦的手稿时，他被其中的想法所吸引，尤其是关于置换的部分。1812 年，柯西在瑟堡病倒后，回到巴黎的家中休养，在这期间他写了两篇论文，阐述置换的数学语言和符号。

例如，柯西使用符号（$ABCD$）来表示从 A 到 B、从 B 到 C、从 C 到 D、从 D 到 A 的依次轮换。而（AC）则表示："只交换 A 与 C，B 和 D 的位置保持不变。"柯西开始意识到，基于这些想法，会出现一种新的运算法则。如果在（$ABCD$）操作的基础上再叠加（AC）操作，则会产生第三种置换：A 变成 B，B 变成 A；C 变成 D，D 变成 C。用柯西提出的数学语言可表示为（AB）（CD），他称其为一种新的"乘法"运算，记作

$$(ABCD) \times (CD) = (AB)(CD)$$

柯西在 1815 年发表的一篇论文中就已经开始了对这种新的数学语言理论的探索，但因该论文所阐明的观点对于当时的人们来说过于抽象，所以众人都是不甚了了，对其置若罔闻。柯西因在法国巴黎综合理工学院向学生们推广关于抽象领域的知识而名声大噪。曾经有一位学校领导批评柯西过分地痴迷于理论数学，而牺牲了那些更有助于推动法国革命运动的数学教学："许多人都认为，法国巴黎综合理工学院开展的理论数学教学太过了，这种不必要的奢侈和浪费对于其他学科的发展不利。"

当柯西深入阅读伽罗瓦的论文时，他心中最初的疑惑被惊喜和兴奋替代了。1829 年 5 月 25 日，柯西在科学院会议上的发言让院士们都惊呆了，因为柯西表示他将在科学院的例会上做一次专题报告，全面阐述伽罗瓦的观点。柯西此次愿意展示除了自己以外其他人的成果，特别还是一个 17 岁，正上着中学的男孩所做的工作，说明他一定非常重视伽罗瓦的发现。科学院院士们一致认为，既然柯西是做这项分析的最佳人选，那么他也理所应当把唯一的一份手稿带回家，以便准备分析报告。

在伽罗瓦交付手稿的几周后，他便迎来了第二次报考法国巴黎综合理工学院的机会。如果被录取，他便能实现一直以来的梦想，加入革命学生的队伍，

他认为这才是法国的未来。在这里他可以见识到法国各政治阵营之间的角力。"保皇党"和"激进分子"获得了越来越多的政治权力。伽罗瓦知道,法国巴黎综合理工学院的年轻学子们将站在前线,为阻止帝制复辟而战。

就在伽罗瓦准备考试的时候,他在皇后堡的家却发生了天塌地陷的巨大变故。1829年年初,一位年纪轻轻的天主教牧师来到了皇后堡,这时伽罗瓦的父亲尼古拉斯·伽罗瓦正担任皇后堡的市长一职。在当时巴黎政治氛围的影响下,这个年轻的牧师与当地的极端分子联合起来,策划了一场推翻"自由党基督徒市长"的阴谋。尼古拉斯·伽罗瓦以诗会友而闻名。于是乎,这个牧师就伪造了很多粗鄙不堪的诗句,并冠以市长之名散播出去。尽管此事子虚乌有,尼古拉斯也极力否认、澄清,但他还是无法跳出诽谤和讽刺的泥淖,最终被迫离开了这座城市。他在距离他儿子的学校只有几条街远的地方租了一间房子。7月2日,尼古拉斯彻底崩溃,上吊自杀了。平地一声惊雷,这个噩耗在年少的伽罗瓦心头像重磅炸弹一样爆炸了,父亲的离世让伽罗瓦痛不欲生,他心中的支柱就这样垮塌了。

即便尼古拉斯·伽罗瓦已然逝世,他仍然受到了皇后堡很多人的爱戴和支持。当他的灵柩从巴黎返回皇后堡的时候,许多市民自发地走上街头,夹道相迎,并为他抬棺护灵,一直送到教堂。尽管他死于自戕,但牧师还是愿意为这位市长进行祷告,举行葬仪,并同意将他埋葬在教堂的墓园里。也许这个牧师这么做是为了减轻逼尼古拉斯市长自杀的内疚感吧。就是这个牧师,他现在正在主持葬礼!是可忍,孰不可忍!很多人无法忍受这位精心安排了市长之死的牧师的虚伪。于是,父亲的葬礼在伽罗瓦眼前变成了一场保皇党与自由党、天主教徒与基督徒之间的政治冲突。在棺木下葬时,愤怒的人们怒骂牧师并向他投掷石块。事后,伽罗瓦带着满腔的政治热情回到巴黎。他必须努力把注意力集中在即将到来的入学考试上。

众所周知,由两位本校教授一同主考的法国巴黎综合理工学院入学考试是参加考试的学子们的噩梦和修罗场。两位主考的教授在伽罗瓦眼中就是两个平庸的数学家,在他心里对他俩是没有一点点敬畏的。伽罗瓦对问题的回答显示出了他的态度是多么的倨傲——"答案是显而易见的"这便是他的答案。这些问题对于伽罗瓦敏锐的数学头脑来说可能真的是显而易见的,但对于他的政治头脑来说,他并没有弄懂"将欲取之,必先予之"的道理,参与他人制定规则的考试，就要按照游戏规则来进行。

一定是父亲的离世扰乱了他的头脑，毕竟不久前他才亲手安葬了自己最敬爱的父亲，这件事对他来说真的是痛不欲生。或许在伽罗瓦眼中，他把这两位主考官当成了旧势力的代表，就是这些人逼死了他的父亲。当伽罗瓦拿到考试成绩单时，他当时就气炸了，把一块橡胶板直接从房间的这头扔到了那头。不出所料，这第二次也是最后一次，他还是没能考入法国巴黎综合理工学院。在一个月的时间里，他的心情就像过山车一样，在数学领域的突破所带来的喜悦被现实世界中希望和梦想的破灭所取代。

伽罗瓦没能如愿以偿地进入以培养政治和学术精英而闻名的法国巴黎综合理工学院，而是凑合着去了法国巴黎高等师范学院，这是一所专门培养学校教师的学校。这所学校是一所刻板的教会学校，如果不去参加定时定点的忏悔祷告就会被学校开除。现在，身处逆境的伽罗瓦，知晓对于学术研究来说这里就是一潭死水，一切停滞不前，他只能把所有的希望寄托在他拿给科学院柯西院士的那篇论文上，他热切地等待着柯西的回复。

柯西已经决定在 1830 年 1 月 18 日就这位年轻数学家的研究成果向科学院做报告。但夜以继日的繁重工作给柯西的健康带来了严重的影响。由于身体原因，他缺席了这次报告会，他为自己缺席报告会发了一封道歉信：

我今天本该向学院提交两份报告：一份是关于年轻人伽罗伊（柯西信中把伽罗瓦的名字误拼为 Galoi）的研究成果的分析报告；另一份将回顾一下我自己关于原根的判定研究，介绍了针对正整数解的数值方程该如何简化该判定。我现在抱恙在家，很遗憾不能出席今天的会议，我希望能在下一次会议上安排我对这两个指定主题进行报告。请接受我的敬意……——柯西

这是关于伽罗瓦的第一份手稿的最后一则消息。在接下来一周的例会上，柯西只展示了自己的工作。不仅伽罗瓦再也没能找回他的手稿，在柯西的遗物中也没有再见到过。阿贝尔提交给科学院的论文同样也是在柯西手里被弄不见了，但最终在阿贝尔死后他的论文又被找到了。谈到柯西对伽罗瓦论文的处理问题，历史学家分成了两个阵营：一种看法是，柯西是一个自私自利、以自我为中心并且粗心大意的人，他只对自己的工作感兴趣；另一种看法是，可能是柯西鼓励伽罗瓦提交一份新的修改过的论文，以用来竞争科学院刚刚发布的

新奖项。科学院大奖是欧洲科学界最权威的也是最有分量的大奖，该奖项颁给在物理学或天文学中起到巨大作用或具有重大实用意义的数学成果，或者颁给在数学领域有重大意义的发现或成果。提交论文的截止日期是 3 月 1 日。评委会成员包括西莫恩 – 德尼·泊松（Siméon-Denis Poisson）和路易·庞索（Louis Poinsot），庞索发现了由五边形交叉构成的新型对称体。我们可能永远不知道是因为柯西鼓励了伽罗瓦，还是因为伽罗瓦等柯西的回复几个月未果，伽罗瓦决定提交一份新的论文手稿，因为这是从科学院官方得到回复的唯一办法。

科学院的另一位院士让 – 巴普蒂斯·傅里叶（Jean-Baptiste Fourier）被指定为伽罗瓦第二部手稿的评审员。然而，指派新的评审员也还是没能给伽罗瓦带来更好的结果。1830 年 5 月 16 日，在接手了伽罗瓦的新手稿几周后，傅里叶去世了。伽罗瓦的手稿第二次遗失了，并且再也没有出现过。因为手稿遗失，同时也没有任何关于他手稿的报告，所以压根就没人考虑伽罗瓦能不能获奖这个事。手稿遗失这件事也从来没有人知会过伽罗瓦，他就这样一直被蒙在鼓里。最后，这个奖项追授给了阿贝尔。

革命

1830 年 7 月 26 日，受到极端势力不断壮大的鼓舞，查理十世颁布敕令：修改出版法，限制新闻出版自由；解散新选出的议会；修改选举制度，将投票权集中到那些拥有大量财富的人手中。敕令破坏了 1814 年《宪章》的精神，劳动群众和自由资产者对此十分气愤，敕令就像在愤怒的公牛面前不断舞动的红斗篷，这头革命的公牛已经越来越焦躁不安。第二天，四家报纸公开发表文章谴责国王的行为并号召人民起来斗争。刚到下午，激愤的群众走上巴黎的街头，与赶来驱散他们的警察发生了冲突，愤怒的人群对警察的谩骂声不绝于耳。说时迟，那时快，雨点一样的石块砸向警察。突然间，枪响了，有人开枪了，人群开始恐慌，大家四散奔逃。在交火中，一名女孩不幸中枪身亡。一名工人抱起那姑娘瘫软的尸体，将她安置在路易十四雕像的下边，高喊着要为她报仇。这座城市很快陷入了法国自 1789 年以来前所未有的骚乱当中。人们用倾覆的车辆和从政府办公室拖出来的家具在巴黎的街道上筑成街垒，阻断了巴黎的交通。

夜幕降临，已是预备学校（巴黎高等师范学院）学生的伽罗瓦能嗅到街垒上燃烧的味道，耳边响起了断断续续的《马赛曲》。军队被动员起来，用以阻止越来越多的市民拿起武器，走上街头，设置路障，武装暴动。第二天早上，巴黎综合理工学院的革命学生也加入了革命者的队伍，一起参与武装暴动。虽然军队派出重兵把守着巴黎综合理工学院的入口，但学生们还是爬上围墙，翻墙遁走，他们跑去了街垒，在那里与军队进行了无数次血腥的战斗。街上回荡着年轻学生们的歌声："法国同胞们，请君侧耳听，巴黎综合理工学院年轻学子们英勇的歌声。"到了下午，学生们已经控制了巴黎的拉丁区。

这就是伽罗瓦自他父亲死后一直渴望参加的革命。但伽罗瓦并没有和他魂牵梦绕的巴黎综合理工学院的学子们一起固守在街垒上，而是被迫坐在圣雅克街预备学校教堂紧闭的门后，因为这里离发生冲突的地点只有几条街之隔，所以伽罗瓦满耳都是革命的声音。巴黎综合理工学院的教师们很支持学生们走上街头参加革命，但是预备学校的校长则禁止该校的任何学生参与其中。校园被封锁起来，校长威胁他们说："如果有必要的话，我可以调集军队来阻止作乱的学生跑去参加革命。"伽罗瓦和他的同学们都被禁锢在校园里面，这不禁让他们想起了入学时许下的庄严承诺——誓死效忠国家。

伽罗瓦真的被激怒了。时间到了革命开始后的第二天夜里，他再也无法忍受。巴黎综合理工学院的师生们在不断地创造着历史，与此同时伽罗瓦同"一堆二流的受训教师们"一起被关在预备学校里，没有一个人有胆量挑战校长的权威和命令。当夜，伽罗瓦独自一人试图翻越高墙逃出，但墙实在是太高了。在后来被称为"光荣的三日"[⊖]中的最后一天，波旁王朝的军队土崩瓦解，军中之人要么与民众一起革命，要么随着查理十世弃城而逃，亡命天涯。代表波旁王朝的白底鸢尾花旗不再高高飘扬。共和党人再次赢得了革命，重掌了控制权。清晨的空气中充满了革命胜利的气息，教堂凯旋的钟声响彻巴黎上空。

虽说这次起义非常成功，巴黎有机会再次复兴 1789 年革命后建立起来的法兰西第一共和国。但对大多数温和派共和党人来说，他们不准备冒这个险。

⊖　1830 年 7 月 27—29 日，法国议会将路易·菲利普推上最高权力宝座，史称"光荣的三日"。——译者注因为法国曾经建立过法兰西第一共和国，但欧洲其他国家成立了反法联盟，法国被孤立，最终导致法兰西第一共和国被拖垮。既然这时不是建立另一个成熟共和国的好时机，那就得等 1848 年席卷整个欧洲大陆的革命浪潮了。1830 年 7 月革命"光荣的三日"后，"奥尔良公爵"被资产阶级自由派等拥上王位。将他拥上王位的人们相信，这位国王会维护政府机构，不会像他的前任那样试图把控过多的权力。8 月 9 日，路易·菲利普一世加冕为国王，国王和三色旗一起出现——这其实是自由的谎言。

对于"硬核的"革命者来说，君主制的恢复背叛了近 2 000 条鲜活生命的牺牲，他们牺牲的目的是将飘扬在巴黎上空的波旁王朝的旗帜扯下，结束帝制。在革命期间，伽罗瓦被困在学校里，这一经历将他进一步推向了极端主义阵营。暑假期间，伽罗瓦回到了皇后堡，在家中他向他的母亲和兄弟姐妹们发表激烈的革命演说。他宣称七月革命已经失败了。他觉得有必要再发动一次起义，他决心在其中发挥重要的作用："如果用尸骸能唤醒民众，再次起义，我愿意献出我的生命！"

1830 年秋季新学年开始时，伽罗瓦日益高涨的革命热情在他返回巴黎的时候达到顶峰。在伽罗瓦写给报社的信中，他公开指责预备学校的校长是共和国的叛徒，是卖国贼，因为他禁止他的学生走上街头，修筑街垒，参加革命。校长很快做出了回应，他在给教育部部长的信中写道："我已经开除了伽罗瓦。虽然我知晓他具有毋庸置疑的数学天赋，我也一直在容忍他的离经叛道、偎慵堕懒、桀骜不驯、落落寡合。"他再也不用忍受了。伽罗瓦这下也获得了行动的自由。

在预备学校期间，伽罗瓦只交了一个真正的朋友——奥古斯特·舍瓦利耶（Auguste Chevalier）。奥古斯特·舍瓦利耶比伽罗瓦年长一岁，他还有一个哥哥刚好就读于法国巴黎综合理工学院。他们三人经常聚在一起详细地探讨政治问题。奥古斯特·舍瓦利耶和他的哥哥是一个叫作圣西门主义的乌托邦政治运动的追随者。但是圣西门主义不愿用诉诸暴力的手段来推进和实现自己的政治目标，这一点对于伽罗瓦和他日益咄咄逼人的共和党立场来说实在是没有什么吸引力。伽罗瓦寻找的是更激进的共和派政治团体——人民之友社。由于政府控制的媒体将人民之友社描绘为一个危险的武装分子团伙，在街上只要一看到人民之友社的成员，正在营业的店主们就会关门闭户，暂停营业。

当然，伽罗瓦也加入了无政府主义的国民自卫军。国民自卫军成立于1789 年革命高潮时期，是独立于法国军队之外的民兵武装组织。国民自卫军拥有自己的旗帜、军乐和制服，与其说是民兵武装组织，不如说它更像一个共和运动的军事派别。终于，伽罗瓦得偿所愿，就像他在巴黎综合理工学院的战友们一样，穿上了军装。但就在路易·菲利普一世加冕为王几个月后，他便宣布国民自卫军和人民之友社为非法组织。国王意识到了这两个组织所代表的威胁，因为这两个组织期望建立一个真正的共和政府，并且它们都对"光荣的三日"的失败感到不满。现在，国会必须关起门来举行。

对于伽罗瓦来说，被预备学校开除是一次解脱的经历，但这次解脱对于伽罗瓦来说也确实有不利的一面，因为这使他再也无法获得作为学生才有权享受的政府助学金。于是乎，伽罗瓦决定开办每周一次的系列公开讲座来筹集资金。一位友好的书商提供了一间密室来作为他讲座的举办场地，这给了他一个机会来宣传他所取得的数学方面的突破，而这些突破在科学院是被束之高阁的。伽罗瓦在报纸上刊登了一则广告："第一次讲座将于 1831 年 1 月 13 日（星期四）13 点 15 分在巴黎索邦街的凯洛书店举行。"这则广告为伽罗瓦招揽来了近 40 名听众。奥古斯特·舍瓦利耶和他的哥哥十分热衷于支持他们的朋友，邀请了很多位人民之友社的成员一起前来，他们也许是希望通过伽罗瓦的讲座宣传他们的革命事业。但如果他们最初打的是这样的算盘的话，那么结果是令他们失望的。几周之后，就再也没有人来参加伽罗瓦的讲座了。伽罗瓦曾经试图解释他的新思想——用一种革命性的语言来改变对方程的研究，并最终改变对称理论。但他的演讲就像他提交给科学院的手稿一样石沉大海，无人问津。

不过，在伽罗瓦的听众中有一位可能是科学院的院士泊松，他正是伽罗瓦一年前参加的那次大奖赛的评委之一。第一次公开讲座结束后不久，这位伟大的数学家就发现了伽罗瓦的与众不同，并邀请他提交第三份手稿，来解释他新的数学观点。就这样伽罗瓦又写了一篇，然后再一次穿过科学院的庭院，把他的论文交到秘书的手上。泊松和西尔维斯特·拉克鲁瓦在第二天的学术会议上对伽罗瓦第三次提交的手稿进行了报告，并试图说服这些数学精英们认可伽罗瓦的突破。

受审

这一次，柯西不再担任评审员。虽然伽罗瓦对现政府缺乏革命热情而感到失望，但对于柯西来说，新政权太极端了。新政府上台不久，就坚持要求公职人员宣誓效忠新政权，其中就包括法国巴黎综合理工学院的教师们。

柯西不会背叛他深植于心的宗教信仰和政治信仰，也不会屈从于新政府的要求。1789 年的大革命给童年时代的柯西留下了创伤性记忆，基于这样的刺激，柯西于 1830 年 8 月 30 日逃离了巴黎。在逃亡中，柯西先是去了瑞士，而后又到了意大利。他眼睁睁地看着自己不管是在法国科学院的院士职位，还是在巴黎综合理工学院的教授职位都被一撸到底。在当时的环境下，尽管他的妻子和孩子都还在巴黎家里，可是柯西实在是太害怕了，他还是不敢回到巴黎。他在外颠沛流离地过了 8 年。

现在，伽罗瓦的手稿已经交给了新的评审，他再次满怀希望，希望自己的工作最终能得到认可。他甚至开始参加科学院的每周例会，希望能听到关于自己工作的报告。尽管他只有 19 岁，但伽罗瓦对自己的数学能力充满了自信，甚至到了有些狂妄自大的地步，这使他敢于对其他数学家的工作发表意见和批评。他因咄咄逼人的批评而声名远播。在伽罗瓦和一位科学院讲师进行了一次特别激烈的唇枪舌剑之后，索菲·热尔曼（Sophie Germain）——为数不多的几位出席科学院会议的女性之一，写信安慰这位讲师："伽罗瓦一直以来就是如此无礼，你在科学院做了这么好的报告，他还是如此粗鲁地对待你。"

几个月过去了，伽罗瓦仍然没有听到有人讨论他的手稿。他再也按捺不住自己急躁的情绪，匆匆给科学院主席写了一封信，在信中他几乎没有掩饰内心翻涌的怒火：

写这封信给你，是为了告诉你，你们收到的论文实际上是我去年参加"科学院年度大奖"评奖论文的一部分……就因为我的名字叫伽罗瓦，同时也因为我是一名学生，评奖委员会就认为我不可能解决这个问题。更有甚者，我居然被告知我的论文被弄丢了。这对我来说本应该是个教训。但尽管如此，我还是部分地重写了我的论文，并在科学院一位院士的建议下把它提交给了你……

在信中伽罗瓦表示：他要求拉克鲁瓦和泊松要么承认弄丢了最新的手稿，

要么至少表明他们是否打算向科学院进行报告。

伽罗瓦对当权政府的失望，最终导致了惊人的后果。1831 年 5 月 9 日，人民之友社的成员邀请了 200 名共和党人参加宴会，庆祝被捕的人民之友社的 19 名成员获释。这 19 名成员因在国王宣布国民自卫军为非法组织并下令解散以后，还身穿国民自卫军制服而受到指控。在对他们的审判中，这 19 人被宣判无罪释放，这个无罪判决将他们变成了民族英雄。

宴会上响起了开香槟庆祝的声音，以及宣传共和党运动的一系列越来越大胆的演讲和祝酒词。在激昂的政治气氛中，以及年轻伙伴的激励下，再加上酒精的刺激，伽罗瓦跳了出来。他举起酒杯高喊道："为路易·菲利普干杯！"这时，几个参加宴会的人开始嘲笑他，因为伽罗瓦敬酒的对象正是他们想罢免的国王。但随后人们注意到，伽罗瓦的另一只手中寒光一闪，那是一把匕首。伽罗瓦对国王的祝酒词其实是对国王生命的公然威胁。嘲笑变成了祝酒声，宴会厅里爆发出一浪高过一浪的欢呼声。一些不那么极端的共和党人意识到这次聚会正在变得越来越危险，在军队到达之前，他们便从宴会厅的窗户跳下来逃走了。

第二天，伽罗瓦就因煽动他人并威胁国王的生命而被捕入狱。伽罗瓦于 6 月 15 日受审，多亏了他的辩护律师思维敏捷，伽罗瓦才躲过了牢狱之灾。尽管伽罗瓦希望为共和事业牺牲，作为一名殉道者被传扬下去，但他的律师抗议说，伽罗瓦实际上并不存在威胁。在宴会中，人们在只听到他高喊"为路易·菲利普干杯"后就发生了骚动，而没有听到伽罗瓦的后半句"如果他背叛了革命"，众人曲解了伽罗瓦的意思。他的律师辩称，伽罗瓦只是考虑了一个假设的情况，并没有真的打算对国王的生命构成任何威胁。但就是这关键的一点，在伽罗瓦刚说完前半句话后，就被爆发的骚动所淹没了。

这一事件最终对伽罗瓦的数学事业产生了影响。作为朋友的舍瓦利耶兄弟俩在伽罗瓦受审的过程中为他进行了有力的声援。《环球报》（Le Globe）是一份同情圣西门主义的报纸，舍瓦利耶兄弟俩在这份报纸上发表了一篇文章。在文章中他们谴责任何诉诸暴力和威胁国王生命的行为，除此之外他们还提出了能为伽罗瓦减轻罪行的各种情节：伽罗瓦是一个数学天才，但是他的工作成果三番五次地被现任当权派忽视甚至弄丢了。他们这样写道："伽罗瓦心中其实充满了对美好未来的憧憬和渴望，但由于他既没有靠山也没有朋友，发生的种种促使他滋生了对现有体制的强烈怨恨。"这篇文章记录了伽罗瓦多次向科学院提交阐明他想法的论文,但从没有得到任何回复。即便到了现在,手稿还在负责评审报告的泊松手里,但是这个可怜的作者已经等了科学院 5 个多月了。

在报纸上公开指名道姓地点名泊松,这刺激了泊松采取行动,但这篇文章和文章中的措辞、语气并没有使他对伽罗瓦的手稿产生好感。适得其反,他向科学院提交的公开报告称:"这篇论文结构不够清晰,逻辑也不够完善,我们无法判断它的严谨性。同时,对这项工作,我们也无法整理出一个清晰的思路。"不管怎样,这是伽罗瓦第一次收到了别人退还给他的手稿。

一周后,在巴士底日的前夕,伽罗瓦再次被捕,这次是因为他穿着被禁的国民自卫军的制服,并且携带武器。他被关押了一夜。在监狱里他的狱友在墙上乱画反对国王的政治漫画和标语,这让伽罗瓦的处境更加糟糕。这一次,法院再不会对他网开一面了。在羁押了 3 个月后,终于等到了审判,这次伽罗瓦被判有罪,他被判处在巴黎南部郊区的圣佩拉吉监狱服刑 9 个月。

用数学逃避现实

长期以来,利用文学来逃避现实一直是囚犯应对被剥夺人身自由的一种方式。17 世纪的寓言故事《天路历程》(*The Pilgrim's Progress*)是约翰·班扬在贝德福德监狱写成的,他在那里被监禁了 12 年。奥斯卡·王尔德都曾在监狱里面写出过重要的作品。利用数学来逃避现实,消磨被限制人身自由、只有大脑陪伴的无聊时光的"数学逃避主义"也同样被历史所见证。20 世纪 80 年代,有几名人质在黎巴嫩被关押了多年,他们描述了在脑海中探索数学是如何帮助他们缓解苦闷并支撑他们熬过那些与世隔绝的日子的。

1940 年,法国哲学家西蒙娜·韦伊(Simone Weil)的哥哥,和平主义者、数学家安德烈·韦伊(Andre Weil),因未服兵役而在监狱中等待审判。在鲁昂监狱的那几个月里,韦伊在求解椭圆曲线方面的成果被誉为 20 世纪最伟大的发现之一。他在给妻子的信中写道:"在这里我在数学上所做出的成绩超乎我的想象,我甚至有点担心——如果只有在监狱里我的成绩才会这么好,那么难道我还要每年安排两三个月的监禁吗?"数学家亨利·卡丹(Henri Cartan)听闻他的突破后，写信给韦伊："我们都没你那么幸运，能够在一个不受任何干扰的环境下专心工作……"

伽罗瓦被监禁了起来，他也在自己的数学世界里寻找逃避现实的方法。在监禁期间，他收到了泊松关于他的手稿的报告。虽然结果不如人意，但至少在结尾有一段令人鼓舞的话：

就我所报告的这个命题来看，它应该是论文作者研究的具有广泛应用意义的一整个理论的一部分。通常，一个理论的不同部分是互证的，将它们联系在一起去理解比单独去研究会更容易一些。所以，现在我们最好等待作者把他的全部工作发表出来后，再去形成一个明确的意见。

于是伽罗瓦决定重新撰写被退回的手稿，以增加必要的扩展介绍。他孜孜不倦地研究数学，很快便在狱友中有了声望，因为这个年轻人是他们当中的"文化人"。

但他无法掩饰自己对法国科学院以及监管法国所有科学机构的法兰西学院的不满，因为这些机构对待他的态度实在太恶劣了。他的新文章开始充满了尖酸刻薄和愤怒的言辞：

是那些负责审阅我手稿、搞科学的人，使我的手稿在法兰西学院的档案中丢失了。我并不是想和阿贝尔攀比，但是我实在是弄不明白，为什么因阿贝尔之死而良心过不去的那些人会犯下同样的疏漏呢？

尽管牢骚满腹，但是伽罗瓦并没有把所有的时间都花在与数学研究机构、体制的对抗上。他还描述了一种新的数学概念方法，一种从"复杂的欧拉计算"转向"现代数学家的优雅，他们在脑海中可以一瞬间就能理解和掌握大量运算的方法"。他最伟大的突破是提出了"群"——一个新的抽象对象。研究物体对称的真正本质在于把它们作为一个整体的"群"，而不是单独关注局部或个体。

与每个著书立说的数学家在描述新发现时一样，伽罗瓦也需要与这个问题做斗争——在描述新发现时，如果你给出的细节过少，那么读者就没有足够的"指示路标"来帮助他们通过这座新的"数学迷宫"。然而，给出过多的细节同样会让读者不知所措，因为他们不清楚你想把他们带向何方。我们正好就有两个极端的例子，分别是阿贝尔的 6 页论文和鲁菲尼的 512 页史诗级巨著。

　　伽罗瓦意识到他的叙述中缺少解释："当看到手稿时，出版商一定认为这是一个简介。"伽罗瓦这样说：

> 想要增加方程的数量，这太容易了，只需在每个方程中替换字母，方程的数量就会无限增加。拉丁字母用完了，我们可以用希腊字母；希腊字母用完了，我们还有德文哥特体字母可以用；即使这些字母用完了，我们还有叙利亚字母，甚至中文字母！

　　他试图表达自己对这些概念的理解："论文中的文字和代数式一样多！"这种现象在许多数学论文中都存在，对于那些期待只看到一连串方程式的人们来说，这无疑会让他们感到意外。伽罗瓦仍然在努力寻找一种新的数学语言，能使他的思想在别人的头脑中变得鲜活起来。

　　伽罗瓦在监狱里的时候，结识了一个人民之友社的成员，他也利用狱中时光进行研究和写作。这人名叫弗朗索瓦·文森特·拉斯帕尔（François-Vincent Raspail），比伽罗瓦大 17 岁的拉斯帕尔彼时已经是法国著名的自然科学家之一了，他在禾本植物研究领域和一种新的生物细胞理论上颇有建树。在与伽罗瓦的交谈中，拉斯帕尔觉察到了这位年轻人的天赋，他预言："两年后，埃瓦里斯特·伽罗瓦将成为真正的数学家！但警察却不希望拥有这种才能和气质的科学家存在。"

　　于是，其他因犯就开始不那么尊重伽罗瓦了，他们喜欢戏弄这个不谙世事的年轻革命者。他们多次向伽罗瓦发起挑衅，怂恿他参加饮酒比赛。正如拉斯帕尔自狱中寄出的信件中所描述的：

> 拒绝挑战是一种懦弱的行为。我们可怜的巴克斯⊖在伽罗瓦孱弱的身体里产生了那么大的勇气，哪怕是最小的一件善事的百分之一，伽罗瓦也愿意献出自己的生命。伽罗瓦像苏格拉底勇敢地拿起毒堇⊜那样举起小酒杯，他一饮而尽，眨着眼睛，五官皱成一团。第二杯就比第一杯容易下肚多了，第三杯更顺了。这位酒场新手喝醉倒在了地上。胜利！向监狱里的酒神致敬！你陶醉了一

⊖ 罗马神话中的酒与植物神。——译者注
⊜ 苏格拉底因触犯了当时权贵的利益而被冠以"腐蚀青年思想"之名被迫饮毒堇汁而死。——译者注

个天才的灵魂，他惊恐地捧着酒。

在另一封拉斯帕尔从监狱寄来的信中，他描述了伽罗瓦醉酒后敞开心扉的情形：

我多么喜欢你，此刻比以往任何时候都更喜欢你。你不喝醉，你严肃认真，是穷人的朋友。但我的身体是怎么了？在我体内有两个人，不幸的是，我能猜出哪一个会战胜另外一个。对于达成目标，我太缺乏耐心了。在我这饱含激情的年轻岁月里充满了浮躁。看看吧！我并不喜欢酒。受不了一句话的刺激，我就捏起鼻子干了它，喝得酩酊大醉。我不喜欢女人，对我来说我只会喜欢塔尔皮亚和格拉恰[⊖]。我告诉你，我将在决斗中死去，因为一个下九流卖弄风情的女人。为什么呢？因为她邀请我为她的名誉而战，而另一个人损害了她的名誉。你知道我缺什么吗，我的朋友？我只向你倾诉：这是一个我只能在精神上爱慕的人——我的父亲，我失去了他，没有人能取代他，你听到我说什么吗……

这些言语很有预见性，人们只能猜测拉斯帕尔的信是在伽罗瓦死后几年编辑的。但伽罗瓦差点没能走出监狱去迎接他的命运。一天晚上，就在他要睡觉的时候，一声枪响，子弹拖曳着火光划过监狱的院子，伽罗瓦牢房里的一个人倒在了地上。好像有人在对面楼顶守卫值班的阁楼上，在瞄准射杀犯人。当值班的警卫终于到达监舍时，囚犯们已经开始吵吵嚷嚷骚动起来。令伽罗瓦出离愤怒的是，他确信这一枪是朝着他来的。他指责典狱长蓄意组织暗杀难缠的囚犯。此时典狱长感觉到监狱可能即将爆发骚乱，立即把伽罗瓦关进监狱深处的一间单人牢房。

其他犯人对伽罗瓦的遭遇大声抗议："你怎能将这个可耻陷阱的受害者和目击证人投入地牢？！大家都知道，这个名叫伽罗瓦的年轻人连大声说话都没有；当他和你说话时，他就像他的数学一样冷静。"一人喊道："伽罗瓦被关进了地牢！"又有一人喊道："噢，杂种！他们对我们的小书生怀恨在心。"这个夜晚以一场全面的暴乱结束。

⊖ 此二人皆为侍奉罗马灶神维斯塔的贞女，维斯塔是罗马神话中的炉灶、家庭女神，罗马十二主神之一。——译者注

霍乱时期的爱情

数学超凡脱俗、不食人间烟火的本质常常会侵蚀那些长期研究数学的人。正如他的朋友拉斯帕尔所说，伽罗瓦对女人的恐惧，可能是因为他无法完全掌握复杂的爱情游戏的规则和逻辑。他在这一领域的一次实验造成了灾难性后果。

最终结束巴黎全面革命的并不是对政治活动家的暗杀或监禁，而是 1832 年春天暴发的霍乱疫情。所有有钱人都逃离了城市，住在贫民窟的人们损失惨重。当局决定将年轻的和患病的囚犯转移出圣佩拉吉监狱，以避免囚犯因感染霍乱而暴发大面积的死亡。3 月 16 日伽罗瓦和一群囚犯一同被转移到了拉丁区的一个诊所。一个月后，伽罗瓦的刑期已满。虽然他重新恢复了自由之身，但他决定继续留在诊所。

正所谓天雷勾地火，和一群男人被关在一起几个月，现在，伽罗瓦在诊所里遇到了一个年轻的女人——斯蒂芬妮。她是诊所医生的女儿，时常到诊所帮助她父亲查房。伽罗瓦特别喜欢她，但似乎无法很好地驾驭他们之间建立起来的关系。坠入爱河的喜悦很快就被斯蒂芬妮拒绝他的求爱所带来的绝望所取代。

5 月中旬，斯蒂芬妮连着给伽罗瓦写了两封信，劝他冷静。伽罗瓦看到信后，一气之下把它们撕得粉碎，丢进了火堆里。焚烧掉这些信后，伽罗瓦马上后悔了，他试图在脑中重新回忆起斯蒂芬妮亲手书写下的一词一句。在伽罗瓦去世后发现的一些数学论文的背面，有斯蒂芬妮的书信片断："求你了，就让我们结束这一切吧。我没有精神和你继续保持这样的通信，但是我保证我会努力与你保持联络。就让我们回到从前，回到什么都没发生的时候吧。"这桩情事告一段落后，伽罗瓦陷入了绝望，5 月 25 日他写信给他的朋友奥古斯特·舍瓦利耶：

怎样才能消除这段刻骨铭心的感情挫折给我带来的伤害呢？在一个月之内，我耗尽了一生追求幸福的力量，但却没能获得幸福，也没有丝毫希望。我该怎样才能安慰自己呢？

接下来几天发生的事情至今仍然是一个谜。伽罗瓦，一个重获自由的人，又一次参加了已被宣布为非法组织的人民之友社的集会。5 月 5 日，在伽罗瓦出席的这次会议上，人民之友社决议发动武装起义是推翻现政权的唯一方法。露西恩·德拉奥德，他是警方的一名线人，渗透到了人民之友社中，并向警方报告了这桩正在酝酿中的计划。

露西恩·德拉奥德的报告中有一个模棱两可的地方，那就是伽罗瓦是否真的参与策划了武装起义。5 月 30 日，在清晨的薄雾中，一个农民在去市场的路上经过一个池塘，发现池塘边有一位年轻人躺在地上，痛苦地扭动着身体。他的腹部中了一枪，他中的这一枪很可能是一场决斗所造成的。在 19 世纪的欧洲，决斗是解决关于女人、政治、荣誉甚至鹅的归属等争端的一种常见方式。本地报纸经常刊登即将到来的决斗的消息和决斗的条款。

伽罗瓦被送往科钦医院，一天后在那里去世，他拒绝接受医院牧师为他举行的最后仪式。他对陪他度过最后几个小时的弟弟说："不要哭，在 20 岁时死去，我需要鼓起全部勇气。"在他冒险赴死的前一天晚上，他给共和党的朋友写了一封信，信中写道：

> 我请求我的爱国者朋友们不要因为我没有为国捐躯而责备我。我死在一个残忍的卖弄风情的女人和两个同样被她玩弄于股掌之间的人手里。我结束我的生命是为了一次可悲的诽谤。哦！为什么要为这么微不足道、这么可鄙的东西而死呢？……我愿意为公众的利益献出我的生命。

看来那个"卖弄风情的女人"不是别人，正是斯蒂芬妮。这场决斗的起因至今仍是个谜。决斗就发生在距离伽罗瓦和她见面的诊所几条街的地方。是不是伽罗瓦发现斯蒂芬妮还有一个情人，一直以来她都是脚踏两只船，玩弄了伽罗瓦的感情？

虽然决斗是为了一个女人，但也有一些推测认为可能是伽罗瓦策划了自己的死亡，用以制造火花来点燃一场新的革命。当人民之友社的领导人听说他的死讯时，马上就召开了一次会议。根据警方安插在人民之友社内部的卧底所提供的消息，人民之友社认为伽罗瓦的葬礼是他们策划暴力反抗的绝佳借口。

第二天早上，共有 3 000 人参加了在蒙帕纳斯举行的葬礼。但在葬礼上的演说中，一个更大的可用来造反起事的理由被传开了。拉马克将军，拿破仑的得力助手之一，在当天早晨去世了。拉马克将军的葬礼，与伽罗瓦这个不为人知的对政治现状不满者之死相比，可能会激起更强烈的革命热情。人民之友社的领导人很快就做出了决定，起义暂时中止了，伽罗瓦的葬礼匆匆结束。可以说，伽罗瓦的死是数学史上最无意义、最悲惨的事件之一。

虽然他在决斗的前一晚写了好几封信道出了决斗的原因，更花费了大半个晚上来充实他那些鲜为人知的数学理论。他的朋友舍瓦利耶成为他表达自己思想最适合的人选。伽罗瓦似乎对自己即将到来的死亡深信不疑，以至于他整夜都在试图将自己的发现厘清、理顺，试图一一回答和阐释泊松在报告中提到的若干问题。但随着黎明的来临，时间越来越紧迫，他不得不将自己的解释说明一再简化。甚至在信件中一度癫狂地写道："这个证明的完善还需要再提供几个重要的支撑。但是，我实在没有时间了！"

在信的结尾处，伽罗瓦绝望地恳求道：

在我的一生中，我经常敢于对我不确定的命题质疑。但我在这里所写下的一切，在我的脑海中已经思考了一年多的时间，已经十分清楚、明晰，我不愿自己因为提出了未完全证明的定理而被质疑。请公开要求雅可比或高斯给出他们的意见，不是请他们鉴真辨伪，而是请他们就这些定理的重要性发表意见。在这之后，我希望有人会发现并愿意接手我丢下的这个"烂摊子"，我深信它不久便会大放异彩、举世瞩目。在此，我热情洋溢地拥抱你。——埃瓦里斯特·伽罗瓦。

几个小时后，他被枪杀了。索菲·热尔曼在给朋友的一封信中总结了似乎正在席卷巴黎数学界的邪风：

在与数学有关的一切事物上，绝对存在着某种命运或诅咒。你自己所处的困境、柯西的问题、傅里叶的死，还有身为学生的伽罗瓦之死，尽管伽罗瓦鲁莽了一些，但他的惊人发现暗示了数学的一些令人兴奋的发展和趋势。

后人证实了热尔曼对伽罗瓦思想未来发展趋势的畅想。在伽罗瓦留给舍瓦利耶的论文中所阐述的，是一种关于对称的全新观点的萌芽，对称是自然界最基本的概念之一。直到现在，当我翻看伽罗瓦的笔记时都会感到震惊，一个初出茅庐的年轻人竟有如此的远见卓识！过去200年来数学家们在对称理论方面取得的重大突破，可以一次又一次地追溯到伽罗瓦潦草的笔记中隐藏的深刻思想。这位年轻的革命者是第一个清楚地阐述了我现在每天工作中都在使用的语言的人。

2 月 13 日下午，巴黎拉德芳斯

我和托马尔去了巴黎高等师范学院，弗朗索瓦在那里有一间办公室。学校位于拉丁区中心，伽罗瓦成年后也曾在此居住过几年。途经弗朗索瓦办公室的一路上有很多房间，门牌写着曾经使用过它们的人的名字，诸如塞缪尔·贝克特（Samuel Beckett）〇、保罗·策兰（Paul Celan）〇等。托马尔问我他们是谁，贝克特我知道，但是策兰是哪一位，我是真不知道。弗朗索瓦恰巧没在办公室。我将我的问题编辑成电子邮件发给他。看望弗朗索瓦并不是我们此行的主要目的，他既然没在，我们刚好前往朝圣巴黎柏拉图式建筑的第三站。

我们要去参观一个位于巴黎郊区的立方体建筑，它不是普通的立方体，而是一个四维的立方体（见图 7-6）。在法国前总统弗朗索瓦·密特朗（François Mitterrand）的主导推动下，巴黎建造了一系列标志性的现代建筑。其中，拉德芳斯大拱门的设计我认为最富想象力，最令人印象深刻。大拱门之所以选址在拉德芳斯，是因为它与其他一些伟大的巴黎建筑沿着现在被称为"密特朗视角"的方向排列。从上午参观的卢浮宫金字塔开始，途经凯旋门和埃及方尖碑，就可以抵达拉德芳斯的大拱门。

在地铁出口上楼梯时，你就会看到大拱门高耸在拉德芳斯广场之上。大拱门实在是太大了，巴黎圣母院的塔楼都可置于其下。在广场旁边的高楼一侧，有一个巨幅广告，图中的足球巨星蒂埃里·亨利（Thierry Henry）正飞身凌空抽射。看起来好像大拱门就是他的目标。在我看来，拱门的意义不在于它的大

〇 塞缪尔·贝克特（Samuel Beckett，1906—1989）爱尔兰作家，创作领域主要有戏剧、小说和诗歌，尤以戏剧成就最高。他是荒诞派戏剧的重要代表人物，1969 年获得诺贝尔文学奖。——译者注

〇 保罗·策兰（Paul Celan，1920—1970），生于一个讲德语的犹太家庭，父母死于纳粹集中营，策兰本人历尽磨难，于 1948 年定居巴黎。策兰以《死亡赋格》一诗震动战后德语诗坛，之后出版多部诗集，达到令人瞩目的艺术高度，成为继里尔克之后最有影响的德语诗人。——译者注

小，而在于它试图展示出一个四维的立方体。我们生活的世界是三维的，因此就不可能建造出四维的立方体建筑。但数学家们却发现了捕捉和展现这些令人难以捉摸的形状的有趣方法。

图 7-6　法国巴黎拉德芳斯大拱门

走向拱门时，太阳将我们的影子投射到地面上。影子是身体这个三维立体形状的二维平面投影。随着身体的移动和动作的转换，影子也跟着发生改变。有些影子，比如我们侧面的剪影，就能很好地反映出身体在三维空间中的样子。这座拱门利用了文艺复兴时期画家在平面二维画布上创造出三维立体视觉幻觉的巧妙构思。如果想在二维平面上绘制立方体，那么你可以做一个简单的尝试。就像图 7-7 所示的那样，在正方形中绘制一个较小的正方形。仔细观察这个几何图形时，就会产生一种几何体凸出浮于纸面之上，或者逐渐向下凹陷的奇妙错觉。

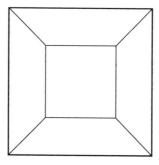

图 7-7　三维立方体的二维投影

大拱门把这种意识的错觉又提升了一个维度。四维超立方体的三维投影是由一个大立方体嵌套一个较小的立方体构建而成的。当人们走向这种嵌套的立方体时，会产生一种奇怪的效果。虽然天气很好，微风习习，但会有呼啸的风穿过广场吹向拱门。这让人感到似乎创造一个四维形状的投影是相当危险的。这种感觉就像建筑师打开了一个小型的虫洞，把我们拉向拱门的中心。大拱门并没有把我们的视线引向巴黎郊区，它似乎更像是通往另一个世界的入口。

我们还可以用其他的方法来描述和表达这个超立方体。就拿我在学生时期发现的将几何转换成代数的方法为例。我们将二维平面上的正方形的 4 个顶点的坐标表示为 $(0, 0)$, $(0, 1)$, $(1, 0)$ 和 $(1, 1)$。同理，三维立方体的 8 个顶点的坐标可以表示为 $(0, 0, 0)$, $(0, 0, 1)$, $\cdots$, $(1, 1, 1)$。以此类推，对于一个具有 16 个顶点的四维超立方体，其坐标可以表示为 $(0, 0, 0, 0)$, $(0, 0, 0, 1)$, $\cdots$, $(1, 1, 1, 1)$。这种将几何表示转化为代数表示的过程，将一些在视觉语言范畴中看起来相当神秘的东西实体化了。

尽管高维度几何形状我们无法表示出来，但却可以通过另一套"数学镜头"来探索其中的玄机。就拿四维超立方体来说，它一共有多少条边呢？如果 2 个顶点的坐标值的 4 个数字中，有 3 个相同，有 1 个不同，那么就可以确定这两点之间存在一条边。多亏了代数，我除了可以计算四维超立方体有 16 个顶点以外，还可以进一步推导出它具有 32 条边、24 个正方形面，它由 8 个立方体构成。那它的对称呢？这就是伽罗瓦的遗产。他的新语言使我们分析这些更高维度形状的对称成为可能。这种新语言也同样在我的素数边形高维度对称研究中发挥着重要作用。在返回伦敦的"欧洲之星"列车上，托马尔沉沉睡去，我拿出黄色的便笺簿，准备对我的问题发起另一轮攻击。

数学家就像法国人，无论你跟他们讲什么，他们都能把它翻译成自己的语言，然后就成为全然不同的新东西。

——歌德

第 8 章
3月：不可分割的形状

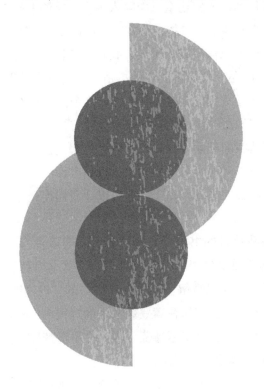

3月17日，斯托克纽因顿

理解数学问题可分为三个层次：第一个是靠自身的领悟突然明白；第二个是采用现场研讨会讲述与在黑板上书写方程式相结合的方式，在现场众人面前阐述个人见解，引发听众的共鸣；第三个是最难的，这需要将观点进行总结、归纳、抽象，最终能够被印刷成文字。读者在没有讲解和引导的情况下能够通过自行阅读学习数学知识，但这必须基于正确的"路标"指引，读者才能把握方向，避免"迷路"。

对于理解我和弗里茨的工作，现在我就正处在第三个层次。我试着把在波恩的工作和发现记录下来。虽然它只是证明我猜想过程中的一小步，但这是一个不错的开端。诚如伽罗瓦所言，我必须判断和控制细节阐述的体量，以避免读者因抓不住总体脉络和叙述重点而陷入困境。能够书面表达自己的想法也是一门艺术，为了更好地描述事物，通常需要创造新的描述性语言。

当我早期的研究取得突破的时候，我就曾觉得把自己的想法解释给我的博士生导师丹（Dan）是一件异常困难的事情。丹当时给了我一个建议："你为什么不给你所描述的这个对象起个名字呢？"这个提议看上去十分简单，我却从中受益良多。命名我所关注的结构，便可以很好地表达我的思想，这个办法解决了此前一直困扰我的难题。我脑海中的迷惑瞬间云开雾散，思路变得清晰且具象化起来。我可以对这个名称的含义进行精准而不夹杂任何模棱两可概念的定义。数学语言的强大之处就在于，它可以让我捕捉到迷失在逻辑论证的繁杂线索中的结构。

小时候，在我读过的书里就充满着各种符号和简写，它们能够言简意赅地表达所需阐述的数学思想。尽管这种表达方式非常强大，但也使数学这门学科在很多时候变得难以理解。就像一座虚幻的"巴别图书馆"[⊖]，其中的每一层使用一种新的语言。如果在攀登数学塔的过程中你跳过其中任何一层，那么在前行的道路上你就会越来越迷茫，因为你不清楚那层里所使用的简写或符号的含义，根本就不知道人们在说什么。

将证明的全部细节写下来需要心无旁骛、全神贯注。如果将人比作计算机

⊖ 阿根廷作家博尔赫斯创作于 1944 年的著名短篇小说《巴别图书馆》中所描述的图书馆。——译者注

的话，人类的大脑就像计算机硬件，而证明就像计算机软件。硬件因人而异，软件则需在每一台计算机上都能运行。倘若别人开始处理你的证明时，系统就崩溃了，那么这一定说明这个证明在哪里出了问题。所以，我又用了一个上午的时间来处理、校验我的逻辑论证的细节问题。经过几周的不懈努力，我终于大功告成，很快它就可以寄给学术期刊发表了。

伽罗瓦也曾意识到，他的观点读者理解起来会非常困难，他这样写道：

这一问题的阐述和讨论需要引入新的名称和符号。我们毫不怀疑，如果从一开始就设置了这样的"障碍"，有可能会激怒受众，受众是无法容忍作者用一种他们不信任的新语言和他们对话的。在受众的信任之下，作者的思想才有可能得以传播。

伽罗瓦努力以一种别人容易理解的方式来表达自己的数学思想和推理过程。也许，他在决斗前写给好友舍瓦利耶的那封热情洋溢的信，正是让他的思想有幸得以流传下来的关键。一直以来，舍瓦利耶非常钦佩伽罗瓦的数学能力，也更无法拒绝好友"将死之际"的恳求——帮伽罗瓦赢回他应得的认可。

装着数学论文的邮包

除了这封信，伽罗瓦还留给了他朋友成堆未完成的手稿。对于伽罗瓦留下的一堆数学谜题，舍瓦利耶实在是没有足够的数学能力来解决，但即便如此，他也明白他必须硬着头皮去完成伽罗瓦的遗志，这既是为了伽罗瓦，也是为了这门学科本身。

舍瓦利耶发誓绝不会让伽罗瓦的这些新发现寂寂无闻。在伽罗瓦奄奄一息之际，他的弟弟阿尔弗雷德一直在床前陪伴着他。在阿尔弗雷德的协助下，他们把手稿中最重要的那一部分抄录了下来，以便邮寄给欧洲各地的数学家。伽罗瓦曾要求舍瓦利耶将自己的手稿邮寄给两位著名的德国数学家卡尔·雅可比和高斯，并希望他们给出意见，但未得到回应。也许这两位数学家认为与其花时间去探究这样一份"含混不清、来路不明"的手稿，不如钻研一下自己手头的工作。但舍瓦利耶并没有因此而放弃。

这样的尝试舍瓦利耶一直坚持了 10 年。终于，法国数学家约瑟夫·刘维尔（Joseph Liouville）表示他对伽罗瓦留下的宝贵信件和手稿感兴趣并希望对其进行研究。刘维尔是巴黎综合理工学院的教授，这所学校是法国最负盛名的工程师的摇篮，也是伽罗瓦生前最为向往的学府。一位与刘维尔见过面的英国数学家曾这样描述："他是一个和蔼可亲且健谈的小个子男人，与他共事让人感觉非常轻松愉快。我在他身上看到的唯一缺点，是他偶尔会发出那种呆板的傻笑。"刘维尔是一位多产的数学家，他曾发表过 400 多篇论文，所涉及的领域从天体力学到数论，十分广泛，甚至下面这个无限小数也是以他的名字命名的：

$$0.110\ 001\ 000\ 000\ 000\ 000\ 000\ 000\ 001\ 000\ 0\cdots$$

小数点后面出现的每一个 1，都是由 1/10 的 $n!$ 次方得到的。刘维尔通过证明该数不可能是任何整系数代数方程的解，从而证明了它不是一个代数数，而是一个超越数。除此之外，刘维尔还因为慷慨地支持和帮助其他年轻的数学家开展研究工作，树立了良好的声誉。

法国高等院校发生的"内卷"使得刘维尔大为失望。他曾这样描述：

一些评论家被一种奇怪的移民精神所蛊惑，他们肆意谩骂一个又一个高尚的、具有杰出贡献的、在各个学科领域给法国带来极大荣誉的人。这种尖酸、专横的风气将会使人们蒙羞，玷污他们的品格和才能，这种风气永远不会出现在我的身上。

他决定在巴黎创办自己的期刊，用以对抗影响其他法国出版物的那些歪风邪气。刘维尔年轻的时候曾在一本新期刊上发表了数篇论文，这本期刊是由德国数学家奥古斯特·克雷尔在柏林创办的。当年正是《克雷尔新刊》支持了年轻的阿贝尔，期刊上刊登了阿贝尔大量当时并不为人们所理解和认可的数学论文，该期刊是阿贝尔的思想得以传播和发扬光大的重要途径。通过《克雷尔新刊》，阿贝尔逐渐被欧洲数学家所熟知。刘维尔希望他的新期刊《纯粹数学与应用数学》也能够起到同样的作用。

1842 年，刘维尔终于有机会做"伯乐"了。像克雷尔支持和成就了年轻的阿贝尔一样，刘维尔发现了属于他的"千里马"伽罗瓦。他收到了舍瓦利耶寄送来的伽罗瓦的手稿，这些手稿给他留下了极其深刻的印象，他确信这些手稿上的内容具有极高的研究价值。在研读完伽罗瓦的遗稿后，刘维尔敏锐的数学嗅觉立刻就洞察出在这些遗稿中包含的一些值得深入探究的东西。于是，他决定花时间去解开这些像杂乱缠绕的线团一样的方程式，并证明论证过程中的一个个"谜团"。刘维尔的努力获得了相应的回报。他曾这样描述："在填补了一些伽罗瓦由于粗心而遗漏的缺陷后，我认为伽罗瓦所提出的证明方法是完全正确的，同时也领略到了伽罗瓦理论之美。我心中充满了强烈的、无与伦比的喜悦。"就在那一刹那，伽罗瓦略有缺陷的证明开始在"他人"的大脑中生根发芽、发挥效用了。

1843 年 9 月 4 日，刘维尔再一次做好了将伽罗瓦的研究递送法国科学院的准备，他表示："在研究埃瓦里斯特·伽罗瓦所做工作的过程中，我发现伽罗瓦找到了有关代数方程是否有根式解问题的完美解决方案，希望能够得到法国科学院方面的肯定和支持。"三年后，刘维尔又在自己创办的期刊上刊登了伽罗瓦的论文。通过这样的方式，刘维尔把伽罗瓦提出的新思想传达给了守旧派。至此，伽罗瓦的发现开创了一个新的数学世界。最终数学家们凭借这种方法找到了通往数学"新大陆"的途径。

甚至曾经拒绝伽罗瓦遗念的德国数学家卡尔·雅可比在一个主流期刊上看到伽罗瓦的论文后，又写信给伽罗瓦的弟弟，询问他是否还有伽罗瓦尚未发表的其他研究成果。阿尔弗雷德对雅可比的关心表示了感谢，他希望人们认可伽罗瓦在数学上的伟大贡献，希望伽罗瓦的数学思想在其肉体消亡后还可以与世长存。正如 20 世纪英国大数学家哈代所说的那样："即使埃斯库罗斯[⊖]为人们所遗忘，但阿基米德仍会被人们记住，因为语言文字会消亡，而数学思想却不会。'不朽'可能是个缺乏理智的词，无论它意味着什么，或许只有数学家才是最有可能享有它的人。"事实上，今天的每一位数学家都在学习伽罗瓦著作的核心的基本概念，这印证了哈代所言非虚。

素数对称性

伽罗瓦研究的后续发展，为我们提供了一种思考对称的新方法。绝大多数

⊖ 埃斯库罗斯被誉为古希腊悲剧的奠基人，被称为"悲剧之父"。他的作品以其宏大的主题、深刻的思想内涵和精湛的艺术技巧而著称，对后世戏剧创作产生了深远影响。——译者注

人都认为对称只是物体的一种静态属性。伽罗瓦的研究开启了一个非比寻常的新视角：对称的特性应当是主动的、动态的，而不是被动的、静态的。物体的对称性指的是，我们对其施以某种特定操作后，它依然能够变换回施加操作前的原始状态的性质。这是在我很小的时候就已经明白的事情。拿一枚七边形的硬币（如面值为 50 便士的英国硬币）放在一张纸上，沿着硬币边缘在纸上画出其轮廓。硬币的对称性就是指无论以何种方式移动硬币（如旋转、翻转等），它依然会回到我们先前为它画的轮廓线内。这就像一个"魔术戏法"。

伽罗瓦的核心观点是，我们不应该孤立地关注物体或系统在某一层面上的对称性，而应当将其看成一种对称的"集合"进行总体考量，他把这种集合称为"群"。在这个群中，任意一种对称都是在物体基础结构上施加相应的"操作"，就像上文所说的变魔术。相较于孤立、单一的对称，伽罗瓦更感兴趣的是所有对称构成的群，即在某种结构上不断进行各种对称操作，最终将得到什么。他发现，正是群中不同对称之间的相互作用概括了物体对称性的本质特征。

这种相互作用通过"乘法运算"将群内所有的对称性绑定到一起，构成一个整体。此"乘法运算"并非两个数相乘，其本质是将所有具体操作抽象成一种二元运算，这里只不过是以"乘法"命名。在一个群中进行乘法运算，就表示需要先后执行两种操作。伽罗瓦发现，就像两个数字相乘可以得到第三个数字一样，两种对称操作的结合也可以产生第三种对称。按照顺序，先进行第一种对称操作，再进行第二种对称操作，那么这两种操作相结合所达到的效果就等同于单独执行第三种对称操作所达到的效果，如果直接使用"乘法运算"的话，那么一步就可以完成了。

如图 8-1 所示，将顶点为 A、B、C、D 的正方形顺时针旋转 90°，再以水平中线为对称轴翻转，得到的结果与直接以对角线 BD 为对称轴进行翻转得到的结果是相同的。在这里，我们将这些对称操作统一称为置换，置换一般有"轮换"和"对换"两种情况。例如，顺时针旋转 90° 后，每个顶点依次替换，这属于"轮换"，这里用 X 表示；沿水平中线翻转后，A 与 B 对调，C 与 D 对调，这属于"对换"，这里用 Y 表示；沿对角线翻转后，A 与 C 对调，而 B 和 D 的位置保持不变，这也属于"对换"的范畴，这里用 Z 表示。我们用乘法运算表示它们之间的置换关系：$X \times Y = Z$，表示先执行 X 操作，再执行 Y 操作，其结果等同于直接执行 Z 操作。通过这种办法，伽罗瓦发现了对称性更深层面的本质特征，即每个物体的对称性是其内部不同对称之间相互作用的反映。

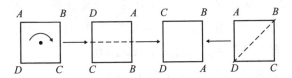

图 8-1 顺时针旋转 90° 之后再沿水平中线翻转得到的图像与直接沿对角线翻转得到的图像相同

然而伽罗瓦真正关注的并不是物体形状，他用方程的解（例如，四次方程 $x^4 = 2$ 的四个复数解，见第 7 章图 7-4）分别替代正方形的 A、B、C、D 四个顶点后，发现上述对称性质依然是存在的。伽罗瓦没有在呆板的形状问题上纠结，他所探索的是满足方程的解相互之间存在什么样的规律，如 $A+C=0$ 以及 $B+D=0$。他认为方程的解也构成了满足 $A+C=0$ 和 $B+D=0$ 这两个条件的置换群。其重点在于置换的相互作用而不是局限于某一特定的置换。以 A、B、C、D 的轮换和对换这两种置换方式为例，轮换是用 A 替换 B，B 替换 C，C 替换 D，D 替换 A，置换后的结果可以满足 $A+C=0$ 和 $B+D=0$。对换是将 A 与 B 互换，C 与 D 互换，上述两个等式依然能够成立。依次执行这两种置换，形成的组合效果又产生了第三种置换：B 和 D 保持固定不变的情况下，交换 A 与 C 的值。特别要指出的是，第三种置换也是属于满足上述两个等式的伽罗瓦置换群。

伽罗瓦在分析群内部的对称性时惊奇地发现，某些群还可以分解为规模更小的对称群，其对称性似乎是相对独立的，丝毫不会受到这种分解的影响。例如，十五边形硬币的旋转轮换可以由五边形和三角形的旋转轮换组合构建，但十七边形硬币的旋转轮换却无法以子群组合的形式构建。因此他得出一个结论：正素数边形的旋转轮换具有素数不可分的对称性。除简单的正素数边形外，伽罗瓦还发现另外一些有趣的不可分对称群。例如，正十二面体的 60 阶置换群[⊖]也是不可分的。这说明在某种特定的情况下，尽管物体具有的对称数不是素数，但依然具有不可分性。

伽罗瓦对这一发现很感兴趣，因为他意识到对称群是否可分的特性是决定

　　⊖ 刻画了正十二面体的 60 种旋转对称。——译者注

方程能否有根式解的关键。如果对称群可分解为正素数边形的旋转对称，那么该方程就有根式解，反之就没有根式解。

例如，我们将三次方程 $x^3 + 2x + 1 = 0$ 的三个复数解分别表示为 A、B 和 C，其满足包括 $A \times B \times C = -1$ 在内的多个对称性条件。这三个解构成的排列共有 3!=6 种，也就是有 6 种置换。方程 $x^3 + 2x + 1 = 0$ 的对称群是由满足所有对称性条件的 A、B、C 三个解所构成的置换群。也就是说，这个特殊的方程 $x^3 + 2x + 1 = 0$ 使得所有的 6 种置换均满足将方程解联系在一起的对称性条件。事实上，这三个解的对称群与正三角形的对称群是一样的。若将 A、B、C 视为正三角形的三个顶点（见图 8-2），那么它们的每种置换都可以通过三角形的旋转轮换或以中线为轴的对换等操作获得。

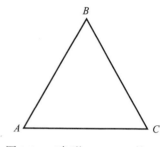

图 8-2　三角形 A、B、C 的三个顶点构成 6 种置换

按照伽罗瓦的理论，塔尔塔利亚之所以能够找到三次方程的根式解，正是因为正三角形中的 3 个元素构成的 6 种对称可以按照对称操作的不同进行进一步分解，一种是围绕中心点的旋转对称，另一种则是以中线为对称轴的轴对称。所以，正三角形的 6 种对称可由两个素数阶对称群构建，一个具有三种对称，另一个具有两种对称。如果说两种对称操作的叠加构成一种新的对称的过程，被称为"乘法"运算，那么我们也可以把一种对称分解为两种对称操作的过程称为"除法"运算。

卡尔达诺的学生费拉里所解决的四次方程根式解的问题要更复杂一些。四次方程的 4 个解构成的置换可以用正四面体的对称性来描述。假定这 4 个解均位于正四面体的顶点，那么它们所构成的置换将与正四面体的旋转对称和轴对称相关联。该置换群共有 24 种不同的对称。图 8-3 表示的是正四面体以两条对边中点的连线为轴旋转 180° 后构成的对称，其结果是顶点 A 与 B、C 与 D 位置的互换。

在图 8-3 中，连接对边中点的轴还有另外两条，按照同样的对称操作，可分别将 A 与

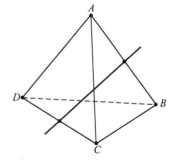

图 8-3　正四面体旋转对称，A 与 B、C 与 D 的位置互换

C、B 与 D 以及 A 与 D、B 与 C 的位置互换。有趣的是，这个子群的对称性实际上和矩形的对称性有着异曲同工之妙。矩形共有 4 种对称，如图 8-4 所示。这些对称包括：以水平中心线为轴的轴对称，使得 A 与 D、B 与 C 发生互换；以垂直中心线为轴的轴对称，使得 A 与 B、C 与 D 发生互换；以点 O 为中心点旋转 180° 的中心对称，使得 A 与 C、B 与 D 发生互换。矩形在原地保持不动，即为第四种对称。

　　人们没有想到能够找到隐藏在正四面体背后的矩形对称。毕竟，正四面体是由 4 个等边三角形组成的。尽管如此，上一段中所描述的正四面体以对边中点为轴的 3 种轴对称，对于顶点 A、B、C、D 的影响与矩形的对称性是完全相同的，好像它们就是矩形的顶点一样。更有趣的是，伽罗瓦发现可以把正四面体对称群的 24 种对称除以矩形的 4 种对称，从而得到隐藏在三次方程背后的三角形的 6 种对称。而矩形的 4 种对称和三角形的 6 种对称，本质上又都是通过正素数边形构建的。这种能够将对称进一步分解为正素数边形对称的特性，正是费拉里能够发现四次方程求根公式的原因所在。

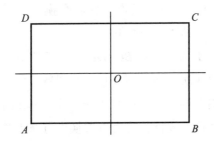

图 8-4　正四面体对称群可以被矩形对称群所除

　　正四面体"除以"矩形得到了一个三角形，这就像 24 除以 4 得到 6 一样，没有余数。但对称群的除法可谓波谲云诡，它可比数字的除法复杂多了。所以，在处理对称群的分解问题时需要更加小心谨慎，失之毫厘，谬以千里。例如，很明显，三角形的对称群作为一个对称子群隐藏于正四面体对称群之中，但如果把它当作除数，很可能一番操作后，操作的结果将因无法成为任意一个对象的对称集合而变得毫无意义。那么，能被 24 整除的数有很多，如 3、4、8 等。对称让事情变得更加有趣了。只有一些特定的对称子群作为除数才可以分解出另一种形状。所以，尽管正四面体对称群的对称子群可以是拥有 3 种对称的，还可以是拥有 4 种甚至 8 种对称的，但只有拥有 4 种对称的对称子群才可以将正四面体对称群完全分解，从而得到另外一个对称群。

伽罗瓦的重大突破在于，他发现了隐藏在五次方程背后的形状，是第一个不能通过"除法"运算分解为多个正素数边形的对称子群的例子。无论怎样选择子群，都是无计可施的。例如，方程 $x^5 + 6x + 3 = 0$ 有 5 个解，但这些解相互间满足某种联系的定律并不很多。事实证明，无论它们以何种方式置换，这些定律都是恒成立的。5 个解可构成 120（$= 5 \times 4 \times 3 \times 2 \times 1$）种不同的排列，因此该对称群共有 120 种不同的置换。

我们可以把该对称群分解为两个对称子群，其中一个有 60 种对称，另一个有 2 种对称。正如数字有奇数也有偶数，同理，置换也具有奇偶性。如果每次互换两个对象，那么在一系列的互换操作后，我们可以完成或实现任意置换。例如，假设我持有 5 张标有字母的卡片，按照 ABCDE 的顺序排列。我想通过一系列互换的操作将其排列顺序变为 BCDEA。那么就可以这样：首先让 A、B 互换位置，然后让换到第二个位置上的 A 再与 C 互换，再然后让位于第三个位置上的 A 与 D 互换，以此类推，最后交换 A 与 E。这样就可以得到我需要的卡片排列顺序了，具体过程如下：

$$(ABCDE) \rightarrow (BACDE) \rightarrow (BCADE) \rightarrow (BCDAE) \rightarrow (BCDEA)$$

因为这个过程需要 4 次交换，而 4 是一个偶数，所以我们将这种 5 张卡片依次轮换的置换称为偶置换。如果只有 4 张卡片，那么将它们依次轮换需要进行 3 次交换，而 3 是奇数，故将其称为奇置换。五张卡片共有 120 种置换，其中有 60 个偶置换，60 个奇置换。特别需要注意的是，在一个偶置换后接续另一个偶置换，会得到第三个偶置换（两个偶置换操作复合的结果是偶置换）。但这条规则并不适用于奇置换，因为两个奇置换复合的结果是偶置换。所以，只有偶置换的集合才能构成对称群。这实际上与正十二面体的 60 种旋转对称是一样的。每个旋转都可以与一个偶置换相匹配，那么不同旋转之间的相互关系就可以通过不同偶置换之间的相互关系来精确刻画。该形状的对称性可通过 5 张卡片的均匀洗牌置换[⊖]来反映。

伽罗瓦发现了一个惊人事实：这个有 60 种对称的对称群是不可分的（不

⊖ 洗扑克牌时，将整副牌分成相等的两叠来洗，达到理想的一张隔一张的均匀情况，故称为均匀洗牌置换，或简称为洗牌置换。——译者注

可做除法）。所以，尽管数字 60 可以被 5 整除，商为 12，但是没有一个合适的对称子群可将该对称群划分，从而得到另一个有意义的、特定对象的对称操作集合。你或许会认为其中一个五边形旋转可用来进行分割。这样做确实会形成一个具有对称性的子群，但当你试着以这个对称子群作为除数来分割整个对称群时，却并不符合对称性。正十二面体的 60 种对称之间错综复杂的联系在某种程度上确定了它的不可分性。对称以一种奇妙的方式"捆绑"在一起，由两种对称复合而形成的第三种对称无法再逆向分解形成对称子群。

毋庸置疑，60 是一个可约的合数，它可以被 1 和其本身以外的正整数整除。但具有 60 种对称的群是不可分的，在这方面它跟素数具有相同的性质。伽罗瓦意识到这种对称的不可分性决定了与其相关联的五次方程是不可能找到简单求解公式的。

这就是伽罗瓦所取得的巨大进步，而阿贝尔却与之擦肩而过。单个方程的对称性提供了一种根据方程对称群特点来判断该方程是否可解的方法。如果方程的根置换群由正素数边形"积木块"（构建模块）组成，则该方程可通过求数字的平方根、立方根或更高次方根的方式来求解。但如果组成方程根置换群的"积木块"里又包含了其他不可分的形状，如正十二面体的旋转对称，那么该方程就没有根式解。现代数学家把正素数边形构建的群称为可解群，这表明它们与方程是否有解是密切相关的。

由 5 个字母（或元素）构成的偶置换群称为 5 阶交错群。继正素数边形对称群之后，它构成了"对称元素周期表"的第一个"积木块"，开启了一个新的时代，谱写了人类认识对称世界的新篇章。

纸牌戏法

虽然刘维尔是意识到伽罗瓦所做研究的重要性的第一人，但另一位法国数学家卡米尔·若尔当（Camille Jordan）才是真正认识到伽罗瓦思想伟大之处的人，他在伽罗瓦的基础上潜心研究，并将其发扬光大。伽罗瓦发现，对称群要么就直接是不可分的，要么就是可分解成更小规模的不可分对称子群。现在，数学家们可以试着去列出所有的"积木块"了，以组成一个"对称元素周期表"，然后开始着手去解决如何使用其中的"积木块"来构建新对称群的问题。实际上，数学家们发现将这些"积木块"拼装在一起的方法可以有很多种，这个特性似乎有点令人捉摸不定。这一点与数字的运算方式大相径庭。"积木块"的乘法运算结果仍然是正素数边形对称，而素数的乘积却不然。例如，2、3、5、7 的乘积结果是 210，它是一个合数。但实际上，对于分别拥有 2、3、5、7 条边的正素数边形对称的"积木块"，它们的不同拼装方式竟然可以达到 12 种。

1870 年，若尔当出版了一本书，阐明了伽罗瓦的研究思想。他还在书中谴责了德国的数学权威研究机构没有意识到舍瓦利耶寄来的伽罗瓦遗稿中所蕴含的丰富宝藏。然而这些批评的提出，也可能不仅仅是因为纯粹数学研究上的竞争，因为它们恰巧是在 1870 年夏天普法战争爆发前两国都在积极备战之时提出的。

若尔当尝试去研究用正素数边形"积木块"到底可以拼装出什么样的对称群。很快他便发现，尽管这些"积木块"的结构非常简单，但它们可以构建出各种各样纷繁复杂的新形状，它们甚至是我现在正致力研究的谜团的一部分。他也证实了伽罗瓦所发现的不仅仅是一个新的不可分对称群。伽罗瓦在五次方程求解的核心问题上发现的正十二面体不可分的旋转群，开启了这类无限群大家族的发现之旅。

求解五次方程问题的关键就是 5 个解的"洗牌"偶置换群，也是伽罗瓦所说的不可分群，若尔当称其为单群。"单"不是指结构简单，而是描述这些群的本质是一个不可分的基本组成结构，它不能由更小的对称群复合而成。

把这 5 个解的置换想象成 5 张牌的洗牌。每张牌代表一个解，改变 5 个解排列顺序的置换就像洗牌。从本质上讲，使用 5 张牌与使用其他数字没什么差别。我们以一副有 52 张牌的扑克牌为例，思考一下，这副牌所有的不同洗牌方式。任意一次洗牌都会将牌重新排列一组新的序列。如果我们把这副牌想象成一个有 52 个面的对象，那么就可以与对称联系起来了。这个对象每旋转一次都会使各面朝向一个新的方向。伽罗瓦关于 5 张牌的偶置换群是不可分的论点同样适用于其他任意一副牌。

除了正素数边形不可分对称群，伽罗瓦还发现了一个新的无限对称"积木块"的大家族。取一副有 5、6、7 张或更多张数的牌，所有的偶置换洗牌群都是不可分对称群。一个有 n 张牌的均匀洗牌偶置换群被称为 n 阶交错群，但这并不是伽罗瓦发现的唯一一个不可分对称群新家族。在伽罗瓦留给朋友舍瓦利耶的遗稿中，伽罗瓦描述了另一种对称"积木块"（单群）的结构。

伽罗瓦的"积木块"构建与洗牌对称相比具有更为浓重的几何色彩。但在这里我们必须转个小弯，因为这种更具几何风格的构建模块要依赖于伽罗瓦提出的一套新的运算法则。通常意义上，我们认为几何是由点和线构成的。正如笛卡儿所说的，我们在一张纸上绘制出的几何图形可以转换为成对的数字。图形上的每个点对应于平面直角坐标系中的一组横、纵坐标值，这就跟我们用经纬度坐标来确定地图上某点的位置一样。这两个数字会告诉我们该往东南西北哪个方向走，走多远。

在经典几何中，这两个坐标的取值范围是表示在数轴上的无限实数集。但在这种新的几何中，其坐标是高度受限的。对于任意素数 p，它的几何点集用坐标 (x, y) 表示，其中 x、y 的取值必须是 0 到 $p-1$ 之间的整数（闭区间，包含 0 以及 $p-1$），因此只有有限的几个点。例如，若素数 7 的坐标表示为 (x, y)，那么 x、y 就只能取 0 到 6 闭区间的任意整数。在这种新的几何体系下运算，必须使用一种新的算法，这种算法被称为时钟运算或模运算，它的运算法则与普通算术运算不同。

让我们想象一下，假设有这样一个七边形，它的 7 个顶点分别用 0 到 6 七个数字做标记，如图 8-5 所示。要给 5 加上 4，那么需要以 5 为起点，在七边形上顺时针移动 4 次，得到的结果是 2。我们把这个过程记为 4+5=2（对 7 取模），表示使用七边形进行计算。减法运算同样也遵循上述法则。乘法运算本质上也可以转换为加法运算。比如，计算 4×5，等同于把 4 加了 5 次。具体计算过程是：在七边形上基于起点 4 做 4 轮移动，每一轮移动 4 次。第一轮移动后得到 1，第二轮移动后得到 5，以此类推，第三轮得到 2，最后一轮得到 6。对于模运算来说，最有趣的地方可能是除法。在加减乘除四则运算中，除法通常会产生一种全新的数字——分数。但由于这是素数个数字元素构成的集合，我

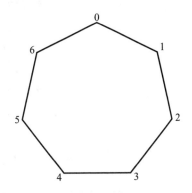

图 8-5　对 7 取模的运算结果是：4+5=2，$4 \times 5=6$，$3 \div 4=6$

们做除法运算后总能够得到整数的结果。例如，3÷4=6，因为在七边形上 4×6 得到的结果是 3。

基于这些数字构建的几何图形是什么样子呢？我们构建一个由 49 个点组成的 7×7 的坐标矩阵，每个点使用诸如（1，2）和（4，4）的坐标进行标记。伽罗瓦对过点（0，0）的线十分感兴趣。选取坐标网格上的任意一点，将其与点（0，0）连接起来，在这个几何体系中只能定义 8 条经过该点的线。在这两点所确定的直线上还可以找到其他的点。我们需要在这个有限的几何结构中，建立这样的想象：一条直线由坐标网格的顶部向外延伸，然后再从底部回归。如图 8-6 所示，将点（1，2）与点（0，0）相连接构成的直线作为该几何结构中过点（0，0）的 8 条线之一，这条线贯穿了网格中所有的点构成的集合中具有 7 个元素的子集。需要注意的是，即使在图 8-6 中选取其他的任意点作为与点（0，0）的连接点，构成的直线虽然看起来非常不同，但仍然在其上可以找到 7 个元素点。综上所述，在该图中过点（0，0）有且只有 8 条线，每条线上除了点（0，0）之外还有其他 6 个点。这是因为，在这个坐标网格中，除了点（0，0）之外还有 48 个点，而 48 除以 6 等于 8，所以过点（0，0）有且只有 8 条线。

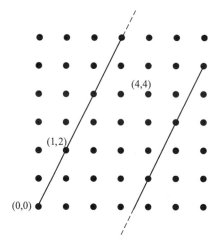

图 8-6　伽罗瓦有限几何图形中的 7 点连线

伽罗瓦开始研究如何利用这些数字的运算法则以一种有趣的方式置换这 8 条线。他已经从有限数目扑克牌组成的集合的洗牌操作中，构建出了有趣的对称群。所以，一种选择是把这 8 条线看作 8 张牌，观察这一组牌的置换情况。但并未从中发现新东西。但当对这些数字使用模运算后，所有线的置换便产生了一个有趣的子集。伽罗瓦发现，将新的运算法作用于这些线而产生的对称群是一个新的不可分群。

我们用 4 个数字来描述每一种对称，分别表示为 a、b、c、d，将它们排列在一个 2×2 的网格中，这种网格被称为矩阵：

$$\begin{pmatrix} a & b \\ c & d \end{pmatrix}$$

在这种对称中，交换几何图形中所有点的方法是：取一个点 (X, Y)，然后将它"发送"到点 $(aX+bY, cX+dY)$ 的位置。例如，在下述矩阵中：

$$\begin{pmatrix} 2 & 1 \\ 0 & 2 \end{pmatrix}$$

点 $(1, 2)$ 将会被发送到点 $(4, 4)$ 的位置上。如果在选择 a、b、c、d 时，满足 $ad-bc$ 不为零，那么上述方法将会使得 7×7 矩阵中所有的 49 个点的位置都发生交换。但是，点的位置的改变过程仍然保留了一定的几何性质，因为过点 $(1, 2)$ 的线上的 7 个点均被发送到了过点 $(4, 4)$ 的线上。矩阵把过点 $(0, 0)$ 的 8 条线进行了"洗牌"。伽罗瓦发现，这些对称可用来构建一个新的对称"积木块"，也就是若尔当所说的单群。它具有 168 种对称，但却是不可分的，就像素数一样。

伽罗瓦是在研究是否具有根式解的过程中，无意中发现了这些不可分的对称单群。8 次方程（即以 x^8 开头的方程）有 8 个解。为了确定此类方程是否有通解，伽罗瓦就需要去研究这 8 个解的置换规律。当他在研究一个特定的 8 次方程时，发现其解的置换方式与上述有限几何图形中 8 条线的置换方式相同。伽罗瓦能够证明这个特殊的置换群是不可分的，那么也就意味着这些特殊的方程无通解。一个 20 岁的年轻人，竟能在数学方面有如此有趣的发现，其洞察力之强真是惊为天人。伽罗瓦发现，对于任意素数 p，构建一个 $p \times p$ 的几何图形（点阵），观察过图形中点的 $p+1$ 条线，然后通过计算得到它们的对称，就可以得到一个新的不可分的对称群——一个单群。

当 $p=5$ 时，对于已知的群，这是一个有趣的新视角。虽然在几何图形中仍然能够找到 6 条线，但并不是所有的置换都可实现。因为该群只是先前介绍过的 5 张牌的洗牌置换群或正十二面体旋转对称群的另一种表现形式而已，其本质还是一样的。

伽罗瓦的新语言的真正强大之处在于：三种外观迥异的对称实际上可以认为是同一基本对称群的三种不同表现形式。阿尔罕布拉宫是一个更加抽象的例子，在它的设计里就隐藏着相同的对称。虽然基于素数 5 所构建的几何图形对伽罗瓦来说已经没什么可以研究的了，但素数 7 以及一些更大的素数给他带来了新的惊喜，他发现了一个全新的单群家族。

若尔当的著作《献给伽罗瓦的研究》中记录了伽罗瓦发现的，数学界称之为 PSL（2, p）的新单群家族。若尔当在其基础上进行了更为深入的研究，并为更多新单群的发现打通了道路。他发现了"旋转"这些几何图形的新方法，从而揭开了其他几个新的单群家族的神秘面纱。虽然刘维尔是发现伽罗瓦卓绝才华的第一人，但对于伽罗瓦思想的确立最具影响力的是若尔当的著作。进入对称世界，这一刻如此激动人心。之后，两位年轻数学家在巴黎拜访若尔当时，也被伽罗瓦的几何与对称相结合的思想给深深迷住了。

英俊与勇毅

1869 年，阿贝尔逝世 40 年后，挪威数学家索菲斯·李（Sophus Lie）去柏林进行学术访问时遇到了德国数学家菲利克斯·克莱因（Felix Klein）。跟阿贝尔一样，索菲斯·李也得到了一笔资助，用以周游欧洲，访学各大学院，拓展数学视野。索菲斯·李也曾迷茫，他花了一些时间来思考未来的路该如何走。一开始，他想从军报效国家，但由于视力不佳被军队拒绝。后来，他进入阿贝尔曾经就读的大学。入学后，他发现自己各门功课的成绩都很好，这时他就为难了，他拿不定主意该专攻哪一门学科。

数学是一门容不下任何谎言的学科，但正是他在探索第一个数学发现时所经历的肾上腺素飙升的初体验，让索菲斯·李走上了数学这条"不归路"。一日，索菲斯·李被一道几何题难住了，直到夜半时分他还在苦思冥想，突然灵感迸发。这个突破让他感到非常兴奋，他狂奔至朋友家，把朋友从床上拽起来，上气不接下气地大声喊道："我解出来了！"在回忆录里他这样写道："年轻的我一直不知道自己拥有创造力。但到了 26 岁，我突然意识到了我可以创造！"

索菲斯·李认为，在等待期刊发表证明的过程中，他的想法很可能会被他人窃为己用，所以他起初打算自费发表。但那位睡梦中被吵醒的朋友提醒他，如果想在数学界留下深刻印象，就得把论文发表在该领域的主流期刊上。索菲斯·李的第一篇论文被柏林的《克雷尔新刊》收录，阿贝尔的第一篇论文同样也是由该期刊率先发表的。这篇论文的发表让他声名鹊起，成为众人瞩目的焦点，同时也帮他获得了游学欧洲的资金支持。

在柏林，他很快就和数学家菲利克斯·克莱因成了朋友。克莱因和他一样对几何学有所偏好。对于索菲斯·李和克莱因两人来说，几何学的基本对象不是点，而是线。这就是为什么，他们对伽罗瓦提出的有限几何图形中线的置换理论产生了强烈的共鸣。

与索菲斯·李走上数学这条路的举棋不定形成鲜明对比，克莱因认为自己天生就是一名数学家，因为他的出生日期是 1849 年 4 月 25 日（25/4/1849），这个日期刚好是由素数的平方构成的（$5^2/2^2/43^2$），克莱因认为这是一个吉利的好兆头。由此，他便在数学研究领域一路狂奔，19 岁就取得了博士学位。克莱因是一个身形高挑、外貌俊美的青年；索菲斯·李则是一个刚毅果敢、钻坚研微、吃苦耐劳的汉子。尽管他们的外貌特征相去甚远，但他们有着相似的数学品位。德国的数学界并不是特别喜欢克莱因那种落拓不羁的散漫风格，认为他缺乏数学中所重视的那种严谨性。克莱因却不以为然。他这样说：

数学课程的教学设计要充分考虑学生心理，不能一味灌输。教师应该像一名外交家。在讲解过程中必须考虑到孩子的心理过程，抓住学生的兴趣点，以一种直观易懂的形式呈现，这样才能保证数学教学的成功。

在学术领域，克莱因对数学持有几乎相同的态度和看法。索菲斯·李很欣赏克莱因在研究上的远见卓识，在同赴法国的旅途中，他们抵掌而谈，各抒对新兴几何的真知灼见，是数学将他们联结在了一起。

索菲斯·李追随阿贝尔的脚步，前往了巴黎，这只是他欧洲之旅的其中一站。索菲斯·李花了一些时间来提高自己的法语水平。他发现剧院是个训练法语听力的好地方，因为他可以在开幕之前买到带有台词的剧本。他喜欢在巴黎的街道上漫步，聆听、观察周围的一切。他还参加了一些讲座，他发现听这些讲座比听当地人讲话容易理解得多，他说道："听外语的数学讲座也并不难嘛！"

不久之后，克莱因也抵达了巴黎，两人把注意力放在了巴黎的数学圈。索菲斯·李和克莱因在一份给德国的报告中都做出了"巴黎似乎已经有了一种自鸣得意的感觉"的评价。巴黎数学界似乎是躺在上一代开创性数学家的功劳簿上，故步自封，变得丝毫没有进取心。也正是在这一时期，数学的学术轴心开始从巴黎转向了德国。但索菲斯·李和克莱因十分欣赏法国人在写论文方面一清二楚、洞若观火的表达。他们觉得，德国数学家所写的论文过于晦涩难懂。他们一致认为："数学著作旨在让读者更容易理解其中阐述的复杂、深奥的理论，数学语言的叙述要合乎情理、令人信服，而不仅仅是炫技，引发读者对作者的崇拜。"遗憾的是，在我参加的研讨会中，大多数都给我留下了这种"德国风格"——晦涩难懂的印象。

令这二位访问学者最为兴奋的当属若尔当的治学风格。若尔当刚刚完成了《献给伽罗瓦的研究》，在这本书中，他整理出了许多暗含在伽罗瓦手稿中的想法，其明晰的写作风格让克莱因和索菲斯·李非常欣赏。克莱因在对称群的思想中找到了能够表达他几何观点的完美语言。伽罗瓦一直对有限几何图形中线的置换很感兴趣，这与他在解方程方面的研究工作有关。克莱因对以线为图形基本对象的几何图形研究有极大兴趣。他发现，一旦几何图形背后的对称群被确定，该对称群将提供一个强有力的路径来供我们讨论"几何"到底是什么。这一观点也最终阐明了阿尔罕布拉宫建筑的故事。古代摩尔人创造的瓷砖图案本身是不太重要的，比这重要的是：首先它是潜在的基本的对称群，其次是由它维持着装饰图案的相位，最终也是由它来定义壁画图案的几何结构。

索菲斯·李也认识到，《献给伽罗瓦的研究》是一种可以把几何翻译成伽罗瓦代数语言的字典。1870 年，索菲斯·李和克莱因花了整整一个夏天来构思他们的几何学新观点。后来，因为爆发了战争，他们的工作不得不中断。在战前的几个月，法国和普鲁士就一直在互相炫耀武力，形势可谓剑拔弩张。出于对法国国内局势的考虑，拿破仑三世将战争视为提升他在法国日渐低迷的支持率的一种方式。对于普鲁士首相俾斯麦来说，这样的冲突将是一个很好的借口，可以借机统一南德四邦，成就一个统一的德意志。普鲁士首相俾斯麦就西班牙王位继承问题发表了挑衅性的"埃姆斯密电"，这触怒了法国政府，点燃了普法战争的"火药桶"。7 月 19 日，法国向普鲁士宣战，普法战争拉开了序幕。

克莱因考虑到身为普鲁士公民待在交战敌国的首都不是一个好的选择，于是他便收拾行装匆忙离开了巴黎。索菲斯·李在巴黎度过了一段颇有收获的时光，他不愿意离开这座城市，但是当他看到法国军队面对德国的进攻节节败退，表现得既无能又懦弱时，他也只能心不甘情不愿地选择了离开，前往中立的意大利。他过去经常在挪威的乡间徒步穿越。有一次，索菲斯·李从奥斯陆步行 60 公里前往父母家去看望他们，结果当他到那儿的时候却发现父母不在家。他立马转身，又徒步走了 60 公里回家。所以对于他来说，从巴黎出发穿越瑞士阿尔卑斯山前往米兰的长途跋涉，是一件令人期待和享受的事情。

索菲斯·李是一个个性坚毅的"徒步者"，遇到下雨天，为了保持衣物的干爽，他会脱掉身上所有衣服把它们装进背囊，一丝不挂地在恶劣的天气中继续前行。法国军队在巴黎郊外 50 公里的地方发现这个"天体徒步者"，觉得可疑，于是逮捕了他。

在警察盘查的过程中他们发现，这个人不仅有外国口音，包里还装满了用德文书写的"信"，其中好几页疑似"密码信"，因为上面画满了神秘的符号。他们马上做出判断——他一定是个德国间谍。索菲斯·李试图向警察解释那些神秘的符号只是数学公式，但警方全然不信。他们命索菲斯·李将纸上所描述的数学理论讲清楚，以证明其并不是"重要情报"。索菲斯·李大声抗议道："你们这辈子、下辈子也理解不了这些！"那是一个令人绝望的时刻，在战争的非常时期，只要被认定为间谍可以不经任何程序就直接枪毙。为了保命，他必须努力证明自己不是间谍。"那么，现在，先生们，请跟我一起想象这样三条相互垂直的轴，x 轴、y 轴、z 轴……"他开始给警察们上起了课，给他们讲解克莱因和自己一直在研究和探索的几何学。

现在，警察确信他是个疯子，但同时也是个间谍，于是把他关进了枫丹白露监狱。索菲斯·李在黑暗压抑的牢房里待了四周，陪伴他的只有一本沃尔特·司各特（Walter Scott）的法文小说和他自己的数学。就像他的前辈伽罗瓦一样，索菲斯·李发现独处对发展他的几何抽象世界很有帮助："我觉得数学家还挺适合坐牢的。"

索菲斯·李因间谍罪被逮捕入狱的消息不胫而走。挪威的媒体在头版头条刊登出消息《被诬陷为德国间谍，挪威科学家在法国遭监禁》。终于，法国数学界的同人前来监狱营救索菲斯·李。他们想尽办法，费了九牛二虎之力才说服了警卫，让他们相信这些"密码信件"确实是抽象的数学，没有什么可疑的。后来，索菲斯·李描述了获释那一刻的感觉："阳光仿佛从来都没有如此明媚过，树木也是那样的青翠欲滴……"

与索菲斯·李逃离巴黎的曲折经历相比，克莱因返回德国的过程则顺利很多。1872 年，鉴于克莱因在科学研究工作中的杰出贡献，巴伐利亚的埃尔朗根大学邀请他担任教授。克莱因在就职演讲中，介绍了他和索菲斯·李的几何学新观点，阐明了几何的真正意义。揭示几何学本质的不是点和线组成的图形，而是它们的置换所构建的对称群。通过伽罗瓦的语言，可以更清楚地表达几何图形的基本组成结构，更容易地区分两种几何结构的异同。在很大程度上，这个演讲宣告了一个数学新时代的来临，后来被称为"埃尔朗根纲领"。

除了将他的理论系统化之外，克莱因还发现了伽罗瓦群 PSL（2，7）的另一种"绚丽"的表现形式，该对称群的几何具象化对象就像一个由 21 个三角形面组成的三孔硬面包圈（见图 8-7）。他还发现，尽管十二面体对称的不可分性决定了五次方程不可用简单的五次方根求解，但其几何结构可以用来定义更复杂的运算来求解这些方程。他的发现揭示了一类全新的数学对象的本源，是现代数论的核心。"模形式"在 100 年后发现的"魔群"的故事中扮演了至关重要的角色。

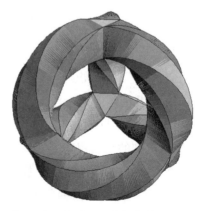

图 8-7　由 21 个三角形面组成的克莱因三孔硬面包圈

索菲斯·李意识到在克莱因的"埃尔朗根纲领"中隐含着一个问题，那就是如何对这些几何结构可能产生的对称群进行完整的分类。起初，他认为这个问题极其荒谬，对对称群进行完整分类是不可能实现的，但一年之后，他改变了自己的看法，找到了研究该问题的思路。

回到挪威后，索菲斯·李开始酝酿并形成了一种全新的方法来研究伽罗瓦和若尔当所描述的几何群。他当时称之为"变换群"（transformation groups），而今天这些群被以它们的发现者的名字来命名："李群"（Lie groups）。索菲斯·李的新数学理论过了一段时间才被认可，部分原因是他在撰写研究论文时遇到了困难："首先，出版这一领域的成果本来就慢得可怜；其次，我没有办法很好地将我的研究成果组织起来，我总是害怕犯错误。这可不是那些无关紧要的小错误……我担心出现根本性错误，导致失之毫厘、谬以千里。"但同时，索菲斯·李对他的理论的价值又信心满满："毫无疑问，我毕生追求的理论将会历久弥新，在未来的岁月里，它将成为玉圭金臬。"当然，事实证明索菲斯·李所言非虚，他的"李群"成为理论物理学重要的研究工具，"李群"一族也在"对称元素周期表"中稳稳地占据了一席之地。其中一个对称群所描述的就是我和托马尔上个月在巴黎见到的超立方体。

20 世纪前叶，一群美国数学家在探索这些群方面发挥了重要的作用，但法国人又一次占得了先机。1954 年，法国数学家克劳德·谢瓦莱（Claude Chevalley）构建的框架对所有被称为李群的一族单群进行了系统化的描述。除了伽罗瓦发现的群，他还对另外 12 个单群家族进行了说明。

1886 年，为了表彰索菲斯·李所做的贡献，莱比锡大学邀请他去担任教授一职，之所以能去莱比锡大学，是因为克莱因去了哥廷根大学担任职务，刚好空出来一个教授的职位。这样的安排显然令人不是很愉快。在挪威的时候，索菲斯·李因为在研究数学的道路上没有遇到志同道合的伙伴而感到孤独，但是来到德国后，阴沉潮湿的气候又开始折磨他。挪威的森林和群山令他魂牵梦萦，他思乡心切，这样写道："任何语言都无法表达我对故乡挪威的眷恋，我是多么想回到我的故土、我的家乡。我的神经系统在莱比锡遭了很多罪，在那里我没有锻炼体魄的机会，也错过了大自然对我精神的洗礼。"为了追求心中向往的目标，索菲斯·李日复一日夜以继日地工作，但这终究让他积劳成疾。1889 年，他被诊断为神经衰弱，住进了汉诺威的一家诊所。

他在诊所里待了7个月。索菲斯·李个性固执，对于医生来说他是一个很难对付的病人，他也很抗拒医生给出的鸦片治疗方法。正因为进行了鸦片治疗，令他染上了毒瘾，但个性坚毅的他最终在迷雾中找到了曙光，戒掉了毒瘾。时间一晃到了1890年，他已经达到了完全康复的标准——"睡眠正常，生活和工作的乐趣也回归了"，但是心理崩溃还是给他的精神造成了不可修复的创伤。

索菲斯·李变得越来越偏执，坚信有人窃取了他的想法。当克莱因重启"埃尔朗根纲领"时，他跳出来反对，原因是他认为他的贡献被从中抹杀了。当索菲斯·李发现克莱因销毁了一起合作10年间他寄去的所有信件时，他越发愤怒。索菲斯·李认为已经达成了保留通信的共识，但现在相关的证据都已经灭失了。在给克莱因的一封信中，他宣称焚毁他的信件是一种故意破坏共有研究成果的行为。1893年，索菲斯·李在他撰写的《变换群理论》一书的第三卷序言中，公然抨击了他的老朋友："尽管我曾与克莱因交流过不少想法，但我并不是他的学生，他也不是我的学生。"他把自己塑造成一个反对德国权威的阿贝尔式人物，臆想整个数学界对待他和对待他的同胞阿贝尔一样不公。正如伟大的德国数学家戴维·希尔伯特所言："在第三卷中，他的情绪突然特别狂躁。"

尽管在谁先做出成果的问题上存在争议，但这不妨碍索菲斯·李和克莱因确立了伽罗瓦提出的数学概念对理解几何的重大意义。不仅如此，他们还从另一个角度发展了伽罗瓦的观点，解释了为什么看起来迥然不同的几何图形本质上却是披着不同"外衣"的同一种对称，揭示了对称的另一种"美"。

运用法律条文

数学家们开始明白，同一种对称可以有多种不同的表示方式。对于伽罗瓦而言，对称群是方程的解置换的方法。但前文也已提到，从几何角度上说，四次方程四个解的置换对应一个正四面体的对称性。对于玩牌的人而言，洗牌就是一种对称，置换就是洗牌后形成的新的排列顺序。而对于索菲斯·李和克莱因而言，对称就是在几何图形内来回穿梭着的线。

隐藏在所有不同表象背后的是一个共同的抽象概念，它统御着这些表象所展现出来的基本对称性。数字 8 的广义抽象概念对应的可以是一组特定的物理对象，例如 8 块石头或 8 头牛。同理，伽罗瓦的对称群也可以有多种不同的表现形式。无论是 4 张牌的洗牌对称，或是四面体的旋转对称，还是在有限几何图形中 4 条线的排列，它们都有一个共同的抽象实体，它刻画了这些例子背后的基本对称，我们称之为 4 阶交错群。同一个抽象数学概念可以在不同的情景设定下发挥作用，这是创造性思维的重大飞跃。值得一提的是，这种抽象的飞跃诞生的地方并不是像法国巴黎综合理工学院或柏林大学那样的神圣学术殿堂，而是一个令人意想不到的地方——律师学院，伦敦法律的核心所在。

19 世纪中叶，英国在数学领域建树不多，学术研究一潭死水。牛顿与莱布尼茨在微积分理论创始人上的争议，使得英国与欧洲其他国家在数学领域产生隔阂。与法国和德国等主要的学术中心失去交流和联系后，英国的数学开始停滞不前。可能首次提出微积分理论的人是牛顿，但莱布尼茨发明了一套更简单、更高效的语言来表达微积分。相较之下，牛顿更愿意用数学创造取悦自己，而不是与他人交流和分享他的数学思想。他使用的注释与符号几乎每天都有变化。牛顿对世界的看法非常几何化，这是他的优势之一，但图形有时很难翻译成有用的语言。莱布尼茨则是从算术运算的角度看待微积分，分析了把越来越小的量相加后的效果。他在语言学和符号逻辑方面的工作堪称完美，这使得他在发展微积分理论这种新的数学语言的过程中起到了举足轻重的作用。他可谓一个"符号大师"。权威学者们认为，莱布尼茨提出的这种新的符号表示方法为新兴的微积分数学提供了一个好的开端。事实也证明，它为未来几个世纪数学的进步提供了极好的助力和跳板。我们今天求解微分和积分所使用的符号和语言，正是莱布尼茨为表达他的数学思想而开发的。

在 18 世纪到 19 世纪前叶这段时间里，牛顿在英国科学界可谓无人可出其右，他在英国科学界的余威甚大，这也就意味着这么多年来英国的数学研究一直在被动地使用牛顿所使用的不是那么好用的符号体系。更有甚者，牛顿作为英国皇家学会的主席，牵头组织了 1713 年的一个所谓"独立"调查，该调查委员会的委员全是由他亲自任命的，并且都是和他称兄道弟的朋友，甚至最终的调查报告也是由他一手炮制。很讽刺的是，该调查的目的是查明到底谁是微积分的发明人，而调查报告的结论则称，有确切的证据证明是莱布尼茨剽窃了牛顿的微积分思想。直到 19 世纪中叶，一位英国人发明了一种表示对称的语言，这才开始把英国的数学从歧途带回正路。

一篇阐述这种新语言的论文在英国皇家学会期刊上横空出世，更令人惊讶的是，这篇论文不是由专业的数学家供稿，而是一位在伦敦林肯律师事务所工作、事业有成的律师亚瑟·凯莱（Arthur Cayley）。他在 8 岁之前一直生活在圣彼得堡。他在很小的时候就表现出了超过其他孩童的算术天赋，经常靠做很大数字之间的运算来博得家人欢喜，但更抽象的数学之美开始激起他的兴趣。和许多数学家一样，这种心算的天赋最终被探寻模式的意愿所取代。据说在后来的几年里，凯莱"甚至计算不清楚一先令[⊖]的找零"。

对多种语言的精通于他对数学的热爱如虎添翼。1839 年，他考入剑桥大学三一学院数学专业，在专业学习之余，他还抽出时间学习希腊语、意大利语、德语和法语。这种知识结构将对他的数学贡献产生重大影响。虽然他步了牛顿的后尘，成为三一学院的一员，但他并没有接受圣职[⊜]，因为薪水太低了，不足以支持他成为一名专业的数学家。因此，他决定将自己善于分析的好头脑应用到法律领域。1849 年，他获得律师执业资格，并最终成为一名极负盛名的大律师[⊜]。

数学家和律师有许多共同的特质。具备一定的数学基础已成为那些最成功的法律工作者的基本素质。好的律师需要有能力在法庭上将一个复杂的案件陈述清楚，并在辩护过程中做到滴水不漏、无懈可击，不给对方律师留下任何可以抗辩的漏洞。法庭辩论的过程就像是构建一个无懈可击的数学证明。某些典型的法律判例会成为法条，纳入"公理系统"，可以在别的案件中引用；法典中的法条只能适用于特定的法律案件[⊛]。对于凯莱来说，律师学院是个好地方，他在那里如鱼得水。但同时，法律一途上的成功只是为了支持他的真爱——数学。从事法律工作期间，凯莱所发表的数学论文比大多数专门搞数学的学者一

⊖ 先令，是英国旧的辅币单位，1 英镑 =20 先令，1 先令 =12 便士，在 1971 年英国货币改革时被废除。——译者注

⊜ 在当时，担当圣职是在剑桥进行数学研究的一个必要条件。——译者注

⊜ 有资格出席高等法庭并辩护的专门律师。——译者注

⊛ 英国是英美法系的发源地，又称普通法系（Common Law），普通法系以判例法为主，判案的依据是先前类似案件的判决，而不是直接适用法典条文。大陆法系又称民法法系（Civil Law）、欧陆法系，相较之下，大陆法系以成文法为主，判案的根据是法典条文。——译者注

生发表的论文还要多。

凯莱在数学上的贡献是非凡的。特别是在新出现的非欧几里得几何方面所做的工作，挑战了欧几里得的"平行线不相交"的公理，对丰富几何学的基本思想具有重要意义。也许正是因为他作为律师，在工作中常常既做控方又做辩方，使得他能够在满足不同公理的不同几何图形之间游刃有余地切换。凯莱对隐藏在伽罗瓦研究工作背后的抽象概念的认识以及在对称研究方面的贡献，使得他在数学史上占有一席之地。

凯莱精通多种语言的能力让他可以轻松地阅读 1846 年刘维尔在法国期刊上发表的伽罗瓦的论文。这些也影响了他阐释数学的方式，使其具有一种特殊的、明确的语言表达能力。他能够清晰地表达出伽罗瓦所使用的例子背后想要表达的群论理论，并形成明晰的数学语言和语法。在当时，有许多数学家觉得凯莱的数学抽象符号方法很难理解，但如果你一旦接受了凯莱的方法，那么分析伽罗瓦的对称群就变得容易了。

一位与凯莱同时代的评论人这样说道：

数学家在表达他的思想时通常采用的方法：让读者沿着自己走过的路，从最初引起注意的简单问题开始，一步一步地更深入，直至到达最高目标。凯莱的方法却大相径庭，一开始他便试图立即树立起他所想达到的最终目标。

凯莱的这种方法很有前瞻性，因此在 20 世纪的法国备受青睐。其优点在于强大的概括能力。伽罗瓦发现，必须分析方程解置换之间的相互作用关系，才能最终确定方程是否具有根式通解。两种置换操作依次执行，又可以创造出第三种置换。五次方程的五个解彼此交织、错综复杂的关系，使伽罗瓦意识到其置换群具有不可分的性质。凯莱的突破所阐述的是："忘掉方程和它的解，你只需关注置换之间的相互作用就可以了。"

例如，三次方程的三个解有六种置换。我们分别为这六个置换操作命名：假设初始对称状态为 I，其余五种状态分别为 X、Y、R、S 和 T。其中，X 和 Y 表示三个解的轮换，R、S 和 T 表示两个解的对换，最后一种状态表示三个解原地不动，即不做任何置换。连接这些名称的"语法"可用来描述置换之间的相互作用关系：执行 R 操作后再执行 S 操作，实际上和直接执行 X 操作得到的结果是一样的。凯莱发现，把这些相互作用关系绘制成表格，可以更好地抓住对称的本质特征。

　　表 8-1 给出了三个解构成的所有置换。位于第 i 行、第 j 列的值，正是先执行第 i 行对应的操作后，再执行第 j 列对应操作得到的结果。突然间，隐藏在其背后的对称性抽象特征就显现出来了。如果将正三角形（见图 8-8）的对称性逐一用上述的 I、X、Y、R、S 和 T 替代，你会发现三角形的对称同样也遵循表 8-1 中所描述的规则。这里需要注意的是，必须以正确的方式匹配。例如，X 对应于正三角形初始状态逆时针旋转 1/3 圈得到的对称，而 Y 对应于正三角形初始状态逆时针旋转 2/3 圈得到的对称。R、S 和 T 分别对应于正三角形初始状态分别以过 A、B 和 C 三个点的中线为对称轴翻转得到的对称。三角形对称的相互作用关系与三次方程三个解的置换完全相同。例如，S 操作完成后接着执行 R 操作，实际上和直接执行 X 操作带来的效果是一样的。

表 8-1　三次方程的三个解构成的所有置换

	I	X	Y	R	S	T
I	I	X	Y	R	S	T
X	X	Y	I	T	R	S
Y	Y	I	X	S	T	R
R	R	S	T	I	X	Y
S	S	T	R	Y	I	X
T	T	R	S	X	Y	I

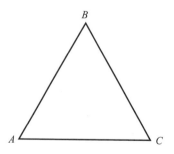

图 8-8　正三角形具有六种对称

　　凯莱的语言提供了一种抽象方法，它将三角形的对称群与三次方程的三个解构成的置换群从本质上统一了起来。更厉害之处还在于，它最终诠释了正三角形的六种对称与我们在本书第一章提到的六角海星（见图 8-9）的六种旋转对称的不同之处。虽然六角海星的旋转对称性也可以用六个字母来表示，但它们之间的相互作用会得出一个完全不同的表格。在表 8-2 中，字母 *I*、*X*、*Y*、*R*、*S* 和 *T* 分别代表六角海星旋转 0、1/6、2/6、3/6、4/6 和 5/6 圈。

图 8-9　六角海星的六种旋转对称

表 8-2　六角海星的六种旋转

	I	*X*	*Y*	*R*	*S*	*T*
I	*I*	*X*	*Y*	*R*	*S*	*T*
X	*X*	*Y*	*R*	*S*	*T*	*I*
Y	*Y*	*R*	*S*	*T*	*I*	*X*
R	*R*	*S*	*T*	*I*	*X*	*Y*
S	*S*	*T*	*I*	*X*	*Y*	*R*
T	*T*	*I*	*X*	*Y*	*R*	*S*

　　正是由于凯莱所做出的巨大贡献，人们才意识到四张牌的洗牌对称、正四面体对称与四次方程四个解的置换对称其实是同一种对称的不同表现形式。而五张牌的均匀洗牌对称与正十二面体的旋转对称，也同样是同一对称的不同表现形式，这也与伽罗瓦基于素数 5 构建的几何图形中的 6 条线是一样的。

　　事实上，对称群真的就是一个"群"，就是包含"*A*、*B*、*C*……"这样元素的"集合"和表示它们之间如何相互作用的表格，该表定义了对称之间的一种"乘法"运算。凯莱意识到，在定义对称群的"乘法定律"之前，表示相互作用关系的表格必须满足某些规则。*A*、*B*、*C*……在表格中的排列规则：就像数独一样，每个字母在每一行和每一列中必然出现，且只能出现一次。凯莱所说的这些规则或公理，对于用一个表格定义一个群是必要的，并且它们非常简单。然而，他却用一种新的语言捕捉到了对称的本质。例如，当存在 6 种对称时，满足这些公理的表格就只有表 8-1 和表 8-2 两种形式。因此，存在 6 种对称的，只可能有两个群。

这就可为我们解释，为什么阿尔罕布拉宫墙上的两套完全不同的瓷砖，实际上是同一对称群的两种不同的表现形式。如果将每面墙上的对称记录下来，并将它们的相互作用关系绘制成表格，那么你会得到两张一模一样的表格。就像凯莱在公理中告诉我们的，存在 6 种对称的情况下，只能绘制出两个不同的表格。群论的语言给了我们方法来证明，在二维墙面上最多只可能有 17 种不同的对称群。实际上，凯莱的这种思想是超前于时代的，直到 19 世纪末，数学家们才能够熟练地使用这种新语言来证明这一结果。

三位数学家——德国的亚瑟·熊夫利（Arthur Schoenflies）、俄罗斯的欧格拉夫·费多洛夫（Eugraf Fedorov）和英国的威廉·巴罗（William Barlow）几乎是在相同的时间，各自独立地证明了西班牙南部的摩尔人并没有与装饰他们伟大宫殿的第 18 种方法失之交臂。摩尔人向我们展示了如何从二维空间发展到三维空间，用砖块而不是瓷砖来填充空间。利用砖块来形成重复的三维单元，有 230 种不同的方法。这在晶体学中极为重要，因为这意味着任何晶体的结构都必须是这 230 种不同的对称结构之一。

1854 年，凯莱的论文发表了，那时的他是一位非常成功的律师，处于人生巅峰。到了 1863 年，他应邀返回剑桥大学担任数学教授。他早已赚到了足够多的钱，所以教授收入之微薄对于他来说几乎没有什么影响。这下他有机会把所有的时间都投到他的第一爱好"数学"上了，能做自己喜欢的事就是最令人满足的"报酬"。他一生共发表了 900 多篇论文。正如他的讣告中所写的那样，在剑桥大学，他的粉丝非常尊敬他，像崇拜神一样崇拜他。跟他同一时代的数学家乔治·萨蒙（George Salmon）总结了凯莱对数学的贡献：

数学家现在所拥有的代数形式的结构知识与"凯莱时代"之前大不相同。凯莱是分水岭，就像懂得人体解剖以后看到人体便知道其内部结构，而完全不懂解剖知识的人却只看到皮肤一样。

凯莱唤醒了英国沉睡的数学力量。他的一个学生威廉·伯恩赛德（William

Burnside）继承了他的衣钵。伽罗瓦发现，除了正素数边形对称，还有新的不可分的群，比如交错群和李群。伯恩赛德的工作揭示出，尽管引入了新的不可分的群，但通常情况下正素数边形对称是构建群的最主要的结构。

伯恩赛德曾在剑桥大学的圣约翰学院学习数学。他的另一个爱好是划船，而且他非常热衷于八人划船比赛。但圣约翰学院有一大批优秀的桨手，伯恩赛德知道他自己的实力不足，很难跻身圣约翰学院的八名桨手之一。所以他决定转去剑桥大学的彭布罗克学院。最终，他如愿以偿地成为彭布罗克八人划船队中的七号位副领桨手，还兼任了队长一职。

在彭布罗克学院，伯恩赛德接触到一群研究流体力学的应用数学家，他们所做的研究对伯恩赛德早期在研究方向的确定上产生了影响。直到四十出头，他接受了格林威治皇家海军学院的教授职位，他才开始了对对称群的探索。他在这方面的第一个成就就是在 1893 年证明了具有 60 种对称的 5 元交错群是不可分的，或者说它是一个具有 60 种对称的单群。如果不是正十二面体的旋转群，在另外写出一个具有 60 种对称的群"乘法表"后，你会发现它总能够被分解为更小的对称群。实际上，除了交错群之外，具有 60 种对称的群还有 12 个。

伯恩赛德发现，他非常擅长通过一个群中有多少种对称来进行证明。他的主要关注点是有限阶群，即拥有的对称数量为有限个的群。1904 年，他取得了他一生中最大的突破，当一个群的对称的数量最多能被两个素数整除时，该群必由简单的正素数边形对称构成。例如，一个有 1 000 种对称的对称群不可能是不可分的，而 1 000=$2^3 \times 5^3$，1 000 只能被 2 和 5 这两个素数整除。因此，它是由三个五边形的旋转再加上三次的翻转而构成的。即使是有"古戈尔数"（googol number，1 后面跟着 100 个零的数字）种对称构成的群，也可以分解为 100 个五边形的旋转和 100 次翻转（10^{100}=（2×5）^{100}=$2^{100} \times 5^{100}$）。

伯恩赛德意识到，要赶上欧洲其他国家及美国的研究进展，还有一些工作要做。他在担任伦敦数学学会主席时发表了一篇讲话：

毋庸置疑，目前在有限阶群的理论研究方面，除了极少数的英国数学家，没有对它很感兴趣的人；相较之下，欧洲大陆和美国对其给予了大量的关注，这个问题应该值得我们重视和思考。

　　为激励同一时代的研究者，伯恩赛德专门写了一本关于群论的书。这本书对许多英国数学家甚至别国的数学家产生了巨大的影响，使他们投身于这种新的数学当中。许多人都认为伯恩赛德已经成功地完成了他在这本书的引言中给自己制定的任务："如果这本书能够成功引起英国数学家们对理论数学其中一个分支的兴趣，那么我将会感到非常满意，因为对于这门学科来说，你研究得越深入，它就越引人入胜。"

　　事实证明，在识别具有少量对称的单群时，就需要用到伯恩赛德提出的关于阶为 $p^a q^b$ 的群的可分性定理。例如，除了正素数边形，对称数量不高于 200 的单群只有正十二面体的旋转对称（60 种对称）及伽罗瓦的 PSL（2，7）（168 种对称）两种。

　　1911 年，在这本书的第二版中，伯恩赛德用这个定理确定了对称少于 1 092 种的所有单群。但他有一种预感，他的定理不只适用于元素个数能被两个素数整除的群。他认为，如果对称的数量是奇数，那么这些对称总是可以被分解成简单的正素数边形。如果这一猜想成立，这将是完成对称结构分类道路上的一个重大突破，这意味着半数的对称结构根本就无须考虑。并且，知晓一个对称的"积木块"必然包含许多能被 2 整除的对称，这也就意味着其中一个对称必将是镜面反射，这也许将会为全面分析这些对称"积木块"提供一个真正的立足点。

　　在接下来的几十年里，数学家们变得更加乐观，他们认为如果伯恩赛德定理能够被证明，那么它将有助于完结单群的分类工程。构成对称的基本"积木块"包括正素数边形对称群、伽罗瓦的洗牌对称群（交错群）以及由索菲斯·李揭示但在伽罗瓦笔记中就可以寻找到蛛丝马迹的 13 个奇妙的几何图形家族。

　　但是，如此完美的分类，却有一个小小的瑕疵。1860 年，法国数学家埃米尔·马蒂厄发现了 5 种"奇怪"的置换，它们产生了不可分的对称，但却不属于任何已知的对称群家族，它们似乎也没有构建出自己的无限家族。它们只是 5 个相当奇怪的对称群，不可分，但却不符合任何明显的群模式。在未来，你会发现这些群只是冰山一角。在这之后将近一个世纪的时间，有限单群分类的"面纱"才慢慢被揭开，并且还"绕道"应用到了电信行业。

3 月 28 日，斯托克纽因顿

虽不是最理想的，但我想也只能这样了。伯恩赛德揭示了如何将群分解成正素数边形对称，而我则花了一个月的时间写了一篇关于如何把这些被分解后的"积木块"重新组合在一起的论文。这篇论文是第一步，我在其中尝试去了解素数的变化与基于该正素数边形对称构建出的群的数量的变化规律。例如，基于 p^2 种对称，你只能构建出两种对称对象，其中 p 是任意素数。对称对象的个数并不取决于素数 p 的大小。

基于具有 p^3 种对称的正素数边形可以构建出的对称对象总是有 5 种。如果 p 是奇数，那么基于具有 p^4 种对称的正素数边形构建出的对象共有 15 种；如果 p 是偶数，则可以构建出 14 种不同的对称对象。例如，当 $p=2$ 时，可以得到 14 种。但是，如果正素数边形具有 p^5 种对称，那么问题就开始变得有趣起来。此时，可构建的对称对象的数量就会依赖于 p：p 越大，可构建的对称对象的数量就越多，总数是 p 的两倍。如果再加上一个素数，变为 p^6，那么可构建的对称数量则可通过一个关于 p 的二次多项式求出。

PORC 猜想，是一个我很乐意回答的大问题，这个猜想就是当你增加所使用的形状的数量时，是否总能够通过一个简单的式子计算出其所构建的对称对象的数量。这种情况是否恒成立，目前尚不可知。也许，基于 p^{10} 种对称而构建的对称对象的数量将会受某种特定数学函数的约束。我在波恩发现的椭圆曲线的例子表明，可能在某种程度上，答案取决于必须知道 y^2-x^3+x 能被 p 整除的数对 (x, y)。这个数字是不能够由一个简单的公式给出的。

我必须承认，这个问题最后会走向何方，我完全持开放态度。"犹未可知"的状态很是令人兴奋。我撰写的这篇论文是为了说明，如果给正素数边形如何组合在一起额外加上一些条件的话，那么用这种特殊的方式构建的对称对象的数量可以通过一个简单的方程式进行计算。最终的目标是要研究如果不强制将这些对象以这种特殊的方式组合在一起会呈现出什么样的"奇观"。

"大定理"就像拼图游戏。你不能指望一蹴而就，它需要循序渐进，甚至需要几个人一起来完成。然而，谁不愿意成为为拼图填上最后那一块的人呢？这就是目前我仍然不太甘心将论文寄出发表的原因。但在学术领域，研究者们都面临着巨大的压力，需要不断地发表文章——"是出版，还是出局？"所以，在不确定我能否彻底完成这一课题之前，我不得不将论文提交给期刊。

刚刚，我收到一封电子邮件，一位作曲家朋友多萝西·克尔（Dorothy Ker）约我下周见面聊一聊。这正好可以让我忙中偷闲一下。在过去的几年里，我们经常一起讨论数学和音乐之间的联系。当数学家们开始与对称的抽象概念做斗争时，20 世纪早期的音乐家们就已经开始寻求用形式结构和数学，来替代已经渐被遗弃的"传统调性"了，甚至早期的古典音乐经过很多数学游戏也产生了有趣的主题变化。事实上，我发现的隐藏在音乐作品中的对称让我怀疑，这是否就是为什么我会觉得音乐是创造数学的理想伴奏。我打开音响，播放起巴赫的音乐，看是否能给予我灵感和激励。

音乐如瀑布般流淌，是时间最驯顺的模样。

——豪尔赫·路易斯·博尔赫斯，

《马太福音》，XXV，30

第 9 章

4月：声音的对称

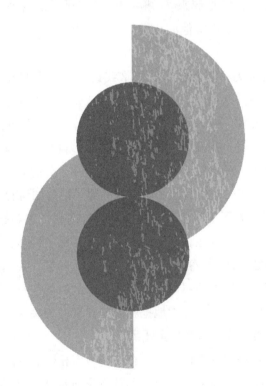

4月5日，伦敦大桥

当19世纪的数学家从实体对象中发现了对称之后，人们就开始在最意想不到的地方发现对称。于我而言，对称最有趣的抽象表达之一便是它出现在音乐之中。一直以来这两个学科之间都存在着密切的联系。莱布尼茨曾经说过："音乐是数学在灵魂中无意识的运算。"但音乐与数学之间的连接不仅仅是简单的计数和节奏。

音乐家们喜欢在他们音乐的曲式结构中带入一种明显的数学意味。当然，有许多音乐家都意识到了这种联系。巴洛克时期法国作曲家让-菲利普·拉莫就是这样一位音乐家，他在1722年这样写道："我必须承认，长久以来濡染在音乐中带给我的所有经验，我并没有办法将它们融会贯通，唯有借助数学，我的想法和思路才变得清晰起来。"事实上，几个世纪以来作曲家们一直在玩对称的概念，但要想完全理解他们在做什么，只有使用伽罗瓦发明的新的数学语言才行。

如果我没有成为一名数学家，那么我这一生会做些什么呢？我这样幻想着：跑去巴黎的勒科克戏剧学校学习演戏，或是自己开一家餐厅。与成为一名戏剧演员和向往美食一样，我也渴望成为一名作曲家，这就是为什么每次我与多萝西见面都能获得一些额外的快乐。她将很多自然和数学结构作为框架或基石来进行音乐创作。对于数学和音乐的结合，我十分感兴趣。多萝西热衷于探索那些不太明显的结构，也希望了解以我的数学视角如何看待这个世界。

我们约好了今天下午在伦敦桥见面。天气晴朗，正巧赶上泰晤士河退潮，所以河岸边露出一小片滩涂，我们在这一小片滩涂上漫步，这里是拾荒者"寻宝"的天堂。有意思的是，我们的交流并不怎么顺畅，我们都习惯用非语言媒介来表达。我有一个恼人的习惯，每当我紧张的时候，只要谈话陷入沉默我就会开启"话痨"模式，不假思索地把脑海中浮现的想法一股脑地全讲出来。当我和多萝西碰面时，我会选择尽量闭嘴。

我们发现，在各自的工作实践中存在着很多相似之处。在过去的几个星期里，我一直在劳心费力地试图写出几个月前我和弗里茨所证明的定理的证明过程。多萝西也花了一个上午在做类似的事情。对于音乐家来说，写出一首乐曲的详细乐谱就是一件苦差事。音乐的灵感可能产生于山间漫步或乘坐火车旅行时，多萝西的大部分工作是将这些灵感转化成谱面上各种不同乐器的音符。碰巧的是，我们都发现，运动是刺激灵感闪现的一个重要因素。

让我们从多萝西为大提琴写的一首独奏开始，这首曲子使用了斐波那契数列——1，1，2，3，5，8，13，21，…作为框架。这个数列是艺术家们的最爱，因为它与增长有着密切的联系。从细微之处开始，随着复杂性的增加而发展演进，这种运行方式与音乐作品的发展有着异曲同工之妙。多萝西带来了大提琴独奏曲的录音和乐谱。我们用她的便携 CD 播放机放来听。如果没有她透露给我的"内幕消息"，我想我不会发现斐波那契数列就在其中。但知道了它在乐曲里，这确实提高了我对这首曲子的欣赏乐趣。

我看到多萝西的记事本上写有很多数字，它们看起来像一个矩阵。这是伽罗瓦在有限几何图形中用来进行线的置换的数学对象模型。在数学家的字典里，矩阵就表示对称。多萝西也称之为矩阵，但当我问她矩阵内的元素是否可以移动时，她看上去有点困惑。原来，音乐矩阵实际上只是一个 48 行的记录音乐主题的表格。

这个矩阵看起来就像一个巨大的数独游戏。每一行中排列着 1 ～ 12 的数字，每个数字出现且只出现一次。每个数字代表半音音阶 12 个半音中的一个。第一行表示选定的主题。可供选择的不同主题总共有 479 001 600（=12×11×10× 9×8×7×6×5×4×3×2×1）种。后面的每一行都是第一行选定主题的变体。这第一行就是多萝西缤纷多彩的音乐大花园中最原始的种子。

特别有趣的是，这种发展增长的规律其实就是基于原始主题的各种对称的操作。第一种，就是简单地将音符的顺序颠倒过来，音乐家称之为"逆行"。我们可以通过几何的视角来观察乐谱上音符的变化模式：五线谱上的音符在一条贯穿中间的垂直线上的镜面对称。第二种，"倒置"就对称本质来说是水平线上的镜面倒影。例如，如果原主题是上行三个半音，那么变奏部分就是下行三个半音。第三种，是前两种的复合——"逆行倒置"。通过基于十二平均律半音列中不同音高的顺序排列，多萝西就得到了起始的四个乐句——一个主旋律和它的三个变奏。

在多萝西生成的音乐中，有明确的对称对象供我识别，那便是 48 种不同可能的音乐线索。第一种旋律逆行与第二种旋律倒置实际上与矩形的对称性是相同的，而半音音阶中的 12 个半音的移位也与十二边形硬币的旋转对称性是相同的。我称这个对称群为 $C_2 \times D_{12}$，或者换句直截了当的话来说就是："2 阶循环群与第 12 个二面体群的乘积。"多萝西告诉我，音乐家们特别喜欢主题中那些不受各种操作影响的元素，就像阿尔罕布拉宫墙壁上的对称一样，它们也与颜色相匹配。隐藏在各种变形背后的对称提供了一个音乐的调色板，这就是多萝西音乐写作的基础，艺术家从数学家手中接管了"对称"。

多萝西所使用的系统是由阿诺德·勋伯格（Arnold Schoenberg）提出的，他是现代"对称音乐之父"。20 世纪初，作曲家们开始摒弃他们的调性传统，转而寻求其他方法来赋予他们的作品以新结构，他们对数学，特别是对使用对称作为音乐创作的框架产生了浓厚的兴趣。勋伯格比任何人都更彻底地将数学转换应用到调性布局上。许多人在第一次听勋伯格音乐的时候只听到混沌的声音，但实际上在音乐的核心上是存在很多结构性东西的。

勋伯格的作曲方法影响了他的许多学生。在阿尔班·贝尔格《抒情组曲》中，第三乐章开头的 46 小节，在进行了 23 小节之后，以镜面反射对称的方式逆行，并且就以这 46 小节结束了第三乐章。数字 23 和 46（$=2 \times 23$）的出现也并不是偶然的。贝尔格把 23 当作他标志性的数字，就像足球运动员印在球衣上的号码一样。如果你在音乐中听到了 23 小节，你就会知道作者是阿尔班·贝尔格。安东·韦伯恩（Anton Webern）、奥利弗·梅西安（Olivier Messaien）和皮埃尔·布列兹（Pierre Boulez）这些作曲家也都在使用勋伯格对称法作曲。

多萝西曾经告诉我，如果一个作曲家过度依赖这样的生成性结构，会带来如下风险：

仅仅依赖生成性结构，在没有人为干预的情况下实现的完美的对称，可能会是平淡无奇且缺乏张力的。太过于显而易见的进程会被听众的预测能力远远抛在后面。借用哈里森·伯特威斯尔的话来说，"这样的音乐在终结之前就结束了"。我们最珍视的音乐似乎成功地实现了形象和形式之间"完美"的融合。

在挑选我欣赏的数学课题时，我也做出了非常相似的审美判断。神秘莫测的数学课题是我最感兴趣的。在我看来，最好的数学课题就是，尽管形式逻辑有严格的约束，但仍能产出充满惊喜的时刻。

32 个段落的对称

　　现代音乐中对称的运用由来已久。最早利用这些思想，将数学应用于音乐的大师之一就是 J.S. 巴赫。他于 1741 年出版的《哥德堡变奏曲》也许就是对称之声最好的例证之一。在我的数学课的课间休息时，我一直在慢慢地研究它的 32 个段落，以探索巴赫创作变奏曲所使用的数学技巧。

　　每一段落由 32 小节组成，并且重复两次。乐曲以简单而优雅的咏叹调（Aria）开始并结束，巴赫基于这一主题运用各种技法写就了 30 个变奏。通过在乐曲结尾处再现主题咏叹调，巴赫成功呼唤出了最对称的形状之一——圆形。咏叹调的出现与再现连接起了音乐两端的时空幻境。32 个段落围成一个圆，第 16 个变奏正好位于咏叹调第一次演奏的正对面。有趣的是，巴赫把第 16 变奏曲命名为"序曲"，一般这一术语通常是指一段音乐的开头。这就让人开始迷惑这个圆到底是从哪里开始、在哪里结束的。

　　这 30 个变奏曲被安排成 10 组，每组 3 个，每组的第三个段落都是一个"卡农"。巴赫大部分的对称游戏是在 4 句由 8 个音组成的"低音线"乐句中进行的，我们从谱面上可以看到也可以听到音乐在这 30 个变奏中被拉伸、压缩、镜面反射和旋转。

　　正是在"卡农"的循环中，巴赫真正地将对称作为变奏的潜在原动力。"卡农"其实就是一个平移对称的例子。这种平移对称，是通过将一个模型的拷贝副本相对于原始模型平移而产生的，就像罐子上雕刻的带状装饰花纹一样。对于音乐这个版本来说，是时间的平移——将空间的平移转化为时间的平移。一个声部开始演唱一条旋律，然后在进行了几拍之后，第二个声部模仿第一声部的旋律进入。这样的歌曲形式也被称为"轮唱"，其中广为人知的就有 *Frère Jacques*（雅克小兄弟，即中国人熟悉的《两只老虎》）和 *London's Burning*（《伦敦大火》）。多萝西曾经举过一个现实生活中的例子：通过收音机收听广播节目，以及通过网络在线收听同一广播节目，就能有效地创造一首"卡农"。因为计算机处理数字信号所花费的时间会导致播放的音乐比通过接收模拟信号的收音机播放的音乐延时几秒钟。当你在阅读《哥德堡变奏曲》的乐谱时，你会发现听觉上的时间平移对称呈现为谱面上的空间平移对称：按照同样序列排列的音符像罐子上的条形装饰花纹一样，在谱面上相隔几拍后又出现在其他声部。

　　然而，巴赫并不满足于只在时间维度上进行简单的平移，他开始将同样的技巧应用在音高这个维度上。在第二首卡农曲（第六变奏曲）中，第六变奏为二度卡农，答句起于比主句[⊖]高一度[⊖]的音符。这样做的效果就像罐子的侧面斜向上的花纹一直螺旋上升。每一个后面的卡农答句都会将音高提高一个音级。每听到一个新的变奏，主句和答句这两个声部的音高都会有较大的差异。但是，在后面，令人惊奇的事情发生了。

　　当我们听到第八卡农的时候，我们会突然感觉到这两个声部又再一次合在一起了，这是因为两个声部之间相距八度。八度的美妙之处在于，我们的大脑能感觉到这两个音之间的同一性，毕达哥拉斯在巴赫使用八度来完成这个"圆"的循环时的 2000 年前就发现了这一点。这感觉就像埃舍尔的一幅自相矛盾的画作，修道士们爬上四边形的台阶，却发现自己又回到了起点。

　　巴赫在第九卡农继续使用了同样的手法再次升高一度，这使得我们的耳朵进一步得到了延伸。每一轮的第八个卡农都会和第一个卡农在另一个八度相合，就像葡萄酒螺旋启瓶器一样，这些卡农似乎想要无休止地螺旋上升。许多作曲家都在他们的作品里采用了类似的主题螺旋上升的思想。在本杰明·布里顿的歌剧《旋螺丝》中，整部作品中音列盘桓而上，有如螺丝的旋转，用来表现鬼魂对男孩迈尔斯的控制越来越多、越来越强，直到男孩死去的那一刻，整部作品达到了高潮。

　　《哥德堡变奏曲》就像一个音乐版的环面（torus）。环面是一个由一个圆扫过另一个圆而产生的数学对象（见图 9-1）。所以既有水平运行的圆，也有垂直运行的圆，形状就像是一个"圆中圆"。在《哥德堡变奏曲》中，我们既能够听到时间循环，又能听到音高的循环。实际上在第十卡农该出现的位置却打乱了这种结构。在这里出现了一首集腋曲（quodlibet），这是一种音乐"玩笑"，是一种即席演奏或记写成谱的乐曲，其中同时奏（唱）两种以上常见民谣曲调的对位曲。完美的对称对于许多艺术家来说是有些令人不安的。因为它在本质上具有规范性：一旦知道了对称结构的一部分，便知道接下来会发生什么。巴赫觉得似乎有必要打破这种对称，为他乐曲的高潮编排一个不同的变奏。打破这种对称也会凸显出之前的调性布局。

　　⊖　在卡农中，最先出现的声部为主句，模仿的声部为答句。——译者注

　　⊖　音乐中是以包含多少个基本音级来计算度数的。

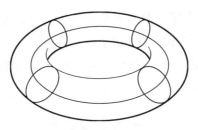

图 9-1　圆中圆——环面

在艺术中打破对称的做法是由来已久的。波斯和阿拉伯地区的地毯编织者会故意在他们精美对称的地毯中编织一小部分错误，用以打破完美的平衡。他们相信在织造地毯的同时他们也将自己的灵魂织进了地毯，于是他们便通过故意留下一些不完美的地方，为他们的灵魂留下逃跑的后路。对一部分穆斯林来说，完美的对称也就意味着试图模仿"真主"——这是一种极大的亵渎行为。通过在图案中故意留下一个错误，来保证不去挑战"真主"作为编织大师的至高地位。

时至今日，在西非，编织的对称性也被认为是将超自然力量融入地毯的关键。在马里富拉尼族婚礼毯子的设计中，反复出现的方块越是靠近中心，就会变得越小。他们相信，伴随着这种图案的每一次重复，会有越来越多的精神能量被封在这张毯子里。事实上，他们认为潜藏在毯子里的能量是相当危险的，因此订婚的夫妇应该确保织工整夜不眠，以免因为他睡着而释放了束缚在毯子经纬之间的怪力乱神。

巴赫在他的变奏曲中不仅仅使用了圆形的对称。三角的对称在他对九个卡农的节奏结构的选择中起着重要作用。在每个卡农中，巴赫对小节的拍数有三种选择：2 拍、3 拍或 4 拍。在节奏方面，他做出的另一个选择是，如何为整部作品中的卡农确定节拍。有八分音符（每拍两个音符）、三连音（每拍三个音符）和十六分音符（每拍四个音符）等可供他安排。例如，在第八卡农也就是第 24 变奏曲中，每个小节有三拍，每拍三连音。

当我理解了这一点后，我就发现是两个旋转三角形的对称性确定了整首作品的节奏结构。每个卡农的结构都可以解释为两个旋转三角形转子密码锁的对称（见图 9-2）。在这个转字密码锁中，每一种对称都匹配两个三角形旋转的一种方式，不同的数字组合就会出现在锁的一边。与普通的转字密码锁不同的是，三角形的边上不是数字，而是节奏的概念。一个三角形控制每个小节的拍数，即节拍，所以这个三角形的外部边缘标示着 2 拍、3 拍或 4 拍；另一个三角形跟踪着每一拍的划分，所以这个三角形的外部边缘标示着八分音符、三连音或十六分音符。

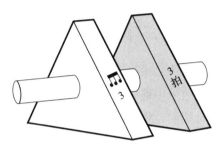

图 9-2   卡农的节拍节奏选择对应于旋转两个三角形的对称

　　密码转子通过旋转得到不同的组合，卡农曲的节奏与节拍就由三角形密码转子外缘上所显示的内容来决定。"音乐的三角"旋转着，仿佛巴赫正在用这两个密码转子破解一个转字密码锁。在这个转字密码锁中一共有九种对称。巴赫的厉害之处就在于他系统地研究了这九种组合（或称对称），并将这九种对称应用到了九首卡农里。他在旋转这两个三角形构思作曲的时候，没有遗漏任何一种可能的组合。

　　巴赫没有止步于使用节奏、音高和时间来进行对称的游戏，他还使用了更多的对称技巧。在第四卡农中，作为答句的第二声部并不是主句第一声部的简单复制，而是与之形成倒影。所以，当第一声部向上进行时，第二声部就会以同样的模式向下进行。从乐谱谱面上来看，便仅仅是音符翻转了一下或者沿着音乐中的某条水平线与上面的音符呈镜面倒影。在第五卡农中巴赫使用了同样的技巧。

　　令人惊讶的是，通过标准的西方音乐记谱法的符号就这样把音乐变成了几何，你可以在谱面上直观地看到所有这些抽象的对称性。声音中的对称转化为视觉上的对称；在垂直方向上的对称游戏转化为了音乐音高的变化；在水平方向上使用对称的技巧会影响到音乐的时间结构。作曲家还可以利用其他变量进行操作，比如利用音乐的响度（强弱）。当看到"<和>"（cresc. 和 dim.）这个符号时，就表示一段乐曲渐强后紧接着渐弱，这也是一种对称。所以在一段音乐中，我们可以捕捉到诸如时间、音高、节奏、强弱等多个维度上所发生的对称。

一种很明显的几何对称直到 20 世纪才被开发出来应用在音乐上，那就是主题变奏的概念。保罗·欣德米特在他的钢琴作品《调性游戏》（*Ludus Tonalis* 或 *Game of Tones*）中就尝试使用了这个技巧。将音乐开头的一部分（前奏）抄录下来，把乐谱倒过来，让乐谱上的音符旋转半圈，就会得到最后一个乐章（尾声）结束时的那些音符。诚然，在这中间需要演奏一小时的音乐，所以欣德米特也并不指望你能听出这种对称。但是，这种前后呼应并非巧合。这样安排的作用就像英语中的一种叫作"交错配列"的修辞法，用对称来标明文章的开头和结尾，就像一对书挡一样把书夹在中间。

几年前，英国广播公司举办过一场比赛，参赛者需要先听三段录音，然后选出哪一段是现代作曲家模仿巴赫风格的作品，哪一段是巴赫真正的作品，哪一段是由电脑生成的。这种比赛的举行，也很大程度上从侧面说明了巴赫的作品具有高度的结构化特征。《哥德堡变奏曲》是一次穿越对称世界的音乐之旅。听着它就像走在装满哈哈镜的大厅，因为每一个新的变奏都会将原来的主题扭转和延展。巴赫的学生洛伦茨·米兹勒（Lorenz Mizler）就将音乐称为"发声的数学"。《哥德堡变奏曲》是一个很好的例子来说明对称不仅是一种物理性质，它还广泛存在于许多抽象的结构中。

考虑到《哥德堡变奏曲》的对称性，大家可能会认为巴赫是我最喜欢的作曲家。但也许《哥德堡变奏曲》中无处不在的对称，解释了为什么这首曲子从来没有像我去了解它那样让我兴奋。即使是格伦·古尔德所演奏的《哥德堡变奏曲》也不会让我像听理查德·施特劳斯的曲子那样热血沸腾，坦承这一点可能是一种亵渎。也许对称所提供的可预测性正在扼杀我所追求的惊喜感。当我向多萝西坦白这一点时，她提醒我《哥德堡变奏曲》的创作目的是治愈赫尔曼·卡尔·冯·凯瑟琳伯爵（Count Hermann Karl von Keyserling）的失眠。我在牛津大学的数学导师丹告诉我："你还太年轻了，欣赏不了《哥德堡变奏曲》。"也许是我的人生阅历还不够多，看不透这部作品中所蕴含的终极对称——对人类现状的沉思。在我 40 岁生日那天，丹送给我一张巴赫的《十二平均律钢琴曲集》（*Well-Tempered Clavier*）的唱片，并对我说："现在，你 40 岁了，也许够岁数去参悟这些音乐了。"时至今日，我也一直在努力地参悟这些音乐。

搜寻模式

巴赫作曲经常使用对称来"偷懒"，这样做的话他就不用通篇都去"作曲"了。例如，在《哥德堡变奏曲》的第四和第五卡农中，作为答句的第二声部就是主句的水平方向的倒影。为了标明答句第二声部需要呈倒影，巴赫甚至在乐曲的开头加注了第二个谱号，并且也将这第二个谱号倒置过来（见图9-3）。

这种使用额外附加标记来谱写主题旋律以创造变奏的做法，在巴赫之前就已经有许多作曲家应用在自己的复调音乐作品中了，比如若斯坎·德·普雷（Josquin des Prez）就这样使用过。每位演奏者都会拿到一份只有单行的乐谱，但是谱面上会有一套音乐中通用的记号，来标明诸如音高如何确定，主句声部与答句声部相差几拍，什么样的速度，渐快与渐慢如何处理等。虽然在演奏乐曲时需要加入演奏者的"二度创作"，但演奏者依然需要跟从旋律线上基本的演奏记号进行演奏，就好像他们对一个物理实体进行对称操作一样。

图9-3　用倒置的高音谱号表示旋律倒影

巴赫最明显的融合对称的手法之一就是一种被称为"螃蟹卡农"或"逆行卡农"的形式，他在另外一部作品《音乐的奉献》里便采用了这种形式。在这个"螃蟹卡农"中，一个声部从前至后正常演奏，另一个声部同一条旋律却从最后一个音开始与原旋律反向逆行，并与之对位演奏。作曲的艺术便在这里——只写一条单旋律，但是可以以这种"螃蟹卡农"的形式演奏。"螃蟹卡农"就像一个音乐版的回文。有些音乐家真的创作了回文式的音乐作品，作品在演奏到刚好一半的时候又将旋律反向地进行下去了。海顿第41号钢琴奏鸣曲中的小步舞曲便是一首完美的"回文"式作品。贝尔格（Berg）的歌剧《璐璐》（Lulu）的幕间曲、贝拉·巴托克（Béla Bartók）的第五弦乐四重奏中都使用了这样的"回文"式音乐结构。莫扎特（Mozart）也非常喜欢探索"回文"音乐。

在著名的"音乐神童"莫扎特故事背后隐藏着一个这样的事实：早期音乐高度结构化。在圣周（也称受难周，复活节前的一周），西斯廷教堂的祭祀礼拜活动将以格雷戈里奥·阿莱格里（Gregorio Allegri）的《求主怜悯》（Miserere）

为尾声。《求主怜悯》是为教皇乌尔班八世创作的，在这首歌曲演唱过程中，27 盏蜡烛会被逐一熄灭，最后只剩下一盏亮着。当阉人歌手⊖唱出炫技的高音时，教皇本人会跪倒在圣坛前，戏剧性地结束祭祀礼拜仪式。教皇非常喜欢这段音乐，所以下令《求主怜悯》只允许梵蒂冈使用。教皇还下了禁令，即使是在西斯廷教堂，在圣周以外的时间也不许演唱《求主怜悯》。《求主怜悯》的任何手稿都不允许离开梵蒂冈，任何试图抄写这部作品的人都将被逐出教会。

1769 年 12 月，14 岁的莫扎特和他的父亲开始了欧洲之旅。旅行过程中令人兴奋的一个行程就是去参加在梵蒂冈举行的著名的圣周活动，聆听《求主怜悯》，这是一年中聆听这首美妙乐曲的唯一机会。还是个小男孩的莫扎特被这段表演迷住了，当晚回到住处后，他凭着记忆把这段 12 分钟的作品完整地写了下来。他冒着被逐出教会的风险，还偷偷地跑回去参加耶稣受难日的活动，以检查他所记写的手稿是否准确。以音乐神童的本事，不用说，他听记的谱子只需要做几处小修改就行了。

重现这首曲子，如果说是要归功于记忆，还不如说这反映的是莫扎特在理解作品内在逻辑上的非凡能力。贯穿整部作品的模式和对称，为莫扎特提供了类似于潜意识的算法来重建这首共包含九个部分的赞美诗合唱作品。要记住一串随机的数字，几乎是不可能完成的任务，比如 99375105820974944592，但是要记住 12345543211234554321 这样一串数字就不那么困难了。很显然，第二串数字具有对称性，这种对称性使人的大脑能够通过一个程序来存储这 20 个数字，这比随机记忆 20 个数字，对脑力的要求要低得多。这同样也是莫扎特惊为天人的音乐记忆能力的核心原理。他不是对数字序列，而是对音乐模式高度敏感。

少年莫扎特非凡的音乐天赋使他能够根据作品内在的对称性来解构阿莱格里的作品。同样，具有数学洞察力的人可能会发现，前一段中提到的那 20 个随机数字其实是 π 小数点后第 44 位到第 63 位的数字。就像约翰·康威就有将 π 记忆到小数点后几千位的能力，莫扎特重现《求主怜悯》所彰显的不是惊人的记忆，而是莫扎特对贯穿整部作品的模式和对称很敏感。记忆，无论是在人脑中还是在计算机中，通常都与结构识别或者将结构联系起来的能力相关，这

⊖ 阉人歌手，又被称为阉伶歌手，通过阉割手术让男性保持住童声，目的是让男性可以顺利演唱出女高音或者女中音的声线，演奏出高潮技巧性的歌曲。——译者注

种能力使得硬件能够以压缩的形式存储信息。

莫扎特对阿莱格里的《求主怜悯》所做的，与最终我想要完成的数列有关，该数列描述的是从三角形的对称中构建的对称对象的数量。通过理解《求主怜悯》核心的逻辑和模式，莫扎特就可以直接从记忆的碎片中重新构建起整首作品。在我的数学"作品"中，第一"乐句"是 1，2，5，15，67，504，9，310，…但我不知道它将如何继续。我依旧没在我的"作品"中发现隐藏在旋律背后的秘密。

当莫扎特为欧洲宫廷演奏他的音乐时，一位德国物理学家却用另一种方式来看待音乐中的对称性，这使这些贵族们眼前一亮，并给他们留下了深刻的印象。恩斯特·克拉德尼（Ernst Chladni）与莫扎特是同年生人，他发现了人们是如何看到鼓声的。将沙子放在鼓的表面并使鼓皮震动，沙子就会形成一系列不同寻常的图案，并且充满对称性。

这些形状类似于小提琴琴弦各种泛音的谐波波形。当一根小提琴琴弦振动时，实际上这根弦上的每一部分都在震动，各部分震动产生的正弦波与其对应的琴弦长度是相吻合的，不同的正弦波复合在一起就构成了整个琴弦的震动谐波。将手指轻轻放在小提琴琴弦上的不同位置（把位），就可以使小提琴发出能被我们辨识出来的不同的泛音。例如，将手指放在琴弦正中间的位置，就会产生第一泛音，这个音比小提琴琴弦的基音要高出八度。把手指放在弦的三分之一处（三分之二弦在震动），我们会得到比整弦震动的基音高纯五度的音，我们称其为第二泛音。克拉德尼发现，在鼓上也有不同版本的这些泛音，这些泛音并不是一维弦上的波，而是在鼓的表面形成了神奇的二维图形（见图9-4）。每一个不同的图形都是通过一个类似把手指放在小提琴琴弦上不同把位上的过程来实现的。正是所有这些不同的模式和它们相应的频率的组合，构成了每个鼓特有的声音。

恩斯特·克拉德尼的表演非常成功，以至于他不停地在欧洲的宫廷巡回演出，展示隐藏在不同乐器声音中的对称性。拿破仑对克拉德尼的巡回表演表现出浓厚的兴趣，并重赏了他一笔6 000法郎的巨款。现在我们明白了，这些对称就是廉价小提琴和高品质小提琴在音色上有差别的原因所在。德国的小提琴制琴师是制造乐器的专家，他们可以让声音在琴身共鸣腔里产生尽可能多的对称。

图 9-4　恩斯特·克拉德尼发现的震动鼓面所形成的对称图形

　　在数学家真正理解对称这个概念之前，巴洛克和古典主义时期的音乐家实际上已经掌握了对称的抽象本质。对于这些音乐家来说，对称已经不仅仅是几何镜像和旋转了。许多音乐家甚至在不自知的情况下"证明"了最早的一些关于对称的数学理论。

钟鸣的换序

　　17 世纪，英国的敲钟人已经在不自知的情况下开始了对颇为复杂的置换理论数学定理的"证明"，这足足比伽罗瓦和柯西的"置换"数学出现早了好几个世纪。敲钟人发现，通过一系列简单置换的重复，就可以得到所有可能的置换结果。由于复杂的置换群语言直到 19 世纪才被发明出来，敲钟人并不知道自己每个星期天做的事情，其实是在进行一个有趣的数学定理实验。

在牛津读书期间，作为一名住校生的我已经习惯了那些美妙钟声的陪伴。这是英式生活中最具特色的声音之一，近四个世纪以来，走在牛津街道上的学生们都很熟悉。在英国各地教堂的塔楼上，大约垂挂着 5 200 多组各式各样的钟，大部分教堂以五六个不同的钟为一组，有些教堂甚至有十几个。

在去参加一个关于置换的讲座的路上，我经过抹大拉的玛利亚教堂，这时教堂刚好响起了 10 响钟声，那时的我未曾想到自己即将要去学习的理论已然被敲钟人付诸实践了。在钟楼里，10 名敲钟人紧紧抓住从钟上垂下来的 10 根绳子，让 10 个钟从音调最高的到最低的依次鸣响。这个过程无疑需要他们彼此之间默契地配合。可是一旦你完全掌握了钟鸣的规律，对于听钟声这件事就从期待变成了索然无趣，让人提不起精神来。为了避免这种情况的发生，就像几个世纪前的敲钟人一样，他们开启了花样翻新的敲钟大作战。

17 世纪的敲钟人开始利用依次敲响不同音高的钟来鸣钟。例如，假设有四个钟，分别为 A、B、C 和 D。敲钟人先按照 ABCD 的顺序敲响它们。当敲钟人的带班指挥员下令"换钟"时，第一顺位与第二顺位钟鸣响的顺序互换，第三顺位与第四顺位钟鸣响的顺序互换。经过这一次换序，钟鸣响的顺序就变成了 BADC。

如果下一次按照同样的方式换钟，那么 B 和 A、D 和 C 交换后，序列则又回到 ABCD，这与第一次敲钟的顺序是相同的。所以，敲钟人在指挥员下达第二次"换钟"口令时，采取了另一种变换钟鸣响的方式，即只换第二顺位和第三顺位钟鸣响的顺序。在这个过程中，A 和 D 互换，得到一种新的鸣钟顺序 BDAC。

当指挥员下达第三次"换钟"口令时，敲钟人再次按照第一种"换钟"方式操作，即第一顺位与第二顺位互换，第三顺位与第四顺位互换。大钟鸣响的顺序从 BDAC 变成了 DBCA。直到此时，我们总共得到了四种不同的敲钟序列。如果按照上述两种换钟方式依次继续下去的话，换钟 8 次后，又会回到原始的 ABCD 序列状态。根据排列组合的基本原理，如果要确保每轮敲钟时都不会有重复的组合出现，四个不同音调的钟总共可以构成 24 种不同的敲钟序列：第一声钟响可以通过敲击四个钟里的任意一个获得，第二声在剩余的三个钟里任选其一，第三声则在余下的两个钟里选其一，第四声只能从剩下的唯一一个钟处获得。所以，就构成了 4×3×2×1=24 种不同的敲钟序列。

通过交替使用先交换第一顺位和第二顺位，再交换第三、四顺位构成的第一种换钟方式，以及仅交换第二顺位和第三顺位构成的第二种换钟方式，就已经成功地生成了 24 种可能的敲钟序列中的 8 种。这 8 个序列是名为"*Plain Bob Minimus*"的钟声序列的开始部分。敲钟人开始挑战获得全部 24 种可能的钟声序列。具体的方法是：交替使用第一种和第二种换钟方式，在每换钟 8 次后，增加一次第三种换钟方式——令第三顺位和第四顺位钟鸣响的顺序发生交换。随后，再交替使用第一种和第二种换钟方式换钟 8 次，而后使用第三种换钟方式……

想知道钟声的对称性隐藏在哪里吗？让我们先想象这样一个场景：有一个正方形，四个角分别有 A、B、C、D 四个钟，正方形的四个角上还站有四位敲钟人，分别编号为 1、2、3、4，如图 9-5 所示。每当指挥员下达"换钟"口令时，敲钟人就会利用正方形的对称性做出回应。这里假定，钟上标记的字母会发生置换，但敲钟人始终按照 1、2、3、4 的顺序敲响大钟。那么，敲钟人使用的第一种换钟方式就对应于以正方形的垂直对称轴发生的置换，第二种换钟方式则对应于以 1 和 4 两个角连成的对角线为对称轴发生的置换。这两种置换方式交替进行，就足以产生正方形的由四个角的轮换和对称轴的置换而产生的全部 8 种对称。根据伽罗瓦的数学语言我们可以这样描述：虽然四位敲钟人演奏的"*Plain Bob Minimus*"和正方形的几何图形看起来毫不相干，但两者背后的对称性是相同的。

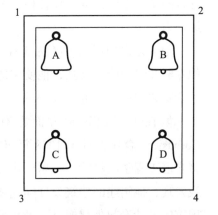

图 9-5　使用正方形的对称性来演奏 *Plain Bob Minimus*

首篇系统地分析如何利用这些简单的置换方法产生所有可能的钟声序列的文章发表于 1668 年。理查德·达克沃思（Richard Duckworth）的《钟声铛铛：钟声的艺术》（*Tintinnalogia: or the art of ringing*）之中解释了对于 5 个钟，如何使用最基本的"换钟"方法来产生所有 120 种不同的敲钟序列的原理。这本书可以被看作是关于对称群理论最早的著作之一。

尽管敲钟人正在探索对称性，但在完整的对称数学语言被开发出来之前，仍有一些尚未解决的难题。例如，可以通过所谓的三重置换组合得到由 7 个钟的 5 040（=7×6×5×4×3×2×1）种敲钟序列组成的吗？这里的三重置换，即指由三对两两元素置换依次执行共同构成的置换。直到 1886 年，剑桥大学冈维尔与凯斯学院的学者威廉·亨利·汤普森（William Henry Thompson），才根据置换和对称理论的数学原理证明了该方法在解决关于 7 个钟的敲钟序列问题方面是不可取的。

4 月 5 日，泰晤士河边的滩涂

时间如白驹过隙，伦敦南岸大教堂的钟声响起了。多萝西带来了另一首大提琴作品，她特别希望把它介绍给我。她给我带来了谱子，以便我边听边看。这首曲子的作曲家或许比任何人都更善于抓住数学的力量，作为他构思创作的原动力。

他就是伊阿尼斯·泽纳基斯（Iannis Xenakis），一位法籍希腊当代作曲家。他驾驭几何的能力极强，他使用的几何学技巧足以获得每一位影响到他思想的古希腊数学家的尊重。

他在工程建筑学方面也有一定的建树，他曾与勒·柯布西耶（Le Corbusier）合作设计了 1958 年布鲁塞尔世界博览会中的飞利浦展馆，他经常将自己工程学的经验与音乐创作结合起来。他说："在与柯布西耶交流的时候，我发现，他阐述的建筑设计问题和我在音乐领域遇到的问题本质上是一样的。"展馆的设计看起来就像是在做黎曼几何的练习。伊阿尼斯·泽纳基斯认为音乐就是以声音为材料的建筑学，他的一些乐谱，音符离散聚合，看起来就像是他为飞利浦展馆绘制的设计图一样。图 9-6 为泽纳基斯创作的《转化》(*Metastasis*)乐谱的局部。

多萝西认为泽纳基斯为大提琴独奏而作的《诺莫斯－阿尔法》(*Nomos Alpha*)最能激起我对对称的敏感。在该曲中泽纳基斯采用了立方体几何结构作为其对称性作曲的框架。巴赫在《哥德堡变奏曲》中做的是扩展与延伸，泽纳基斯在他的作品中则使用了立方体的对称性作为扩展手段。立方体的 8 个顶点被标记为不同的声音元素。例如，有的对应力度，有的对应奏法，如拨奏或滑音等。然后根据立方体在桌面上的放置方式，以特定的顺序演奏出这些声音元素。通过对立方体的对称进行操作，泽纳基斯改变了这些声音元素应用在音乐中的顺序。这个立方体的使用方式类似于 17 世纪敲钟人借助正方形的对称性来确定四个钟敲击的顺序。

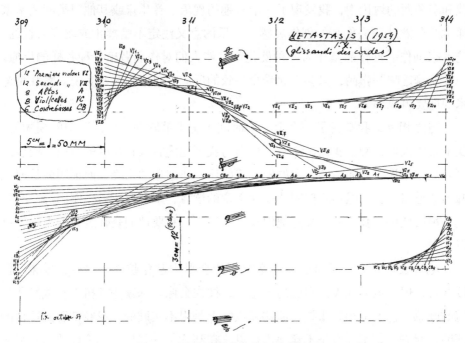

图 9-6　泽纳基斯《转化》乐谱的局部

同时，立方体也限制了排列的可能性，由于立方体的刚性，这 8 个顶点不可能以任意的顺序进行排列。这就意味着作品的结构会以某种神奇的方式反映出立方体的刚性。如果将这 8 种声音元素分别置于纸牌上，并且进行随意洗牌，也就是说，允许这 8 个点进行任意组合，那么我们将得到 40 320（=8×7×6×5×4×3×2×1）种不同的变奏。但是，如果强制指定纸牌与立方体的各顶点一一对应，那么立方体的对称性就将洗牌的可能性限制为了 48 种不同的排列。

有趣的是，限制后的立方体的对称数量与勋伯格和多萝西用来创作音乐所使用的矩阵的对称数量是相同的，但隐藏在它们背后的对称群在结构上是完全不同的。泽纳基斯所开发的对称群被称为 $C_2 \times S_4$，即 2 阶循环群与 4 阶对称群的直积。在泽纳基斯为 98 件乐器所做的作品《诺莫斯－伽马》(*Nomos Gamma*)中，他扩展了对音乐对称性的看法，在这部作品中，金字塔四棱锥体和其他形状与立方体结合起来，共同决定了作品的结构。

听众是否应该听出隐藏在音乐背后的立方体，这对艺术家来说重要吗？在我和多萝西的讨论中，我发现了一个有趣的现象：音乐家或其他门类的艺术家通常会刻意地隐去作品的创作灵感。音乐的意义注定不是禁止或剥夺人权的：艺术家创作一件作品是作为一种催化剂，使人们对作品做出各种各样的反应。一件无聊乏味的作品，只会引起受众一致的反应。对于多萝西来说，朦胧是艺术的重要组成部分。

与之相反，我却花了一个上午的时间去努力消除我"作品"中的模糊性。我不希望人们在阅读我的论文时，得出与我阐述内容大相径庭的结论。模棱两可是数学家最深恶痛绝的。我的发现就好比一座遥远的山峰，而证明就是通往峰顶的道路。我当然不希望阅读完我文章的读者，却登上了另一座山峰。实际上，坦白地讲，我也并不介意他们去别的地方，只要他们登临过我的山峰就可以了。

尽管数学家在撰写自己的论文时可能会尽力避免歧义、含糊、暧昧、模棱两可，但当他们在表露自己的灵感时，往往会像艺术家一样扭捏。虽然我知道朦胧感在艺术上很是重要，但这在数学上是很不实诚的。我经常看到这样的证明，起先一切都在有条不紊地进行着，在到达某一关口后，论证的内容突然就以一种非常令人惊讶的方式另辟蹊径地迂回曲折起来。尽管这一切都合乎逻辑，但作者为什么要沿着这条特殊的道路前行，却是个谜。通常数学家会隐去一些推理或有用的图解——某种指引证明方向的"秘密藏宝图"，就这样秘而不发。

在呈示论据方面，高斯可谓最"伟大"的魔术师之一。他的许多证明背后都隐藏着精妙绝伦的几何思想，这些思想他虽然早已了然于胸，但在将证明写下来的时候，他却将其隐藏起来。如果有人提出质疑，他就会回答说："你见过哪个建筑师在完成建筑后还留着脚手架？"

数学结构为音乐创作提供了肥沃的土壤，这样的事实也解释了为什么这两门学科总被认为是近亲。由于音乐在时间上是线性的，有些人就怀疑人们是否能真正通过听觉觉察到作曲家所使用的对称。不像建筑的对称，一眼就能看个分明，事实上，音乐会带你在曲中进行线性旅行，但却剥夺了你听到对称的机会。马赛力学与声学实验室的音乐学家让－克劳德·里塞特（Jean-Claude Risset）如是说："对称是空间的特性，时间却是不可逆的。'时间之箭'扭曲了对称。"

诚然，里塞特所言是有些道理的。"时间之箭"确实强制要求一首乐曲要按一定的方向演奏，就像我们从未曾听到过一首倒着演奏的乐曲。数学证明从本质上讲，其实是一个非常线性的工作，有它自己合乎逻辑的"时间之箭"。音乐的美往往只在你多次聆听后才会显露出来。一部音乐作品我经常要听很多遍，才能慢慢领悟它对于我的意义。我开始有意识地注意后面的主题与开篇之时的思想是如何相呼应的。

我阅读数学证明的方式与鉴赏音乐的方式是完全相同的。第一次阅读几乎不可能让我对其产生真正意义上的理解，即便是严格遵照证明逻辑中的每一个步骤完成推演。真正的理解源于一次又一次的阅读。于是我才开始理解，作者是如何巧妙地"操控"着证明开篇的主题（也许是一个能让我理解并使我满意的方程式），然后开始各种扭转和变换，引入新的主题并把所有主题交织在一起，将证明转化为令人惊奇的东西，让我有一种进入陌生领域的感觉。

音乐可以在听者体内激发强烈的生理反应，数学在这方面就很难达到。在听理查德·施特劳斯的《最后四首歌》时，每当我听到露西娅·波普（Lucia Popp）演唱的 Frühling 时，她时而高亢时而低沉的声音总是让我后脖颈上的汗毛都竖起来。虽说不会像音乐那么强烈，但数学也确实给了我一种情感上的回应。当我在数学研究上取得突破时，那种激动的情绪占据了我意识的重要部分。当大脑识别出一种新的模式时，身体也会释放出多巴胺，告诉我它就在那里，确保我不会与之擦肩而过。

当我们完成对泽纳基斯和立方体对称性的探索时，泰晤士河也到了涨潮的时候。继续待在那里的话，我们将会被河水冲走。多萝西在我的推荐下将要去阅读一本诠释对称数学语言的书——《群论入门》。而我，也找到了鉴赏音乐的"方便法门"。

为什么对称是重要的?

——毛泽东

第 10 章

5 月：开发利用

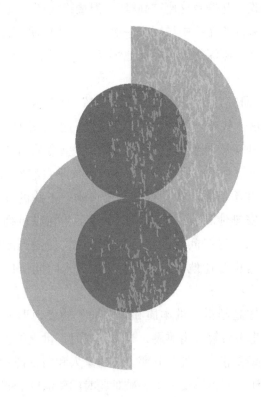

5月4日，牛津

我的博士生安东刚从办公室离开。在过去的三年里，他进行了一些很了不起的研究工作，最近他开始撰写博士学位论文了，但就在刚刚，他向我坦诚，对于是否成为一名职业数学家他还有些拿不定主意。当听到这个消息时，我很淡定。我把学生当作自己的孩子，他们是这门学科未来的希望。如果跟我没有任何师承关系，谁会在阅读我的论文时仔细地关注所有细节呢？数学这个学科内部是比较注重师承派系关系的，任何一个想要离开的人都会被看作是对研究团队以及成果的威胁。

安东一直在做的项目与我目前研究的课题非常接近。不可否认，如果在做研究的时候一直找不到好的思路，人往往会感到迷茫和失落。去年，一位博士后就曾尝试和我一起攀登这座"高峰"，但最终他还是放弃，离开了。此前，我就已经把他从俗世的泥淖中拉回来一次了。当我们研究得越深入，就越觉得这个课题复杂，这种深深的无力感让他怀疑人生，他怀疑自己是不是真的适合研究这个课题。

他们问我："研究这个课题有什么用呢？"他们俩对我的在研课题的重要性提出了疑问，这令我感到不安。对于质疑我们正在努力工作的课题是否真的很重要这个事，我觉得他们是读过寓言故事《皇帝的新装》的，那便随他们吧。我已经向安东解释了，我认为这个研究是关乎自然界万物基本问题的，但我依然能看出他并不信服。我觉得有必要去刷一下我的存在感了。为了证实我所说的话，我安排他和我一起出席这个月下旬在以色列举行的会议，我希望他在看到其他人对这些问题的兴奋和热情后，能受到激励和鼓舞，再次点燃研究的激情。这也会让他知道，人们对他投入时间所做的研究是非常感兴趣的。

有时候，课题超越世俗的本质和异常抽象的表现形式会让人沮丧。试想一下，你穷尽一生去破解一道难题，当它完成时，世上能懂得欣赏它的美的人却寥寥无几，曲高和寡，高处不胜寒。你的家人和朋友都不理解你到底在做什么。你可以尝试让他们也感受一下突破难题时的刺激感和兴奋感。但有时你只是想知道，当知音少得可怜时，这样做还有什么意义。我常常羡慕其他领域的科学家，因为他们的科研成果一出，便能立即得到大众的追捧。

几年前我曾去参观一座实验室。实验室助理把一个皮氏培养皿（有盖的玻璃培养皿）放在显微镜下，让我观察一下里面的东西。这是一枚受精的人卵细胞，在它增殖的过程中，它从一个变成两个，又从两个变成了四个。生命的奇迹，令人惊叹不已！似乎去了解那个培养皿里发生了什么才是真正的科学，因为它的重要性实在是太显而易见了！当我凝视着显微镜时，我关于对称的猜想是否正确似乎变得苍白无力且无足轻重。但我所关注的也是人类大家庭的未来，就在细胞增殖这一点上，也无疑凸显了它与其他学科的关联性。

遗憾的是，科学并没有在我们的这个实验中起作用。这四个细胞最终没能增殖到组成一个新生儿所需的 260 亿个细胞。我选择了数学而不是其他学科，是因为证明一旦被证明，它将永久成立，亘古不变。相较之下，物理实验经常会出现各种各样的问题。我真的无法应对物理世界中的各种不确定性和控制的缺乏，这就是为什么我会被数学家实验室的干净和无可挑剔的逻辑所吸引。

当我还年轻的时候，曾经常常沉醉于数学这门学科抽象而超然物外的本质。哈代的著作《一个数学家的辩白》令我着迷。在这本书中，哈代提出一个宣言，解释了为什么数学应该因其本身而受到推崇，以及为什么数学工作者不应该被想看到自己的工作成果应用到现实的欲望所驱使。但随着年龄的增长，我的态度有所改变。现在，我仍然在研究非常抽象的问题，但如果我的工作成果突然被应用到了现实当中，我也会很高兴。这也是理所当然的。

在实验室里我透过显微镜观察到的科学现象，需要海量的数学知识来支撑才能被理解。随着细胞的数量呈几何级数增加，对称性在确定新细胞可能的结构，以及最终决定我们身体的形状方面扮演的决定性作用就越发突出。我在斯托克纽因顿的家里有一间数学研究室，我在那里获得不少新的发现，尽管我可能不会尝试直接去应用这些发现，但它们之间形成的一系列意想不到的联系，最终成就了数学在我们日常生活中的非凡应用。正因为有了这些联系，一些乍看起来非常抽象的东西，很有可能就是拼图上缺失的那一块，或者说是可以解开生命奥秘的关键。事实上，在 20 世纪，正是有了显微镜的助力，才揭示了对称是解开科学上许多谜团的基础和本源。

金字塔之舞：良药与剧毒

19 世纪末，随着更精密的显微镜的出现，科学家们开始有机会接触到更微小量级的物质结构，他们发现了自然界中一个全新的对称领域。晶体和宝石、骨骼和组织、细胞和病毒的构型都充分利用了在三维空间中可能出现的各种对称。

化学家发现遍布分子世界的一种形状是四面体——一个由四个一模一样的等边三角形构成的"金字塔"。众所周知，地球上的生物都是碳基生物，生命的基础化学物质是碳，碳经常通过化学键与其他四个原子相连，这就意味着碳基分子的形状通常都是四面体。碳原子位于金字塔的中心，其他四个原子位于金字塔的各个顶点。甲烷就是具有这种分子结构的最典型的例子，它由一个碳原子和围绕中心碳原子排列的四个氢原子组成（见图 10-1）。每个氢原子的位置都尽可能地远离其他三个氢原子。就像石块会从山上滚落到山沟里一样，在那里石块的能量是最小的，四个氢原子寻求四面体的顶点作为其能量最低的排列。四面体的晶体结构之于甲烷，就像是球形之于气泡一样。对称为大自然提供了一种使能量最小化的布局方式。

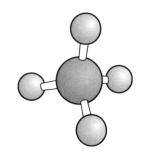

图 10-1　甲烷分子中四个氢原子组成的四面体结构

化学家喜欢用不同颜色、不同大小的乒乓球和小木棍来模拟分子结构。在甲烷分子模型中，用四个同色的小球代表氢原子，它们围绕着另外一个代表碳原子的更大的球。尽管其他碳基分子在结构上可能要复杂得多，化学家依然很喜欢基于上述模型来表示其结构。复杂碳基分子的形状基本上也可被视作四面体，使用四个不同颜色的球，每个球分别代表一个复杂的分子结构，并以四面体的形式排列在中心碳基周围。20 世纪 50 年代，格兰泰制药公司发现了一个四面体分子，它能够显著抑制孕妇晨吐等妊娠反应，制药公司将该药物命名为沙利度胺，意为"反应停"，并公开销售。该药品一经上市，便受到消费者的青睐，但不幸的是，直至 20 世纪 60 年代初，孕妇服用沙利度胺致使 46 个国家的超过一万名新生儿出现了罕见的先天性畸形，患上了如四肢发育不良的四肢切断综合征等先天疾病。

　　实验证明，尽管格兰泰制药公司构建的四面体分子完全是安全可靠的，也确实能够显著地抑制妊娠反应，但它有一个非常危险的对称"表亲"（对映异构体）。事实上，有两种不同的方式来排列碳原子周围的四个彩色球。一种排列方式是，顶端是红色球，以它为基准按照顺时针方向依次排列蓝色球、黄色球、绿色球；另外一种排列方式是，依次排列蓝色球、绿色球、黄色球。这两种排列方式所得到的是两种不同的分子，并且任意旋转，都无法将其中一个变为另一个。只有透过镜子观察时，它们看起来才会一样。这两种分子是互为镜像的。

　　四面体各点排列的对称关系产生出两种不同的沙利度胺分子。同样，也还有其他的分子对也存在这种对称关系。如果一个具有一定构型或构象的分子与其镜像分子不相同也不能互相重合，这个分子就被称为"手性分子"。之所以这样命名，是因为它们就像我们的双手一样，将双手平摊，掌心向上，左手叠在右手上时它们无法重合，只有掌心相对时，类似于镜面反射的效果，双手才能吻合。沙利度胺的使用结果证明，这种妊娠反应抑制剂并不稳定，即使格兰泰制药公司只合成了一种分子排列，但其中一半仍会自行转化成另外一种镜像的形态（消旋化），而这种新形态的分子是很危险的，具有强烈的致畸性。因此，"金字塔"以什么样的方式构建，直接决定了你最终得到的是一剂良药还是一剂毒药。

　　我们的身体对于这一个个小金字塔和它们的镜像分子非常敏感，可以敏锐地捕捉到它们之间的不同。一对手性分子所具有的味道很可能是完全不同的。例如，有一种化学物质叫香芹酮，它闻起来有香菜的味道，而它的镜像"表亲"（对映异构体）闻起来却有留兰香的味道，这种对映异构体被添加在口香糖中，成了箭牌口香糖独特味道的来源。我们的感官能够嗅出和品尝到对称的味道，这是一件多么神奇的事呀！ 1871 年出版的《爱丽丝镜中奇遇记》（《爱丽丝梦游仙境》姊妹篇）一书中，爱丽丝说道："对她的小猫来说，镜中牛奶的味道可能不如普通牛奶好。"在该书作者刘易斯·卡罗尔（Lewis Carroll）那个时代，他的想象力竟如此超前，让人望尘莫及。

　　我们的身体对同一种分子的对称"表亲"产生不同反应的原因是，组成人体内蛋白质的氨基酸都是如同金字塔一样的四面体结构，但是它们基本都遵循一种特定的"手性"，科学家称为"左旋四面体"（即"左旋优先"原则），基本上不会出现它的对映异构体。就像握手时，如果你的右手握住的是对方的左手，你会有异样的感觉一样，人体对于这些同分异构体会产生更加强烈的反应。当一种药物进入我们体内时，它的左旋剂型与我们体内的蛋白质结合很可能对我们是有临床治疗作用的，但是如果是它的"表亲"右旋剂型与同一种蛋白质结合就可能产生破坏性的结果。

地球上的生物似乎总是由左旋四面体构成。为什么是这样，至今仍然是个未解之谜。左旋的四面体结构是适用于宇宙中所有的有机物，还是还只在我们所处的银河系这一隅独受青睐呢？科学家们都在研究和讨论"左旋优先"原则，但是还没有人真正弄清楚到底是在什么的作用之下，我们体内的氨基酸就照着这种特殊的方式来构造了。

20 世纪，对称和分子结构之间的联系引发了化学家、生物学家和数学家之间新一轮的大讨论。其他学科的科学家也开始运用数学的力量来探索可能的、不同的分子结构。事实上，微生物学家已经发现，大自然中最危险的力量之一"病毒"的主体结构便是柏拉图立体。

病毒：对称让你打喷嚏

19 世纪末，在克里米亚，烟农们种植的烟草因为一种未知的原因全被摧毁了。俄罗斯圣彼得堡大学年轻的生物学家迪米特里·伊万诺夫斯基（Dmitri Ivanovski）受命前往克里米亚，去调查到底是什么样的"野火"将烟叶全部"烧焦"了。原本大家都以为是一种细菌引起的此次灾害，但当生物学家分析了可能引起这种疾病的病原体后，发现其似乎与细菌有很大的不同。细菌无法穿透陶瓷过滤器，它们会留在过滤器的一边，但那些给烟草造成病害的微小物质却能顺畅无阻地通过。荷兰微生物学家马丁乌斯·贝杰林克（Martinus Beijerinck）将这些新的传染性微粒命名为"病毒"，并猜测这些微小物质很可能是利用植物或动物的细胞进行繁殖或复制的生命体。

1918 年，西班牙大流感造成约 5 000 万人死亡，这个数字比第一次世界大战所造成的伤亡人数总和还要多。西班牙大流感才真正让人们把注意力集中在病毒学这门学科上。面对流感的大暴发，科学家们非常迫切地希望了解这种危险疾病的发病机制。细菌的结构可以通过常规显微镜观察到，但流感病毒实在是太小了，需要有更精密的 X 射线晶体分析技术和电子显微镜，才能够观察到这个微小有机体的组成结构。在弗朗西斯·克里克（Francis Crick）和詹姆斯·沃森（James Watson）两位科学家共同发现了脱氧核糖核酸（DNA）的双螺旋结构后，他们将注意力转向了病毒。

病毒虽然致命，但经科学家研究后发现，它的结构并不是一团混乱的，相反，它充满了对称。巧合的是，20 世纪初许多艺术家也开始将对称与死亡联系在一起。在托马斯·曼（Thomas Mann）的小说《魔山》中，主人公凝视着雪花，面对其无与伦比的对称陷入了深思，"它完美的精确性让我感到战栗，然后我发现它是致命的，是死亡的精髓"。对称不仅成了艺术家作品中象征死亡的符号，在生物学中也是如此。

到了 20 世纪 30 年代，人们发现病毒是由被称为"衣壳"的蛋白质外壳包裹着一种叫作 RNA 的遗传物质构成的。X 射线晶体分析仪所提供的病毒图像显示，烟草花叶病毒具有杆状外观，其衣壳蛋白在 RNA 周围自组装形成杆状螺旋结构，而其他病毒的图像，如番茄丛矮病毒的外壳则更接近于球形。1954 年夏天，在冷泉港⊖的一次会议上，詹姆斯·沃森与年轻的研究生唐纳德·卡斯帕（Donald Caspar）讨论了他的想法。后来卡斯帕去了英国，与年轻的博士后阿龙·克卢格⊖（Aaron Klug）一起工作。卡斯帕研究番茄丛矮病毒，克卢格研究芜菁花叶病毒。为了确定这些体积微小病毒的结构，他们使用了 X 射线晶体分析技术，用 X 射线照射病毒晶体，然后分析其产生的衍射图。两种病毒的 X 射线衍射图均呈现出近似球形的形态。卡斯帕和克卢格希望能够进一步确定这些传染源的精确的结构形态。

从 X 射线晶体分析技术产生的衍射图重建晶体结构的过程就像在三维空间中求解一道复杂的几何题。好比有人以特定方式将许多球排列成某种三维结构，搞清楚这些球的排列方式是"解题"的最大挑战。然而，我们所掌握的唯一信息就是该结构的一些二维投影图像。说得通俗一点，这些投影图像看起来

⊖ 美国纽约州长岛冷泉港实验室，被称为世界生命科学的圣地与分子生物学的摇篮，至今共诞生 8 位诺贝尔奖得主。詹姆斯·沃森曾是冷泉港实验室负责人。——译者注

⊖ 阿龙·克卢格，英国化学家和生物物理学家，1926 年出生于立陶宛，1982 年获得诺贝尔化学奖，1995—2000 年担任英国皇家学会主席。——译者注

就像是将一个三维立体结构以某种角度压扁后形成的平面图像。破解它所需要做的工作就是赋予图片中的这些点以生命，用以重现原有的三维结构。

从卡斯帕和克卢格得到的衍射图中似乎可以看出，晶体上面存在四个轴，具有类似于等边三角形的三阶旋转对称性。对比拥有对称性的几何结构后，他们发现所有的柏拉图立体都具有四个轴。比如，正四面体的轴就很容易确定，用一根小木棍穿过四面体的一个顶点，再从该点正对的等边三角形的中心点穿出。正四面体围绕小木棍旋转 1/3、2/3、1 圈后，便可与初始状态重合，因此，这三种形态构成了三阶旋转对称。

有趣的是，立方体也具有与等边三角形相同的三阶旋转对称性。为什么会这样呢？立方体是由 6 个正方形构成的，它的三角形旋转对称体现在哪里呢？如果你拿一根小木棍，从立方体的任一顶点插入，然后将其从离该顶点最远的那个顶点穿出，立方体就可以围绕这根小木棍构成的轴旋转。在该顶点上方顺着旋转轴的方向观察立方体，立方体每旋转 1/3 圈，便会与初始状态重合。此时，将与该顶点相邻的三个顶点依次连线，即构成一个正三角形，每旋转 1/3 圈就会与初始状态重合。另外一种观察立方体中等边三角形的方法是，利用与该顶点相邻的三个顶点构成的平面，切掉立方体当前顶点所在的角，一个正三角形便立刻跃然眼前。

这种四个轴构成的四个三阶旋转对称似乎为卡斯帕和克卢格指明了方向，这些病毒的形状很可能就是五种柏拉图立体中的一种。但到底是哪一种呢？利用 X 射线晶体分析技术，从不同角度所获得的排列方式越多，揭开病毒结构真面目的把握性就越大。卡斯帕的运气不错，他得到的一张番茄丛矮病毒的图像显示了五边形结构中的 5 个点。这张二维图像表明，病毒衣壳中的蛋白质是按照一定规律排列的，存在一个轴，衣壳蛋白围绕该轴排列，并呈现类似于正五边形那样的五阶旋转对称。这张图像的出现缩小了可能成为病毒结构形态模型的柏拉图立体的考虑范围。在五个柏拉图立体中，只有拥有 20 个面的正二十面体和有 12 个面的正十二面体拥有与正五边形相同的旋转对称。弗朗西斯·克里克当时也在剑桥的同一间实验室工作，卡斯帕于是拿着这个图像去找了克里克。

克里克和沃森开始构想病毒衣壳中蛋白质的排列方式和相关机制。病毒的自我复制方式是将位于其核心处的 RNA 注入宿主细胞，再偷偷地借助宿主细胞内的环境及原料快速复制增殖。RNA 中的编码有构建和组装蛋白质的信息，这些蛋白质依靠宿主细胞产生，并将包裹新复制的病毒核心 RNA。一旦合成⊖与组装⊖过程完成，宿主细胞就会释放这些新的病毒颗粒，对更多的宿主细胞造成破坏。病毒的破坏性如此巨大，是因为它在自我复制的过程中对宿主细胞所产生的影响。

　　实验数据表明，这些病毒释放的 RNA 链非常短，因此能够编码的信息量是有限的。有些病毒的基因组非常少，只有不到五个基因。基本上，我们可以把释放的 RNA 链想象成一个小的计算机程序，它被用来构建蛋白质元素，然后再把这些元素组装成一个特定的结构。例如，人类的 DNA 中就包含极其复杂的程序，它被用来构建胎儿的心脏和其他器官。那天在试管婴儿实验室里，我在显微镜下观察到了细胞分裂遵循同样的机制，令我受到强烈的震撼。克里克意识到，病毒中含有的遗传物质"编码程序"很短，这就意味着它会以一种非常简单且高效的方式或规则去复制或构建出一个完整的子代病毒。这显示了对称的力量。

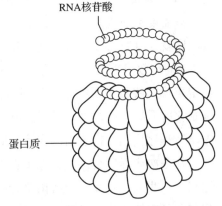

RNA核苷酸

蛋白质

图 10-2　烟草花叶病毒的螺旋结构

　　对称从根本上为物体的构建提供了一个更为简单的"编码程序"，用一个个结构简单的构件去搭建出复杂的整体结构。例如，烟草花叶病毒的螺旋结构的构建方式就非常简单有效，它看起来就像一个旋转楼梯，每一级台阶都是一个相同的蛋白质片段（壳粒）（见图 10-2）。楼梯每旋转一周就有 16 1/2 级台阶。每一级台阶的搭建都遵循相同的规则：只需适当地旋转，然后再增加下一个壳粒就好了。那么有四个旋转对称轴的病毒又是怎样的呢？什么样的规则对于它们来说是适合的？柏拉图立体的美在于其上的任何两个面都能够以完全相同的方式"邂逅"。柏拉图立体的任何部分都不需要额外的规则来构建。所以，把这些形状组合在一起的规则和"旋转楼梯"的规则是一样简单有效的。

　　⊖　合成：逆转录 / 整合入宿主细胞 DNA。
　　⊖　组装：利用宿主细胞转录 RNA，翻译蛋白质再组装。

克里克认为，那些更接近于球形的病毒的基本形状是正二十面体，该正二十面体的每个顶点是一个壳粒，每个壳粒包含 5 个相同的衣壳蛋白亚基，每个三角面由 3 个衣壳蛋白亚基构成，衣壳上总共包含了 60 个衣壳蛋白亚基（见图 10-3）。潜在的对称效果立竿见影，直接减小了重现结构所需的程序的规模。规则的二十面体是相同壳粒形成封闭空间的一个最优途径，可以使所需的能量最小化。因此，对称是一种既省力又能减少信息量的策略，这也是它能够受到大自然青睐的原因之一。它还是莫扎特能够快速准确地完成阿莱格里的《求主怜悯》记谱的原因所在。

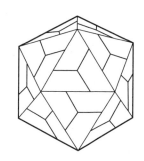

图 10-3　部分病毒形如正二十面体，其衣壳由 60 个相同的衣壳蛋白亚基构成

　　通过生成程序的长度来评估结构复杂性的方法，现阶段被广泛应用于数论领域。例如，分数 1/3 的无限循环小数表示形式所对应的生成程序就非常短：只需要不断重复 3 就可以了。但 π 的无限不循环小数表示形式所对应的生成程序就要复杂得多。这就是为什么，要记住 π 你需要一个笔记本，而记住表示 1/3 的小数只需要一个心念一动的瞬间。数学中有一个完整的分支，致力于确定重现某些数字所需生成程序的长度。一个数字或一个物体的对称性越强，复制它所需的生成程序就越短。反过来讲，克里克相信病毒核心基于那些短链 RNA "程序代码" 构建出的物体的形态结构必然是对称的。

　　在一次病毒学会议上，克里克提出了他关于病毒具有球形形态的观点，但遭到了一些人的质疑。卡斯帕拿着用小木棍和乒乓球制作的模型向大家展示了他们所预测的结构。当模型展现在大家面前时，病毒学家们对克里克的设想更加信服了。但他们在这个模型和正在不断涌现的更复杂的病毒之间无法找到连接与解释的方法。问题来了，如果病毒真的如此对称，那么其几何形状最多只允许 60 个病毒衣壳蛋白亚基存在。然而，在包裹 RNA 的病毒衣壳中包含的病毒衣壳蛋白亚基有时会远超 60 个。克卢格和他的同事除了研究植物病毒之外，已经开始了动物病毒的研究工作，而且他们发现动物病毒似乎也具有与正二十面体相同的旋转对称。例如，脊髓灰质炎病毒的外壳似乎就是由 180 个病毒衣壳蛋白亚基组成的。

　　此时，一场以"艺术和科学的碰撞"为主题的有趣的会议为我们指明了前进的方向。巴克敏斯特·富勒的拥趸者——罗伯特·马克斯 (Robert Marks)，偶然发现了一份关于小儿麻痹症病毒结构的研究，这份研究表明，脊髓灰质炎病毒的衣壳似乎是由 180 个病毒衣壳蛋白亚基组成的。巴克敏斯特·富勒一直在使用三角形来设计穹顶结构，他构建的穹顶结构所包含的三角形可比数学家规定的 60 个还要多。但组成这些穹顶的三角形，并不都是一样的——它们的形状相似，但不完全一样。足球就是一个很好的例子，它由 20 个六边形和 12 个五边形组成；以每个面的中心点作为顶点，把所有六边形和五边形再进一步分割，形成三角形；六边形中的三角形都是等边的，完全对称，但五边形中的三角形并不是等边的。那么现在我们就有了一个由两个不同基础模块构建的、具有 180 个面的结构（见图 10-4）。所以，也许更复杂的像脊髓灰质炎病毒的结构，看起来会像一个由许多三角形构成的足球，或者一个由巴克敏斯特·富勒设计的穹顶结构。

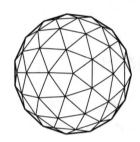

图 10-4　由 120 个正三角形和 60 个等腰三角形构成的多面体

　　早在 1959 年的夏天，克卢格就曾与富勒见过面，但真正促使卡斯帕和克卢格决定重新构建病毒形态结构的缘由，是他们读了罗伯特·马克斯在 1960 年出版的一本关于建筑师的工作与生活的书。他们通过引入"拟等价"（quasi-equivalence）的概念，适当放宽了病毒衣壳中各组成部分之间的约束关系，但经过调整后的新结构仍然充满了对称。既然富勒设计的"网格球形穹顶"结构是由两种形状略有不同的三角形拼接而成的，那么脊髓灰质炎病毒会不会也可能是由两种形状略有不同的衣壳蛋白亚基组合而成的呢？在这种状况下，病毒结构中允许存在的衣壳蛋白亚基数量仍然是有限的，卡斯帕和克卢格想出了一个计算可能性的公式，他们甚至借用了富勒的一些建筑学术语。我和托马尔在巴黎参观的晶球电影院就是一个很好的例子，它展示了如何将不同的三角形拼接在一起，构建出一个近似球体的形状，这个形状具有极致的对称性。

　　卡斯帕和克卢格还提出了另外一种不同的脊髓灰质炎病毒衣壳的形态模型。再一次，作为有效组装 180 个病毒衣壳蛋白亚基的一种方式，对称又发挥了至关重要的作用。肥皂泡所追求的形状是完美对称的球形，正巧这也是能量最低的表面结构，病毒的衣壳也遵循此规则。按照最对称的方式组装这 180 个衣壳蛋白亚基，也就意味着组装后的能量最小，因此病毒衣壳处于一种稳态。对称在病毒构建的过程中起着至关重要的作用。

最近的研究表明，一些最致命和毒性最强的病毒都选择了正二十面体的形态结构，比如疱疹、风疹甚至导致艾滋病的 HIV 病毒，它们都将致命的秘密隐藏在高度对称的外壳之下。现代科学揭示了对称不仅是自然界中非常微小的有机体存在的根本，也是生物学最大奥秘之一——意识运作机制的关键。

灵魂之镜

进化让我们变得对对称极度敏感。那些能在混乱的丛林中发现具有镜面反射对称图案的动物更有可能存活下来。灌木丛中的对称要么意味着有人要来吃掉你，要么意味着你有可以吃的东西。我们的大脑似乎天生就会在对称中寻找意义。这就是为什么在 20 世纪初赫尔曼·罗夏发明了对称"墨迹测验"———一种打开患者潜意识的方法。他认为，当看到对称的东西时，人类会不由自主地被驱使着去寻找某种意义或信息，以至于患者的反应可以成为揭示他们心理状态的线索。卡尔·荣格（Carl Jung）也认为对称对理解潜意识十分重要。即便如此，比起罗夏墨迹测验中的蝴蝶状墨迹，荣格更被印度教和佛教"坛城"（mandala，梵文中称"曼陀罗"）中包含的象征意义所吸引。

在佛教崇拜中，"坛城"是由染色的彩色木屑或沙子制成的神圣图形。Mandala 在梵语中是"圆"的意思，而"坛城"这个图形是一个相互交叠、错综复杂的圆的网络，它代表着一个多层次的宇宙。"坛城"的设计是异常复杂的，这是为了反映修行的人们，在通往涅槃成佛后要去的"坛城"中心的过程中，所需要经历的苦难和磨炼。"坛城"中的每个符号都有特定的含义。比如四方的矩形代表"坛城"中心，涅槃成佛后灵魂的居所；八角形的法轮代表通往涅槃的八重道路；十六瓣的莲花代表着佛、菩萨或是涅槃本身。"坛城"中交错重叠的形状就是一个"剧本"，引导着修行者进行冥想。

西藏的喇嘛会对"坛城"进行长达几日全神贯注而又深刻的敬拜。"坛城"中形状的对称是为了帮助信徒进入一种冥想的状态，一旦敬拜完成，这些用彩沙描绘的"坛城"就会立即被摧毁，这也是"坛城"仪轨中重要的组成部分。经由人手敷沙，煞费苦心创造出来的完美对称，瞬间就会荡然无存。这是为了告诉我们世间的无常和人本身的脆弱。虽说对称是很难实现的，但正如动物世界中那些拥有不良遗传基因的生物付出"代价"所揭示出来的道理一样，摧毁"坛城"也是在巩固佛教信仰中"四大皆空"的重要性。只有"五蕴皆空、六根清净、六尘不染"的修行者才能最终得到"涅槃"的妙果。在"坛城"仪轨里，喇嘛需要耗费数日去构建美丽的"坛城"，敬拜完成，"坛城"就要马上被毁掉。对于这样一幅精致对称的作品，和耗时费力去构建它相比，亲手毁掉它，使之崩于一瞬，可真是难上加难。仪轨完成，这些彩色的沙子就会被扔进附近的江河或溪流中，是真的"付之东流"了。

对荣格来说，"坛城"是自我的一种表达：

> 我每天早上都在笔记本上画一个小圆形画，一个曼陀罗，它与我作画时的内心状态是完全契合的。在这些图画的帮助下，我可以观察到自己每天的精神变化。

荣格也会让他的患者绘制这种圆形的图画，并以此作为进入他们潜意识世界的通道。他相信创造这些对称图形在帮助患者表达他们个性不同方面的同时，这种行为本身也是具有治疗作用的：

> 大部分这种图画都具有直观、非理性的特征，通过其象征性内容，可以对潜意识追踪溯源。因此，就像图标一样，这些图画具有"神奇"的意义，而患者却从来没有意识到它们可能的功效。

让荣格非常震惊的是，当要求不同的患者通过绘画来表达内心的混乱状态时，往往他们勾勒出的基本图形是相同的。如此多有不同精神问题的患者，并且他们所持有的文化背景也不尽相同，跨越这些他们却都勾勒出了同样的意象，这一事实支持了荣格对"集体潜意识"观念的信心：

> 每个人都存在一种超意识倾向，即能够在任意时间、任意地点产生相同或极其相似的符号或象征物。由于这种倾向从不曾为单个人有意识地独有，所以我称之为"集体潜意识"，并且作为其象征性符号产出的基础，我假设这种意识存在"原型"。

在荣格看来，三角形、圆形和六边形都是能普遍引起人类共鸣的符号，它们不受文化背景等条件的限制和影响。

心理学家开发了另一种测试来强调在潜意识中对称对我们的吸引力。让我们一起来做个小实验吧！如图 10-5 所示，这里有 4 张卡片，现在告诉你，每张印有元音字母的卡片，它的另一面都会印有一个偶数。那么你需要翻开哪一张或哪几张牌来验证这个说法是否正确呢？

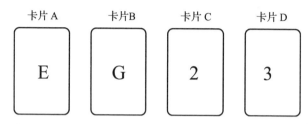

图 10-5　为了验证卡片一面是元音，另一面必是偶数，你需要翻开哪张或者哪几张牌

心理学家讨论了推理和记忆的两种模式：旧模式与新模式。旧模式与我们最基本的原始动物脑相对应，而这似乎就是那个想要到处寻找对称的大脑。我们倾向于在对问题的直觉反应中使用这种模式。在实验中，我们发现约 4% 的实验参与者有能力克制固有的直觉反应，运用更具分析性的反应来解决这个难题。大多数实验参与者认为必须翻开卡片 A 和卡片 C 进行确认，但实际上你需要检查的是卡片 A 和卡片 D。这是为什么呢？问题中只描述了你需要检查的是每张一面印有元音字母的卡片，其另一面印的是偶数。而我们的大脑十分渴望对称，这就导致了受试者还会去检查每张印有偶数的卡片，确认它的另外一面是不是印有元音字母，所以大脑就会指引你拿起卡片 C。但如果卡片 C 的另一面印的是辅音字母呢？翻开卡片 D 也有可能会推翻上述结论。如果卡片 D 的另外一面是元音字母，那么这种说法显然就是错的了。

我们的潜意识似乎是按照某种对称逻辑运作的。它认为，命题"如果 A，那么 B"成立，那么它的镜像，即逆命题"如果 B，那么 A"也应当是成立的。但事实远非如此。通常情况下，逻辑推理都是非对称的。有一个专门的心理学学派试图通过这种对对称逻辑的渴望来解释潜意识的运作机制。这项活动的发起人是智利心理学家伊格纳西奥·马特·布兰科（Ignacio Matte Blanco）。他的潜意识模型看起来有点像博尔赫斯在他的短篇小说《巴别图书馆》中描述的宏伟建筑。根据书中的说法，图书馆包罗万象，书架上包括了由 25 个书写符号（空格、句号、逗号和 22 个字母）任意排列组合形成的所有可能的图书，每一本书都存放在图书馆的某个地方。在一些地理书里巴黎是法国的首都，而在另一些书里"法国是巴黎的首都"。在博尔赫斯的描述中，图书馆是由相互连通着的六边形回廊组成的网格结构建筑，就像一个巨型大脑。马特·布兰科认为，人类的思维会像"巴别图书馆"一样，为了达到某种平衡，产生出一些非比寻常的"对称"认知。

大脑专注于对称的倾向会对精神病患者产生毁灭性的影响。马特·布兰科讲述了这样一件事：因为检查的需要，一位精神分裂症患者需进行一次手臂静脉采血，在采血过后她变得惊恐万状。有时她会说，她的血被从胳膊上抽走了，但有时却完全颠倒过来，一再声称她的胳膊被抽走，血留下了。

马特·布兰科相信，就像博尔赫斯的"巴别图书馆"里的书一样，患者的大脑使用了对称性，允许了陈述语句的所有排列。他扩展了西格蒙德·弗洛伊德（Sigmund Freud）的观点，弗洛伊德的理论还表明，我们的大脑潜意识会试图在根本不存在对称的地方给它加上对称。比如，我们的意识脑说"我的父亲是一个男人"，而在潜意识主导下，这句话会变成"所有的男人都是我父亲"。这些对称的把戏在我们的梦境世界中尤为强大，因为在梦境中潜意识占据了主导地位。这种潜在的对称逻辑产生了扭曲的世界，这也正好解释了为什么我们的梦境有时会变得离奇曲折、匪夷所思。也许在潜意识里，我认为我的一位朋友相当具有危险性。而我的意识认同"怪物是危险的"这一说法，按照梦境中的对称逻辑，我的朋友可能瞬间就会变成一个怪物。

人们开始认识到，对称在大脑的运行中扮演着至关重要的角色。镜像神经元的发现被认为是神经生理学的重大突破之一。就像科学上的许多重大突破一样，镜像神经元的发现也极具偶然性。意大利帕尔马大学的三位神经科学家贾科莫·里佐拉蒂（Giacomo Rizzolatti）、莱昂纳多·福加西（Leonardo Fogassi）和维托里奥·加莱塞（Vittorio Gallese）正在进行一项实验，实验的目的是探究当猴子以某种特定的方式移动手时，大脑中的哪些神经元会被激活。这些神经元被称为运动神经元，因为它们主要用于控制身体的运动和代谢活动。科学家利用连接到猴子的额叶皮层上的电极片识别被每个特定动作所激活的那部分神经元。当电极连到大脑的特定位置时，每当猴子伸手去拿花生时，就会触发监测仪器发出"嘶嘶嘶"的声音，表明神经元正处于兴奋状态。

　　莱昂纳多·福加西花了一整天的时间去观察猴子的动作，并记录下仪器发出的对应的"嘶嘶嘶"声。他圆满地完成了当天的观察任务后开始整理实验室。当他伸手去捡散落在地上的花生时，仪器突然又发出了"嘶嘶嘶"声。他心中暗自嘀咕："这太奇怪了！"于是便再次伸手去捡另一颗花生，他看到猴子的眼睛跟着他的手移动，同时仪器又发出了"嘶嘶嘶"的提示音。但是猴子的手根本没有动。也许是检测仪器出了什么故障。如果是设备问题的话，那么这一整天的实验观察结果就得全部作废。于是，福加西又把设备仔仔细细地检查了一番，但并没有发现什么问题。

　　虽然猴子并没有做捡花生的动作，但它的大脑神经元似乎被激活了，仿佛产生了一个虚拟现实版本的抓取动作。这些神经元并不是运动神经元，它们被研究人员命名为"镜像神经元"，或者诨名为"猴子做、猴子看神经元"。这类神经元的兴奋是因为模仿或镜像映射了另一种动物的行为，这一观点可能会为研究人类心智的发展提供重要线索。事实上，神经学家维兰努亚·拉玛钱德朗（Vilayanur Ramachandran）就曾预言，镜像神经元之于心理学的重要意义可与DNA之于生物学相媲美。

　　看别人做某件事与自己在意识中想象做同样的事在表面上看起来大相径庭，但他们的大脑活动却相差无几。大脑中的某些东西似乎抑制了大脑发送信号来执行实际的动作，但这种抑制作用并不总是能够奏效，神经元被激发后，你的身体将会复制你所看到的动作。跟人说话时，你一定会暗自发现自己在模仿对方的动作，而且还不止一次？每当我发现自己把手放在脑后和对面人的姿势完全一样时，我就会哈哈大笑。镜像神经元被激发，并促使我的身体产生了一种欲望，让我想要去完全对称地镜像模仿我面前的人的动作。如果有人在你面前大打哈欠，即使你一点也不累，很快你也会跟着打哈欠。

　　镜像神经元有助于解释尽管婴儿根本不知道自己的脸是什么样子，他们也能够完美地模仿父母面部动作的惊人能力。当父母伸出舌头时，婴儿也会跟着伸出舌头。他们并不需要在镜子前练习几个小时，仿佛一切都自然而然地发生了。这是因为婴儿大脑中的镜像神经元被激活，并复制了这个动作。镜像神经元很有可能在人类发展其复杂的语言技能方面也提供了重要的助力。语言的习得依赖于对他人声音的模仿。就像前文提到的罐子上的装饰花纹一样，孩子听到父母发出的声音，就会尽可能完美、精确地模仿。研究人员的确也发现，大脑中镜像神经元所在的区域，在位置、结构和进化起源上与大脑中负责语言处理的布洛卡区（S 区）十分相近。

一些科学家认为，大约 4 万年前，由于某种未知的原因引发了人类大脑镜像神经元的爆炸式增长。这也是人类历史上最早的"文明大爆炸"发展时期。突然之间，工具就开始变得越来越精致。岩石块被雕刻成十分对称的箭头；工具上被覆以有趣的装饰图案，当然这不是出于任何实用性目的，而是因为在这一时期大脑越来越被对称的形状所吸引。

这些镜像神经元帮助我们拥有进入他人大脑的能力，这被认为是将人类聚集在具有明确文化认同的群体中的关键。人类被称为"具有马基雅维利式智力的灵长类"，就是因为我们有这种能够理解自身和他人行为、情绪和意愿的能力。事实上，镜像神经元可能是弄清楚自闭症发病原因和机理的关键所在。自闭症患者无法共情，可能就是由于在观察他人活动或行为的过程中，这些镜像神经元无法被成功激活所导致的。共情需要大脑中的"虚拟现实机"来模拟我们看到他人在做某件事时的感觉。

镜像神经元很可能为我们人类能够通过复杂的语言和文字进行交流提供了生物学基础。到了 20 世纪，对称在电子通信领域的开发利用，又带来了全球性的爆发式飞跃。

你要崩溃了……

在繁忙的电波中，对称性与数据的传输息息相关。消息的完整性依赖于基于对称数学的数学编码。"编码"（code）一词有时会让人联想到间谍和密信。但对于像第二次世界大战时期纳粹德国使用的恩尼格玛密码机那样，用于加密、解密文件信息时，我们使用专门的技术术语——"密码"（cipher）。这个词的词源来自阿拉伯语中的 sifr，意为"0"。在中世纪的欧洲，来自东方的包含"0"的新数字（阿拉伯数字）极大地提升了普通百姓的计算和记录能力。欧洲上层贵族阶级为了保持在地位上的优越感，禁止使用阿拉伯数字，但由于这些数字实在是太过于方便，普通百姓就在背后偷偷地使用。这就是为何"sifr"一词演变为具有信息保密含义的来历。

"编码"一词的技术含义实际上是指一种能够保存并帮助实现信息交流的方法或系统，这几乎与"密码"的含义截然相反。生命本身就是凭借编码进行传递和重构的。DNA 是由四种核苷酸组成的长链聚合物，它们分别是腺嘌呤、鸟嘌呤、胞嘧啶和胸腺嘧啶，我们一般使用它们各自英文单词的首字母 A、G、C 和 T 来表示。那么整个 DNA 就可以用一串由这四个字母组成的长链编码来表示。这串符号编码不仅携带了父母的遗传基因，同时也是我们能够繁育后代的基础。而病毒借助宿主物质复制自身副本，则是通过 RNA 编码实现。

现在，有大量的研究都在围绕 DNA 编码优异的纠错能力来展开，因为编码的错误会产生突变，突变会导致生物体基因组的变化。我们每个个体独有的特征是由这些突变决定的，没有一个人是父母的完全克隆。然而无论如何，都需要有一种适当的机制，来纠正 DNA 从父母传递给孩子的过程中发生的重大错误，以防止"重构"生命的程序崩溃。

有一种编码，即使出现多处错误，也能够较为完整、有效地将其含义保留下来，那就是书面文字。

例如：A tetx wiht srcaabedl ro chnyade ellters osmheow rewains emghuo infwrtmation to neabke the oirginl sendnence ti be reoncsrcted.

这个句子中多处出现字母次序混乱或被替换的情况，但经过仔细地观察和分析，还是能将句子本来的样子重构和还原。

经过重构后的句子为：A text with scrambled or changed letters somehow remain enough information to enable the original sentence to be reconstructed.

其含义为：字母错序或被替换后，书面文字仍能以某种方式保留足够信息，从而使得原句能被重构。

书面文字之所以能够具有卓越的自我纠错能力，是因为它存在很多冗余。字典中的每个单词都像一个可信编码（码字）。比如，《牛津英语词典》在线版截至目前收录的由 7 个字母组成的单词共计 48 504 个，但 7 个字母任意组合构成的字符串数量超过 40 亿个。换言之，一个由 7 个字母随机构成的字符串能够有幸成为字典中的一员，概率极小，正因有如此之大的冗余，书面文字的纠错才变得非常容易。因为对于一个被打乱次序或被替换掉字母的 7 个字母组成的单词来说，其对应正确单词的可选择余地并不大。

　　与书面文字相比，口头语言的纠错通常就没那么有效了，这也就是"耳语传真"游戏能够如此有趣的原因。在第一次世界大战期间发生的一个故事充分说明了这一点。从前线传出的消息是："请增援，我们即将推进……"（Send reinforcements. We're going to advance…）但经过一级级的口口相传后，消息到达指挥部时就变成了："先发三四个便士来，我们要去跳个舞……"（Send three and fourpence. We're going to a dance…）

　　从某种意义上说，风靡全球的"数独"也是一种非常复杂的纠错游戏。标准数独（九宫数独）是由 9×9 的单元格组成的，其中只有少数几个单元格里事先填好了提示数字。游戏规则是：将 1～9 这 9 个数字按一定顺序填入九宫格的空格内，使每个数字在每行、每列、每个 3×3 的小方格中只能出现一次。根据游戏规则以及表格结构，可借助已有数字推断出缺失的数字。其实，我们可以把一个数独游戏看作一条信息，其中部分信息在传输的过程中丢失了，但根据信息的结构，我们便有可能利用已接收到的残缺信息重构出完整的原始信息。

　　20 世纪通信业的蓬勃发展，使得人们对更智能、更快捷、更高效的信息存储方式的需求与日俱增。无线电波中充斥着手机信号、数字无线电信号和卫星传输信号等。CD、DVD 以及 MP3 格式文件都以数字的形式存储，播放时再现我们想要看或要听的视频或音乐。调制解调器和光纤正在把诸如电子邮件和网页等信息从一台计算机传输到另一台计算机。我们依靠轨道卫星收集和发送气象数据，发射到太阳系边远区域的航天器会回传图像数据，带给我们来自宇宙深处未知世界的近距离画面。

　　通过大气层、电缆或是在太空中真空传输的电波信号会相互干扰，另外，强磁场也会影响数字信号的传输，科学家们不得不想出一些办法来判断数据在传输的过程中是否受到损坏。有没有一种信息传送方法，即使数据在传输过程受损，也能够将未损坏的数据拼接、还原呢？一张普通 CD 从生产线上下来时，刻录到其上的数字信息中就存在 50 万个以上的错误；CD 在使用过程中不免要受到污损，盘面上可能会布满划痕和指纹，这张 CD 上的信息错误可能会达到 100 万个甚至更多。虽说这些错误数据可能只是 CD 上所载数据的一小部分，但仍然可能对音乐的还原造成影响。数学的能力在此时大放异彩，它确立了音乐的编码方式，而这种编码方式不仅可以检测出大多数错误，还可以进行纠错。要想获得如此强大的编码能力，首先就要找到一种可以将图片、声音或文字转换成一串简单数字的方法。

计算机本质上是由开关组成的系统，它有开和关两种状态。我们分别用数字 1 和 0 来表示这两种状态，1 对应"开"，0 对应"关"。1874 年，法国工程师埃米尔·博多（Émile Baudot）第一次使用定长电报编码，将字母转换成了数字，并应用于电报通信领域。字母表中的每个字母都转换为相应的由 0 和 1 构成的五位数编码。这种编码方法总共可以表示 32（=2×2×2×2×2）个不同字符。例如，字母 X 可以表示为 10111，字母 Y 可以表示为 10101。

通常情况下，一份文件中需要用到的字符一般会超过 32 种，因为除了字母以外还需要表示标点符号和数字。博多想出了一个十分巧妙的方法。就像我们在键盘上经常会按住 shift，再按下另一个键，用来输入同一按键上的其他符号一样，博多使用一个特殊的五位数编码"11011"来表示"按下 shift 键"的这一操作。所以，如果在编码中遇到 11011，那么紧跟其后的五位数编码所表示的就不再是原来的那个字符，而是另外一个字符了。

随着科技的进步，尽管博多码已被诸如 ASCII 码等更先进的编码方式所取代，但它竟然出现在了一张专辑的封面上。2006 年，一家报社给我打电话，询问我是否能够写一篇关于酷玩乐队最新专辑封面图案之谜的文章。电话是中午打过来的。因为这篇文章要刊登在第二天的报纸上，所以他们需要在下午三点之前拿到稿件。时间过于紧迫，我有点慌，仿佛自己又回到了准备大学期末考试的时代。我问编辑："如果下午三点前我还没解开这个谜题怎么办？"编辑回答说："那也会很有趣呀，我们就可以把文章标题改成'牛津教授也无法解开的酷玩乐队之谜'。"一想到那样的标题，我的注意力瞬间就集中起来了。

专辑的封面由堆叠的色块组成，是博多码的一种艺术表现形式。我很快意识到，可将其中每两个正方形上下堆叠形成的长方形区域看成网格中的一个独立单元，每个单元具体由什么颜色的方块构成并不重要，重要的是有没有颜色块。如果有，那么该单元格就用"1"表示；如果没有，就用"0"表示。因此，实际上我只需要专辑封面的黑白照片，并用黑色表示网格中有颜色块的区域，白色表示无颜色块的区域，如图 10-6 所示。自上而下读取网格的第一列，我们得到"黑、白、黑、黑、黑"，转换成五位数编码为"10111"，它在博多码中对应的是"X"。最后一列"黑、白、黑、白、黑"经过转换后，在博多码

表中查到对应的字符是"Y"。那么中间的两列分别是什么呢？第二列转换后
得到"11011"，这相当于博多码中的
"shift"。那么，第三列编码"00011"
对应什么就需要去查阅博多码表的第
二套字符集。但此时我已大概猜出我
想找的符号是"&"。因为酷玩乐队
此次出的新专辑的名字就叫"X&Y"。
但实际上并非如此，博多码表中
00011 对应的是 9，不是 &，第三列
或许应该是"01011"才对。所以，单
从封面上的图案来讲，这张专辑名字
应该叫"X9Y"。

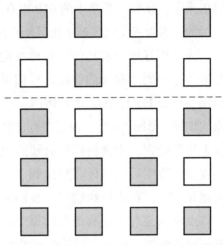

图 10-6　酷玩乐队专辑封面密码的黑白版本

　　这张专辑的封面恰好反映了博多
码的一个问题。如果不存在任何干扰，你接收到的消息可以与原消息完全吻
合。但显然，乐队与专辑封面设计师沟通时可能受到某种因素的干扰，导致一
处编码发生错误，把"01011"记成了"00011"。鉴于博多码的特点，它无法
自检编码中的错误，除非是确切知道专辑的名字。但即便有错误，专辑的封面
设计依然是相当夺人眼球的。在这张专辑里，不光是专辑名字被编码成了数
字，连音乐也是先转换成 0 和 1 代码再存储在 CD 光盘中的。对于以数字编码
形式存储的音乐，其纠正由刻录或划损所导致错误的能力，显然比其作为封面
的意义重要多了。

　　数学家发现，一些方法可以利用对称性来检测信息在传输过程中发生的
错误。在编织对称图案的地毯时，编织工能够发现并及时修正细小的错误。这
是因为具有对称图案的地毯，其四个角互为副本，一个角上如果出现微小的不
同，编织工很快就可以根据其他三个角检查出问题所在并将其修正。对称在物
体内部建立的联系使它成为纠正错误的理想选择。

　　实际上，有一种非常简单且能够有效实现检错、纠错的数据传输方法——
将同样的信息发三遍。例如，如果想从外太空回传一张黑白照片，黑色像素点
用数字 0 表示，白色像素点用数字 1 表示。为了避免发生错误，可以使用一个
三位数来代替单个数字，即用 111 表示白色，用 000 表示黑色。如果传输过程

中出现错误使得某个数字被意外替换，那么就会像秃头上的虱子，一眼就能分辨出来了。比如，消息中的 010 很有可能就是 000。当然，我们不能保证这是绝对的，因为三位数序列中也可能出现多处错误，但这种可能性是最大的。

为了更好地理解几何与对称在构建良好的数字编码中起到的作用，我们可以将码字 000 和 111 想象成立方体两个相对顶点的坐标（见图 10-7）。倘若序列的任何位置上出现错误，都会使得原有顶点坐标发生改变，改变后的坐标将对应到立方体的其他顶点上。在进行纠错时，我们只需要将该点移回至与它距离最近的那个码字位置即可。例如，如果我们接收到的是 110，它对应的顶点到 111 的距离显然比到 000的距离更短，那么就认为其可信编码应该为 111。

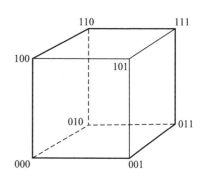

图 10-7　将码字 000、111 想象成立方体两个相对顶点的坐标

但这种编码方式的效率非常低。首先，消息传输的数据量变成了原来的三倍，需要耗费额外的时间和资源。在航天器首次发射进入太空时，机载设备的体积还十分庞大，电池容量也不够充足，寻找有效的方法来存储和传输数据，可以节省大量的资金。第一个拍摄到火星表面照片的是"水手 4 号"探测器，它在 1965 年向地球回传了 21 幅颇有颗粒质感效果的黑白照片。每张图片由4 000 个像素点组成，像素点值是介于黑与白之间的 64 种灰度中的一种。"水手 4 号"机载能源供给系统只允许每秒发送 8 条数据，回传一张照片耗时近一小时。如果纠错码需要三倍的传输速率，这显然很不现实。

立方体中还隐藏着一种效率更高的编码。如图 10-8 所示，在立方体中构建出一个内接正四面体，其顶点分别对应于码字序列 000、011、110 和 101。这四个编码同时也是立方体上只包含奇数个"0"的三

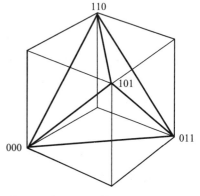

图 10-8　与正四面体顶点坐标对应的码字可以实现检错

位数编码。如果编码序列中的某一位置出现错误，就会使得接收到的三位数编码中 "0" 的个数变为偶数，从而就能够判断出该编码在传输过程中是否发生了错误。从几何学角度来看，任何一处错误都会导致编码序列对应的坐标点脱离正四面体。我们不需要通过正四面体去挖掘编码更深层次的运作机制，但它有助于更好地说明为什么高效的编码可能与对称形状有关。这种与正四面体相关的编码效率更高，因为它的码字增加到了 4 个，占了 0、1 三位数编码总个数的一半，同时具有检错能力。唯一缺点就是不能够纠错。比如，在编码序列 "010" 中有一个错误，因为该点脱离了正四面体，但我们无法判断到底是哪一个位置上的数字出错了，正确的编码可以从四面体的 000、110、011 三个顶点中任意选择。

　　航天器通信系统的设计者不想因为传输过程中的干扰而浪费宝贵的时间和资源去重新发送一张来自遥远星球的照片。数学家意识到，可以利用更复杂的结构为他们提供一种方法，在不重新发送信息的情况下识别和纠正编码中的错误。

从检错到纠错

　　1947 年，美国贝尔电话实验室的一名科学家在工作中遇到了一些烦心事，但这也成了促使他首次使用数学方法巧妙地解决了编码的纠错问题的契机。理查德·汉明（Richard Hamming）对实验室的电脑越来越恼火。连续几个周末，他都将电脑上一个复杂计算程序设置为持续运行，但到周一上班后却发现，当计算机系统检测到程序中的错误后，便会自动停止运行。"如果机器能检测到错误，那它为什么不能直接定位并修改它们呢？"

　　让我们看看他是怎么做的，请看下面的表格：

0	**1**	**1**
1	**1**	0
1	0	

该消息是由 0 或 1 组成的 4 位数编码，在表格中用粗体字表示。表格的

最后一行和最后一列数字分别用来识别任何可能出现的错误，它们被称为"校验码"。这种编码的强大之处在于，它不仅可以检测到错误的发生，还可以识别错误所在的位置。每一行的最后一个数字用来做奇偶校验——其值根据当前行编码序列"1"出现的个数确定：如果"1"出现了奇数次，则记为1；如果"1"出现了偶数次，则记为0。同样，每一列的最后一个数字也是奇偶校验位，遵循相同的规则。如果消息主体数字序列中出现错误，则会导致其奇偶校验的结果与对应校验位上的数字不吻合。再通过这些数字不一致的奇偶校验位，进一步确定传输错误发生的具体位置，从而实现纠错。如果错误没有发生在消息主体上，而发生在了校验位上，这种情况也可以被识别。因为当错误发生在消息主体中时，其对应的行、列两个校验位上的数字都会出现不一致的情况。但是，如果只是其中的一个校验位上的数字不一致，说明错误仅是发生在校验位上，只需要纠正这个校验位数字就可以了。

我们继续来看下面一个例子：

1	0	1
1	0	0
1	0	

第二行的校验位数字为"0"，表明该行应该有偶数个"1"，但表格第二行的消息主体数位中只有一个数字"1"，这说明错误就发生在第二行。如果想要确定具体是哪一位，还需要看列校验位的情况。表格第一列校验位数字为"1"，表明该行应该有奇数个"1"，但该列消息主体中的数字"1"出现了两次，这显然是互相矛盾的。因此就可以确定，错误的位置是第二行第一列，只需要把该位置上的"1"换为"0"即可。

在发送诸如0111这样的消息编码时，需要将四个数字依次填充到2×2的网格，并为每个行和列增加相应的校验位，再将扩展后的网格重新转换为8位数字序列，即01111010。通过额外增加的四个数字，再利用数学中奇偶校验的规则，就可以实现4位二进制数消息，序列的查错和纠错。如果传输更大、更长的消息，则可将其先分解为多个四位数编码，再分别给每个编码序列增加校验码。通过这样的处理，消息编码的总长度翻了一倍，但同时也使得每个4位子序列编码具备了纠错的能力。但增加校验位仍然会导致额外的时间和资源开销，所以研究人员便开始寻找更巧妙的数学编码方法以提升传输效率。

编码与几何间的联系，为汉明提供了打开发现更高效编码之门的钥匙。由 0 和 1 组成的三位数字序列可以被看作三维立方体的顶点。从其中选择一部分顶点便可以组成一种消息编码，这些被选中的顶点构成可信码字。不同的选择方式可以形成多种不同的编码方法，相应地，在立方体内部会构建出不同的形状。就像前文叙述的，基于立方体内接正四面体的四个顶点构建出的编码方法虽然具备检错能力，但它不能纠错。带有校验位的新编码可以实现纠错，其可识别的几何形状隐藏于更高维度的立方体中。例如，上述 3×3 网格中的由 8 位数 0、1 组成的纠错码，就是在八维立方体中定义的一个特定的形状。

基于这种几何学视角，汉明又找到一种更好的方法，可以进一步减少校验位个数。这种新方法将 4 个校验位减少到了 3 个。这样，在一个 7 位数编码中，代表消息编码的仍然是 4 个，剩余的 3 个校验位可以用来纠正传输过程中发生的任何错误。他还将这一方法进行了扩展，以适用于更长的消息。

这些编码的核心是伽罗瓦在对称性研究中所揭示的几何图形。伽罗瓦利用这些几何图形建立了一个新的对称单群。汉明则是利用伽罗瓦的几何图形来挑选高维立方体中的特定顶点构造几何体，并将其上的顶点用作他提出的新编码中的可信码字。汉明发现，通过这种方法可以生成大量的码字，并且即使出现一处错误，使得对应的码字脱离了原来的顶点坐标，仍然能够确定它来自哪个顶点。

汉明想把他的新编码发表出来。但他供职于商业机构贝尔实验室，这种新编码显然蕴含着非常重要的商业价值，贝尔实验室不急于将其公布于众。在获得专利之前，它不希望汉明泄露任何有关这种新编码的技术细节。汉明对能否为"纯数学"申请专利持怀疑态度："'我不相信你们能为一堆数学公式申请专利。我觉得这简直是天方夜谭。'但是贝尔实验室的人却说：'看我们的，你就放心吧！'事实证明他们是对的。事情就是这样：你越觉得离谱，它就越容易申请到专利。"

汉明尽速收集了所有他草草写下自己想法的稿纸，并把它们送到专利局。但专利局要求提供开关电路图，以展示这种编码在实际应用中是如何实现纠错的。汉明是一个纯粹的数学家，这个要求超出了他的专业研究范畴。在实验室工作期间，他结识了一位名叫伯纳德·霍尔布鲁克（Bernard Holbrook）的工程师朋友。在工作之余，汉明常常去霍尔布鲁克的办公室，向他倾诉自己无法融入商务环境的苦恼。霍尔布鲁克立刻就看出了汉明码内蕴含的强大力量，画出了汉明所需的电路图，并在每一页都签注上了"见证并理解"。霍尔布鲁克并没有就此止步，身为一名应用工程师，他希望看到汉明码能够应用到真实的模型之中。

霍尔布鲁克回忆道："电路图一画出来，我就马上把它交给我的一个技术助理，并告诉他：'我们需要把它做出来，验证一下。'一方面，我是想让专利的申请更具说服力；另一方面，我也想看看这种神奇的编码到底是怎么工作的。"1951 年 5 月 15 日，专利申请成功，正式注册备案。但实际上，作为针对贝尔实验室的反垄断诉讼案和解协议的一部分，该专利在五年后便可以免费使用了。

为了申请专利，汉明码这项创新在 1948 年被发现后又延迟了多年才得以问世。由于是商业秘密，汉明不能告诉公司以外的任何人，但他和同事克劳德·香农（Claude Shannon）讨论过这种新编码。香农是最早提出系统地使用 0 和 1 二进制编码数据的科学家之一，他被称为"数字时代之父"。在香农之前，也就是所谓的模拟电路时代，工程师们一直执着于使用电磁波来实现数据通信的想法。具有远见卓识的香农预见到了用数字取代电磁波的巨大潜力。

别人眼中的香农，是个古怪的人。午休时间其他数学家通常会聚在小黑板前玩一会儿数学游戏，而他却躲在自己的办公室里。太阳落山了，人们才会看到他的身影，他会骑着独轮车在实验室的走廊里转来转去。香农喜欢发明各种各样的东西，其中就包括电动弹跳高跷和轮毂偏离中心的独轮车，他骑在上面时会像鸭子走路一样一摇一摆的。他甚至还制作了一辆双座独轮车，但遗憾的是没有人愿意上去一试。正是香农具有开创性的关于 0 和 1 二进制编码发展潜力的论文，敲开了信息时代的大门。而在这篇论文的核心部分，香农无意间叙述了使用三个校验位纠正长度为 4 位编码的消息中的错误的这种最简单的汉明码。

由于保守商业机密造成的专利申请延迟和香农论文的泄露，最终导致另一位数学家捷足先登，赶在汉明之前发表了对这些代码的研究。生于 1902 年的马塞尔·戈莱（Marcel Golay）在 1924 年移居美国前一直在瑞士生活和学习。

15 岁时他加入了家乡的一个俱乐部，那里的氛围点燃了他学习数学的热情。他回忆说："俱乐部里的其他成员大都是一些年龄较大的男孩，他们有的还是数学家。我记得有一个人问问题很有趣，他们以能够解答问题为乐。"但戈莱从未接受系统、正规的数学教育。

戈莱的另一个爱好是飙车。他拥有好几辆奔驰，但美国大多数城镇稳健的驾驶风格让他大失所望。曾经有一位同事搭乘戈莱的车上班，他这样描述戈莱开车："他从一长列车流中蹿出来，径直开到逆向车道上，任由发动机咆哮着向前冲了 100 米，只有遇见了红灯或是要到目的地了才急速减挡，然后一脚急刹停下来。"经历了无数次与其他车辆擦肩而过的惊魂瞬间之后，他的同事最终还是决定——步行上班。

当时戈莱在新泽西州蒙茅斯堡的美国陆军通信兵工程实验室工作，他看到了香农论文中有关汉明码的描述。他很快发现，这种编码可以推广应用到整个信息传输领域："当我参与雷达系统的研究工作时，就已经在信息理论方面思考了很长一段时间。香农的论文让我找到了关键所在，并且对于后续的研究如何推进已然谙熟于心。"1949 年，戈莱将这种新的纠错码公开发表在一篇论文当中。

随之而来的是一场关于谁先发明这种编码的论战。尽管汉明是第一个通过伽罗瓦几何图形发现这种编码的人，但戈莱的论文确实也包含了一些汉明没有发现的东西。在数学家穿越对称丛林的跋涉中，他们发现了一些最为奇怪的物体，其中一个是这样的：它是一组编码，其中每个码字是由 24 个 "0 和 1" 组成的数字序列。这是一种极其强大的编码，它的可信码字更多。通常状况下，可信码字的增加会对纠错能力产生巨大的影响。但尽管在码字这么多的情况下，它依然能够纠正三处传输过程中发生的错误，甚至还可以检测到（但不能纠正）第四处错误。戈莱通过将码字解释为 24 维空间中立方体的顶点，发现了一种特殊的顶点排列方式，它具有极其有效的纠错能力。很奇怪的是，这种编码似乎只有当你进入 24 维世界时才会存在。

这种编码在后来的实际应用中被证实是非常有效的，1979 年和 1980 年两艘 "旅行者号" 飞船拍摄到的木星和土星的美丽照片就是用它来传回地球的。但这种编码的伟大之处并不仅仅是使得科学家能够更深入地探索我们的太阳系，通过分析码字的对称性，数学家还发现了隐藏在对称世界外围深处的一些奇怪的东西。码字是从 24 维立方体上挑选出的特殊顶点。24 维立方体旋转群将一些码字置换为其他码字的过程，跟利用这些码字传回的任何一张外太空照片一样，都让人感到无比震撼。

5 月 16 日，耶路撒冷

带着安东去参加会议果然是个好主意，他问了很多问题。我还看到他在酒店的大厅里与另一位参会者深入交谈，在黄色的便笺簿上写写画画，我第一次来以色列时对这种便签也很上头。听了这些演讲，他已经把自己的研究融入了数学家们热情讨论的氛围之中，这更让他确信，献身这项事业是有价值的。至少目前看来是这样的。这真是一次非常美妙的会议，它让我在数学领域的朋友和我视如己出的学生们在这里得以聚首。我以前的几个博士生也在这里。马克从南非远道而来；我的芬兰学生皮丽塔，去年毕业后在耶路撒冷继续她的研究。

20 世纪 90 年代初，我 26 岁作为博士后第一次来到这里结识的朋友们也都来了。彼时，我也对数学充满深深的无力感。我非常担心我的博士论文发表后，会辜负大家对我的期望。我想，每个人都在期待我接下来的发展。平平无奇地读完博士之后，没有人知道我是谁，但突然间所有的目光似乎都集中在了我的身上。但我似乎无法提出任何与我个人首个非凡成就相称的研究成果。难道是江郎才尽了吗？还是那个灵光一闪只是昙花一现？

在以色列，一位同行安慰我说，创造力和发现是往复循环出现的。有时候一切都很顺利，思绪流畅。但做一个成功的数学家的艺术还在于，当自己的想法没有产生结果，所有的一切都走进死胡同的时候，你该如何应对。每一次低谷都是抵达高峰前的酝酿，一旦你看清楚这个循环，你就知道怎么去应对下一个低谷了。这是个极好的建议。以色列的时光最终让我交上了好运。我不仅在学术上取得了新的进展，还在耶路撒冷遇见了莎尼，我获得了事业、爱情的双丰收。还有人打趣地问我："它们两个谁会陪你更久呢？"

在我这次离开以色列的时候，机场的安保措施还是一如既往的严格。两个安保人员想知道我为什么来以色列，他们似乎从来都不相信我说的"为了数学"。"你看起来不怎么像数学家。"我想可能是因为我没有留大胡子，不戴眼镜，看起来也不像是从 19 世纪走出来的人。"你得为我们证明一下，有没有哪个定理是以你的名字命名的？"

许多人对以色列航空的安全检查十分反感，因为他们感觉自己的隐私受到了侵犯，同时也讨厌回答他们提出的所有问题。但是，我是真的喜欢，并且很受用。很难遇到有两个人主动想要倾听我的数学理论，我开始深入解释：我认为可以利用置换线构建的伽罗瓦群 PSL（2，p），结合 zeta 函数，试着证明"梅森素数有无穷多个"这一数论领域最大的开放问题之一。我感觉这有点像当年索菲斯·李从巴黎步行去意大利的长途跋涉中被法国警察逮捕时的情形。李最终不幸被投入了监狱，可能我的"数学成绩"稍微要好一些，最后我被允许登机。

我已经很是习惯被别人深入探究我们的生活了。在我和妻子尝试做试管婴儿失败后，我们决定领养孩子，来完成享受天伦之乐的愿望。在实现这一目标的问题上，领养比投中生物学的"彩票"更为稳妥。以前是被拿着培养皿的实验室助理呼来唤去，现在只不过是换成了社工，他们正在对我们生活的方方面面进行仔细的审查，不放过每一个犄角旮旯。当他们走进我们的房子时，几乎没有意识到进来后会发生什么。对于我来说，这是又一个向专注的听众解释我这一生都在做什么的好机会。

三年前，也是在 5 月，我们终于获得批准，可以领养孩子了。上次和社工见面时，她问我们是否考虑再领养几个。如果这意味着可以避免再次经历漫长的调查审核过程，听起来倒是个不错的主意。我们开始为领养孩子做准备了。

在强力胶里腌，裹着锯末干煸。

用胶带将它紧紧绑扎，这是浓缩的关键。

但它仍保留着一眼就能认出的对称外观。

——刘易斯·卡罗尔，《猎鲨记》

第 11 章

6月：散落

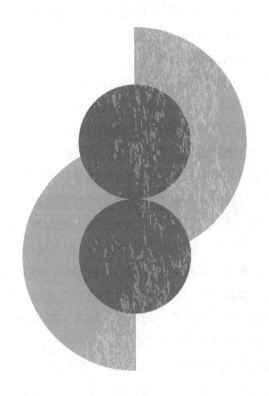

单群，作为构建对称世界的基本结构单元，它的分类工作在 20 世纪初进展迅速。已发现的单群有：边数为素数 p 的正多边形旋转群，由 n 张纸牌的偶数次洗牌所定义的 n 次交错群，由索菲斯·李及其他数学家提出并发展的一类更具几何特征的李群。到 20 世纪 50 年代，李群已发展到包含 13 个不同的家族，它们都能很好地符合此类群的特征。

但在新的单群分类表中，唯一美中不足的地方就是 19 世纪法国数学家埃米尔·马蒂厄发现的 5 个对称群。在众星云集的法国巴黎综合理工学院，马蒂厄可谓其中的佼佼者。他学习的速度经常让导师们惊叹不已。从入学到修完所有数学课程并开始攻读博士学位，马蒂厄仅用了 18 个月。

1860 年，为了论文的撰写，马蒂厄研究了一个非常特殊的几何对称，发现了 5 个新的不可分对称群。虽说他的初衷并不是寻找新的对称群，但无心插柳柳成荫，他所研究的数学问题让他身在其位、恰逢其时地发掘出了这些宝藏。考虑到伽罗瓦发现的其他单群已被证明是其无限群家族的最后成员，马蒂厄一定认为他所发现的这 5 个新群属于另一个新的无限群。但他越是深入地探索这 5 个"小岛"，就越觉得除了孤零零的它们之外好像什么都没有，这似乎是 5 座"孤岛"。在那个时代，还没有人能够理解得了它们。它们似乎是某些几何形状中孤立的例子所产生的不可分群。它们似乎不符合任何群的模式，比如由索菲斯·李通过伽罗瓦几何发展出来的那些群。

令人意外的是，马蒂厄作为一个拥有如此数学天赋的年轻天才，并没有继续在数学领域潜心发展，去成就累累硕果。当时的他并没有意识到自己发现的这些群会如此特别。他沉浸于数学物理学领域，再也没有回到他发现的 5 座陌生"小岛"。这些"小岛"也许并不属于整个"新大陆"，但就如管中窥豹，这样的结果让那些热衷于寻找模式的人感到非常不安。马蒂厄的同事全都认为他是一个非常内向、害羞的人，甚至一些人觉得这正是他学术成果寥若晨星的原因。也许是因为他发现这些群的时间点太过超前，距离数学家们储备好去理解这些群的特殊性质的背景知识，几乎提前了一个世纪。

20 世纪，随着研究的不断深入和发展，越来越多的人认为数学家可能已经发现了所有的单群。美国数学家伦纳德·迪克森（Leonard Dickson）撰写了一部关于李群 13 个家族的开创性著作，并在 20 世纪 20 年代宣称，有关伽罗瓦群论方面的研究工作已宣告完结。大家都相信，我们已经看清了所有有趣的东西，而那些悬而未决的问题超出了我们目力所及的范围。除了李群的 13 个几何家族，偶数次洗牌群和正素数边形群，很可能就只剩下马蒂厄的 5 个"孤岛"了。

威廉·伯恩赛德进一步推动了这一观点。他认为，如果一个群拥有奇数个对称，那么它将被归类为素数边形单群一类，因而不会有任何新的单群。如果真是如此，那么就在确定单群分类表中是否还有缺少的基本结构单元方面迈出了一大步。在分类表中，由伽罗瓦、马蒂厄、李和其他数学家发现的所有单群都拥有偶数个对称。如果伯恩赛德是对的，那就意味着其他单群均拥有偶数个对称。但证明伯恩赛德的观点似乎还是一个遥不可及的梦想。有些描述起来很简单的数学问题，实际上是很难解决的。

后来，伯恩赛德的"奇数阶群"猜想[⊖]为人们所熟知，它将人们的注意力引向了寻找具有偶数个对称的新单群。伯恩赛德认为，马蒂厄群掌握着发现是否存在其他尚未发现的不可分群的关键。而且，为什么只有这 5 个群异常，而不是更多呢？伯恩赛德创造了"散在群"（Sporadic Groups）这个概念，用于描述这些拥有奇怪特征的群。尽管有了伯恩赛德的推动，但这个问题也还是被束之高阁了几十年。直到 1954 年，一声嘹亮的号角在阿姆斯特丹举行的国际数学家大会上吹响，自此开启了寻找其他对称单群的征程。

点燃导火索

理查德·布饶尔（Richard Brauer）曾是德国柯尼斯堡大学的数学教授。1933 年希特勒掀起的大规模反犹太运动中，因为布饶尔有犹太血统，所以他在大学的教授职位被剥夺。此时许多国家都在为受到反犹太浪潮影响而流亡的犹太学者提供工作机会。1934 年，布饶尔进入美国肯塔基大学工作。直到他 50 多岁时，布饶尔终于在对称群的研究上取得突破，许多人认为这一突破是在理解对称性的基础构件问题上发起的最终一击。

在 1954 年的国际数学家大会上，布饶尔发表了演讲：

⊖　奇数阶群是可解的。——译者注

对有限群理论的研究近年来一直处于停滞状态，这当然不是因为缺乏待解决的问题。就像在数论中提出问题比回答问题简单一样，在群论中也是如此。我将在这里介绍一些关于有限群的研究进展，希望大家能够对这一领域产生新的兴趣。

布饶尔接着对他的观点进行了阐述，即如何限制可用于构建具有偶数个对称的单群的可能性。再结合伯恩赛德关于不存在新的奇数阶单群的猜想，击破"已完全分类"思想的攻势便初见效果了。但仍有许多人持怀疑态度，因为这些问题似乎对所有人来说都是无解的。没有人相信伯恩赛德关于"唯一具有奇数阶对称的不可分群是简单的正素数边形"的猜想能被证明。

然而，布饶尔藏着一件"秘密武器"。沃尔特·费特（Walter Feit）是他倾尽全力培养的一位颇具数学天赋的研究生。这位研究生具备攻破伯恩赛德猜想的实力和决心。费特出生于奥地利，他在布饶尔被迫离开欧洲出走美国的几年之后也逃离了欧洲。1939年，就在纳粹对犹太人进行搜捕之前，他的父母想尽办法，把他送上了最后一列运送犹太儿童离开奥地利的火车。但是，他的父母却在这场惨绝人寰的大屠杀中失去了性命。

费特的姑妈早在几年前就逃到了英国，她在伦敦找了一份女佣的工作。弗里达姑妈答应照顾他，但在战争最激烈的时候，大轰炸迫使政府下令将所有的儿童撤出伦敦。在辗转于一个家庭又一个家庭后，费特最终住进了牛津的一个男童收容所。正是在大学城的那段时光，使这个十多岁男孩对数学产生了浓厚的兴趣。战争结束后，姑妈把他送上了横渡大西洋的轮船，前往他们家族在纽约的另一支旁系分支那里。

费特在给姑妈的信中回忆了那次乘船的激动心情，尤其是提到饮食时他很是激动，因为在船上没有"定量配给制"。"我吃过好几次鸡肉"，费特欢欣地写道。能有这么多食物给这个饥饿的少年吃，部分原因是暴风雨袭来时大多数乘客都因晕船呕吐，不思饮食。一个大雾弥漫的冬日清晨，跨洋轮船停靠在了纽约港，费特在船上几乎看不到自由女神像。直到看到在舷梯下来迎接他的里贾纳姑妈的那一刻，他才安心了。

美国的新家庭很快就接纳了他们的难民表亲，并为他在美国的新生活准备了一些生活必需品。他在信中还写道：

我现在有了五条新裤子、两件新夹克、一双新鞋子和许多新内衣。我还得到了一块手表……我了解了一下这里的教育制度，我的数学水平已经超过了大学的入学标准。

1947 年，费特进入芝加哥大学学习数学。正是在这里，他阅读了伯恩赛德关于群论的伟大著作，其中蕴含的数学思想令他着迷。他把伯恩赛德的著作比喻为一个盛满有趣成果的"聚宝盆"。最吸引他的便是伯恩赛德双素数定理明确、优雅的陈述和证明：只要知道对称的数量只能被两个素数整除，那么就可以推断出对称群可以被分解成简单的正素数边形。[⊖]伯恩赛德成了费特心目中英雄。在他办公室的墙上挂着这位伟大英国数学家的画像，在他的注视下，费特一路披荆斩棘，勇往直前。费特响应布饶尔号角的召唤，将目光投向了伯恩赛德的"奇数阶群"猜想，费特所做的工作极大地扩展了双素数定理。

费特与志同道合的数学家约翰·汤普森（John Thompson）的相遇是证明伯恩赛德奇数阶猜想漫长而又变幻莫测的旅程的开始。汤普森在学习期间曾前往巴黎旅行，之后便迷恋上了群论。伽罗瓦的思想以及浪漫故事似乎在这位年轻学子身上产生了魔力，他走在巴黎的大街小巷，追寻着伽罗瓦的足迹。返回美国后，汤普森便下定决心投身于群论事业。

1959 年，汤普森在芝加哥大学攻读博士学位时，出色地解决了一个被束之高阁 60 多年的群论难题。毋庸置疑，一颗璀璨新星正冉冉升起。次年，芝加哥大学举办了一场为期一年的群论学术研讨会，费特受邀参加。汤普森和费特的相遇，就像金属钾遇到了水，[⊜]产生了非常剧烈的化学反应：思想与思想的碰撞和摩擦，迸发出了创新的灵感，开启了研究对称理论的全新视角。

两个年轻人很快发现，伯恩赛德是他们共同的偶像。他们一起开始按部就班地为证明伯恩赛德的奇数阶猜想而努力。他们原本估计大约需要期刊 25 页版面来阐述他们的证明过程。但随着研究的不断深入，他们发现当初的估计似乎有点太过乐观。汤普森说："即使到了现在，这个问题看起来也像是一整块无懈可击的'花岗岩'，坚硬得让人无从下手。"随着他们证明的篇幅逐渐增加，内容也变得越来越复杂，但他们依然充满信心。"这是一个棘手的问题，甚至

⊖　伯恩赛德 $p^a q^b$ 问题：所有阶数为 $p^a q^b$ 的群皆为可解群，其中 p，q 是素数，且 a，$b \geqslant 0$。——译者注

⊜　钾与水会发生剧烈的化学反应，甚至在冰上也能着火。——译者注

选择尝试一下都可能是草率的，但是青春正当年，活力无极限！年轻的时候不就应该干点什么吗？"汤普森描述了在那一年，他们的思维过程是如何密不可分地交织在一起的。

其他参加 1959 年芝加哥研讨会的群论专家们喜欢聚在一起喝茶，交流大家最近取得的进展。许多人都认为证明这个猜想太难了。即使是最初号召大家的布饶尔，也不确定仅从群是否具有奇数个对称出发就能够直接把一组对称划分开来，他说："没人知道这个证明该从何处下手，甚至也没人清楚解决整个问题的终极意义。"能不能被 2 整除与对称的内部结构有什么关系？

费特和汤普森稳扎稳打，步步为营地解决了通往他们最终目标的道路上不同阶段所遇到的问题。不积跬步，无以至千里。每次获得阶段性小成果的同时，也意味着他们的数学能力得到了稳固的提高，这也让他们自信有足够的能力发起最后的总攻。终于，他们确信所有的细节都已准备就绪。他们准备公布对伯恩赛德奇数阶猜想史诗般的证明：

证明是纯技术性的，这一点毋庸置疑，但这肯定是一件美妙的事情。我们终于破解它了。但就在我们准备要提交论文时，沃尔特（费特）发现了一处错误。如果不是沃尔特，我自己肯定是发现不了的。那样的话我们提交的就是一份带有缺陷的证明，虽然那个错误最终还是会被发现并指出来。但如果真的出现了那种状况，我很怀疑我们是否还有动力去解决它。事实上，解决那处缺陷也花费了我们好几个月的时间。

最终，他们解决了那个问题。当他们完成了整个证明之后，便有了一篇长达 255 页的论文。在数学界，从来就没有出现过如此繁复、篇幅如此浩大的证明。最初收到他们证明原稿的几家出版社都不知道该怎么处理，因为一般情况下论文也就是 30 多页。这篇论文屡屡碰壁，在被拒绝了好几次之后终于被《太平洋数学杂志》接收，整个证明足足用了这本杂志一整期的版面。

1963 年，该篇论文的公开发表为整个学科带来了翻天覆地的变化。有人声称这一研究成果是可堪比生物进化史上鱼类第一次从水中爬上陆地的里程碑。这篇论文激励了整整一代年轻数学家，他们热切地追随着汤普森和费特的脚步，走进了由这一证明所开启的令人向往的新世界大门。号角已经吹响，接下来就看我们能否在伽罗瓦的引领下，最终理解所有的不可分对称群。这项刊登在《太平洋数学杂志》的长达 255 页的证明耗费了汤普森和费特整整一年的时间。即使再过 40 年，汤普森也仍然怀疑，是否会有很多人能够真正欣赏这种交织于错综复杂证明中的微妙和精密之美。

许多努力研读完他们的论文并从此踏上自己征程的年轻研究人员认为，论文中包含的思想可以用来完成对称"元素周期表"。许多人认为，只需要找出正素数边形群、洗牌对称群（交错群）、李群的 13 个家族以及马蒂厄的 5 个奇怪的散在群就可以了。就在费特和汤普森破解伯恩赛德奇数阶猜想的同时，又传来了另一种声音："对称元素周期表"中所包含的对称可能远比人们想象的更多。

日本数学家铃木通夫（Michio Suzuki）发现了一个新的无限不可分群家族。紧接着，韩国数学家李林学（Rimhak Ree）又发现了另外两个无限群家族。这些新的群家族的发现让数学家们深感震惊，因为他们曾妄自认为自己对对称世界中的一草一木都了如指掌。但事情很快就弄清楚了，这三个新的群家族实际上是李群家族的特殊例子，因此可以安全地置身于李群家族的"保护伞"之下。这使得李群家族成员从原来的 13 个扩大到了 16 个。然而，从心理层面上来讲，它动摇了数学家们对自己预设的事物发展路径的信心。

几年后，事实证明他们完全有理由怀疑自己。汤普森收到了一封令人不安的信，这封信是一位在澳大利亚工作的克罗地亚数学家寄出的。这封信中所揭示的事实在现实状况下是很难被接受的。

扬科的新发现

因为南斯拉夫政治环境的问题，兹沃尼米尔·扬科凭借他的数学才华以及在数学领域的建树，离开了他的祖国，取道德国，最后落脚在澳大利亚堪培拉。与同时代的许多人一样，扬科也受到费特和汤普森史诗般证明的影响，投身于研究群论的事业。"奇数阶猜想"定理的证明，表明任何新的不可分单群必然包含偶数个对称。扬科开始探索该结论对于对称群结构的意义。我们期望的结果，是总能证明这个群要么是洗牌对称群，要么就是李群中的一个，两者必然选其一。但扬科找出了一个特例，这个群不符合李群的特征。连他自己也不知该作何解释。

汤普森提出一个可以计算具有偶数个对称的不可分群可能大小的公式。利用这个公式，扬科发现可能存在一个不可分群，它拥有 175 560 种对称。让他烦恼的是，在所有已发现的不可分群中，没有哪个群拥有与其相同数量的对称。针对这种情况，扬科通常采用的策略是寻找一个论据，来证明为什么这种数量的对称是不可能的。但他用尽浑身解数，把所有可能的情况都试过后，还是没有找到任何蛛丝马迹。渐渐地，他开始怀疑是否真的有这样一个拥有这么多对称的单群。如果真的有，那它将是一个全新的存在。

扬科知道汤普森会对他所发现的东西很感兴趣。汤普森收到这位非著名数学家的来信后，他脑中浮现出的第一个想法肯定是，一定有一种简单的方法可以证明这个单群是不存在的。汤普森给远在澳大利亚的扬科写了一封回信，他在信中向扬科解释了为什么他认为这个群是不可能存在的，但当回信寄出后，他马上就意识到自己犯了一个错误。第二天早上，他来到芝加哥大学时，神情严肃。他无法将有关"这个群"的事从脑海中抛开，它到底存不存在呢？如果它真的存在，那么扬科是知晓它有多少对称的，但要为一个具有 175 560 种对称的不可分群构建几何图形，那就完全是另一回事了。

为了探讨这个问题，扬科和汤普森开始频繁通信。汤普森仍然认为这个群是不存在的，但他记得，"扬科始终坚持自己的观点"。扬科还为探讨这个问题专程来到美国。许多人始终保持怀疑，他们质疑扬科是否已经尝试过所有的通常可用作证明一个群不存在的方法。但扬科有十足的把握相信这一定是一个新的发现。只要能构建出几何环境，并在其中表示出这个群，他就可以向大家展示他猜想中的对称群有多么美丽。如果他无法用更具说服力的数学方法证明，那就只能一言以蔽之："我的群'安全'了……因为就连沃尔特·费特都已经放弃'找碴儿'了。"

扬科终于取得了突破，这不仅让那些质疑他的人永远沉默了下来，更是开创了对称性理论的新纪元。数学就像雷达，给他定位了新岛屿所在的方向。终于在 1965 年，扬科发现了他一直追寻的目标：他所预测到的对称。伽罗瓦基于有限数系 0, 1, …, 6，构建了一个由线组成的二维几何图形，发现了第一个李型单群。扬科用 0, 1, 2, …, 10 这 11 个元素组成的数字系统去构建七维空间，最终得到一个新的不可分单群，该群具有 175 560 种对称。扬科对汤普森说："现在，我成了研究 11 个元素域构建七维空间的专家。"扬科为自己的发现感到自豪，并毫不迟疑地将这个群命名为扬科群（J 群），的确是实至名归。

1966 年扬科将他的发现公开发表。与汤普森和费特长达 255 页的证明相比，扬科的论文只有 1 页，但其影响同样深远。100 年前，马蒂厄构建出五个"奇怪"的群，伯恩赛德将其命名为"散在群"。数学家们都做鸵鸟状悄悄把头埋在沙子里，希望这些群不会破坏了由伽罗瓦和李所建立的完美分类。但突然间，不知从哪里又冒出第六个"奇怪"的单群。它的出现象征意义很明了：如果第六个存在，那会不会还有第七个、第八个……呢？那哪里会结束呢？

扬科尝到了发现新对称的"甜头"后，继续用同样的方法预测了另外两个不可分群。他把 J 群更名为 J_1 群，又分别命名了 J_2 群和 J_3 群，J_2 群拥有 604 800 种对称，J_3 群拥有 50 232 960 种对称。这两个数同样也是在实际构建出群的几何图形前就得出了，但这两个群的几何图形并不是由扬科本人构建的。J_2 群由马歇尔·霍尔二世（Marshall Hall, Jr）确定并构建，他发现了一个由 100 张牌所构成的特殊洗牌群，该群是不可分的，且正好具有 604 800 种洗牌结果（置换）。J_3 群是由牛津的格雷厄姆·希格曼和约翰·麦凯（John McKay）构建的。

一场相当紧张的对峙开始了，这也引起了整个群论学界的讨论。荣誉究竟花落谁家？是那个预言了对称群存在的人，还是最终攻克难关构建了这个群的人？扬科在发现第一个扬科群时就同时完成了这两件事，所以这个群被称为扬科群也无可厚非。但在扬科预测的两个新群上，情况就有点混乱了。如果霍尔所构建的群被草率地称为第二扬科群，他肯定不乐意，那么他为了让这个群从猜想中浮出水面，再次走进人们的认知所做的努力用什么体现呢？

扬科很快发现，在预测散在群的"游戏"中，他并不孤单。越来越多的年轻人发现，用自己的名字命名群是个扬名立万的绝佳机会。新发现如雨后春笋般一个接一个地出现。唐纳德·希格曼（Donald Higman）和查尔斯·西姆斯（Charles Sims）在用晚餐时构建了属于他们的群，其灵感来自主菜和餐后甜点的配搭。他们二人在牛津参加一个关于群论的会议，会议晚宴在一个学院举行。工作人员正在清理桌面为晚宴的下一环节做准备，客人们在院子里散步。

院子是一个正方形，当他们走到这个正方形的最后一条边时，希格曼和西姆斯找到了构建另一个新的不可分单群的关键所在，该群有 44 352 000 种对称。这是另一个由 100 张牌所构成的交错群，和第二扬科群一样，它也是不可分的。

杰克·麦克劳林（Jack McLaughlin）发现了一个具有 898 128 000 种对称的不可分群。扬科在澳大利亚的同事迪特尔·赫尔德（Dieter Held）发现了一个可能的单群，该群拥有超过 40 亿种对称，由地球另一边牛津大学的格雷厄姆·希格曼和约翰·麦凯完成构建。1968 年，曾经凭借李群无限家族成员的发现震惊世界的铃木通夫，构建出了第 11 个散在群，该群拥有近 5 000 亿种对称。

计算机是使得这类群走进人们认知的一个重要工具。证明这些群的存在，需要进行海量计算，除了计算机无人能胜任这一工作。计算机就像数学家的望远镜，在它的帮助下，数学家才可以越来越深入地凝望对称空间深处，捕获到不时出现在视野中的一颗又一颗孤独却又璀璨的星星。但这仍然需要数学家对望远镜所观察指向的坐标有强烈的直觉。

随着越来越多的散在群涌现，事情开始变得像一场光怪陆离的噩梦。单群分类研究什么时候结束，到底会不会结束？这样的问题开始悄悄潜入许多人的脑海。当时的一首歌，描绘了群论学者日益加深的恐慌感：

发现闸门已开启！各种新群正风靡！
（萌生十二或更多，招手迎接新世纪）
扬科、康威、费舍尔和赫尔德，
麦克劳林、铃木和希格曼，以及西姆斯。

毫无疑问，你一定注意到了最后几行不押韵。
好吧，这很简单，这就是时代的标志。
在单群中存在的是混乱，而不是秩序；
也许最好，让我们回到循环中去。

就在那时，一个新群加入了这场博弈，赋予了自 1965 年第一个扬科群被发现以来涌现出的众多群一种统一感。这个群的发现也把一个最有趣的玩家带入了对称的故事。

"我长大后……想当数学家"

人们经常会问，伟大的数学家到底是天赋异禀，还是后天养成。总的来说，后天努力要比天赋更重要。但偶尔也会出现一些例外，他们先天就具备数学家的潜质。约翰·康威就是这样一个人，他的大脑似乎就是为数学而生的。

康威出生于 1937 年的节礼日[⊖]，没过多久，他就因超常的数学能力开始崭露头角。康威的母亲在他 4 岁时就发现这个孩子能自己背诵 2 的越来越高次幂。康威在读小学的时候，各科功课都很出色。11 岁，他被问起长大后的理想，自那时起他的脑海中就有了一个明确目标："我要去剑桥大学，当一名数学家。"

康威就读于利物浦当地的一所文法学校，他的父亲西里尔是那里的一名化学实验室助教。战争期间，其他老师被征召入伍，西里尔·康威便成了全职的化学老师（他教的两名学生后来还成了披头士乐队的成员）。他希望能把自己对科学的热情传递给儿子。为了让儿子感受到无线电波的魔力，西里尔亲自组装了一台收音机，在收音机的背部故意留了几根裸露的电线。他打开收音机，里面传来优美的音乐，然后他郑重其事地拿起剪刀剪断了那几根电线，以此来告诉儿子，没有这几根电线收音机也照样能正常工作。康威对此感到非常惊讶。他被父亲在战争期间架设在防空洞间的电话网深深吸引，还模仿建立了属于他自己的电话网，以方便和朋友们通话聊天。

在去剑桥大学攻读学位之前，康威决定用六个月的时间探索数字的奥秘。他给自己设定了一个目标，就是将 1 000 以内的所有数字进行素数分解。进入剑桥大学后的学习和生活对康威的触动很大，"我发现融入这里有些困难，大多数学生都来自富裕的家庭，而我只是个穷小子"。但后来他还是交到了一些朋友，无论他们的社会背景如何，他们都很欣赏康威能在极短的时间里把 999 分解为 $3 \times 3 \times 3 \times 37$ 的本事。

一年暑假，康威在一家饼干厂打工时，他又掌握了一门新的技能。他负责清理落在烤饼干的大型烤箱顶部的烟灰。他经常会擦洗好几个小时，但烤箱顶

⊖ 节礼日（Boxing Day）为每年的 12 月 26 日，圣诞节次日或圣诞节后的第一个工作日，是在英联邦部分地区庆祝的节日，其他一些欧洲国家也将其定为节日，叫作"圣士提反日"。这一日传统上要向服务业工人赠送圣诞节礼物。——译者注

部依然还是黑的。尽管这项工作意义不大，但一分钱难倒英雄汉，康威需要这份工作，所以为了解闷，他就边清理烟灰边背诵圆周率 π。20 世纪 50 年代末，π 只计算到小数点后 808 位。假期结束时，康威能够分毫不差地背诵到小数点后 808 位。后来，更多的小数位数被数学家们计算出来，康威背诵的位数也随之不断增多。当然，他完全明白，关于 π 的小数位数的研究就像清理饼干厂烤箱顶部的烟灰一样没有什么实际意义。很快，他便转而研究起了有关数字的更基本问题。

20 世纪 60 年代初，康威正在取得博士学位的道路上日夜兼程，以实现他成为剑桥大学数学家的梦想。数论学家哈罗德·达文波特（Harold Davenport）是他的博士生导师。达文波特给了他一个非常棘手的题目：证明任何整数都可以表示成 37 个 5 次方数之和。这一猜想是由另一位剑桥大学数学家爱德华·华林（Edward Waring）在将近 200 年前提出的。康威和达文波特约定每个星期三的上午 11 点开例会，但康威个性散漫，总是迟到。达文波特是剑桥绅士中的楷模，他总是极具风度地说："哦，没什么，我自己也是几分钟前才到的。"有一次康威把周例会的事彻底抛诸脑后了，等他回想起来时，便给导师写了一封道歉信，结果导师回信给他道："没事。那天天气很好，我带着妻子和孩子去了海边，结果连我自己也把开会的事情忘记了。"

那是一个星期三，康威现身了，他告诉达文波特自己已经解决了华林问题。达文波特不怎么相信，但在检查了康威的证明后，他没发现任何错误。"康威先生，这篇博士论文可不算太好呀！"康威听到这个评价，瞬间就像泄了气的皮球一样无精打采。但后来康威才意识到，达文波特实际上是给他开了绿灯，让他把精力投向真正感兴趣的问题。于是，康威便开始把他的研究方向转向了逻辑学和集合论。

20 世纪 60 年代初，剑桥大学的学生从外表上看起来还是很聪明、很文明的，但康威的穿衣打扮风格超前了许多，似乎比 1968 年席卷剑桥大学的嬉皮士运动足足早了 5 年。从 14 岁起，他就一直留着长发，穿着拖鞋，蓄着浓密的姜黄色络腮胡子。康威不拘小节、不修边幅，因为他觉得什么事儿都没有研究数学重要。

几年后，正值嬉皮士运动达到鼎盛时期，康威在前往美国参加会议的途中被海关拦下，海关人员确信他的头发已经达到像"头号贩毒嫌疑人"的长度。

他们把康威拉到一边，在他的包里翻来翻去，终于得意地找到了他们"想找"的东西：一个用胶带封住的金属食品盒，上面贴的标签写着"奇迹"。海关人员怀疑这就是那个长发嬉皮士藏毒之所在。他们要求康威打开盒子以供检查。康威照做了，当他把盒子里的东西倒在桌面上时，五个制作精美的柏拉图立体滚了出来。这些对称的柏拉图立体都是康威用硬纸板精心制作的，为了避免在旅途中遭到挤压而变形，他把这些作品封在金属食品盒里保护了起来。向海关官员解释清楚这些正十二面体、正二十面体只是模型，不是藏匿毒品的秘密容器后，康威才被获准入境。

作为一名数学专业的研究生，甚至连他的爱情生活里也充满了数学。康威在攻读博士学位时遇到了他的第一任妻子，她也是一位数学家。就算在谈恋爱时，数学也从未缺席。他们之间的浪漫不是你侬我侬、甜言蜜语，而是在剑桥河畔边散步边轮流背诵圆周率 π 小数点后的数字，每人背 20 位，看谁背的更多。

历经三年的研究，康威完成了他的论文，该是他毕业答辩的时候了。通常，毕业答辩是一件非常严肃的事情，一般会安排在一个带黑板的教室里举行。但康威的论文是如此之特别，以至于答辩评委们都觉得不能在生硬刻板的环境中"诘问"答辩人。于是，康威的毕业论文答辩会就被安排在了侪辈花园里。由于论文答辩委员会的老师们都没有打开花园大门的钥匙，康威只好用一个回形针把锁给捅开了。

康威在剑桥大学冈维尔与凯斯学院获得博士学位后，被推荐为剑桥大学悉尼·苏塞克斯学院的研究员。尽管他已然实现了儿时的梦想，但康威一点也高兴不起来，他觉得自己没有做出过真正有分量的研究。"我变得十分焦虑，怀疑自己到底是不是真正在研究数学；我也没有发表出来像样的成果，我感到非常愧疚。"

在系里上班时，康威花了很多时间去玩西洋双陆棋，但这并没有从根本上改善他的焦虑情绪。"在剑桥大学时，我经常为自己整天把心思花在玩游戏上而自惭形秽，我原本应该在那里研究数学的。"经济大衰退开始后，许多杰出的数学家都很难找到合适的工作，这进一步加重了康威的愧疚感。他拥有一份稳定而轻松的工作，但自己却碌碌无为，而那些失业的数学家们所取得的成就远比自己出色。但他知道自己的能力配得上这份工作，也知道自己有能力写出世界一流的研究论文。他需要证明自己，他要去证明一些真正重要的东西。

1966 年的夏天，康威在莫斯科撞上了大运。当时正值四年一度的国际数学家大会召开之际，该大会颁发的数学大奖——菲尔兹奖，是数学领域的国际最高奖项之一，被誉为"数学界的诺贝尔奖"，是无数数学家心目中向往的目标。该奖项由国际数学联盟主持评定，旨在奖励 40 岁以下有卓越贡献的青年数学家。那一年的菲尔兹奖得主之一是一位神秘莫测的数学家——亚历山大·格罗滕迪克（Alexandre Grothendieck）。他拒绝前来领奖，以抗议苏联日益升级的军事行动。但对于康威来说，他很享受第一次参加大型国际会议的体验。他泡在莫斯科对称研究中心，准备在那里度过一整天的时候，遇到了约翰·麦凯。康威当时正忙着分发装满肉的面包卷，麦凯走到他的跟前。作为对面包卷的回礼，麦凯送给康威一份改变他一生的大礼。

"有一种相当有趣的对称，我想你可能会感兴趣。"麦凯说。他满嘴面包卷，一边嚼一边开始描述一种叫作"李奇晶格"（Leech lattice）的东西，他认为其中可能存在一个有趣的对称群。就在莫斯科国际数学大会召开的两年前，一位名叫约翰·李奇（John Leech）的英国数学家发现了这个相当壮观的 24 维球体堆积排列。

24 维杂货店

杂货店的汤罐头通常是一排排、一列列地整齐码放在货架上，自上向下垂直看去，罐头的排列就构成了所谓的"正方晶格"（Square Lattice）。如果想要摆放尽可能多的罐头，这种排列方式显然不是最有效的。当我们把一堆弹珠放在锅底，它们会以一种更紧凑的方式靠近彼此，每颗弹珠的外围有六颗弹珠，六颗弹珠的中心点连线构成了一个完美的六边形，这说明六边形结构才是最紧凑的排列方式。

拉格朗日关于为什么六边形晶格结构是排列圆的最有效的方式的解释启发了鲁菲尼、阿贝尔和伽罗瓦。拉格朗日所做的研究证明了如果你想得到一个规则的（自上向下、自左向右不断重复的）模式，那么六边形结构就是最优选择。使用六边形晶格结构排列后，圆形覆盖的面积可达到整个货架面积的 90% 以上，其确切值表示为分数形式是 $\dfrac{\pi}{\sqrt{12}}$。相比之下，正方晶格结构排列只能覆盖大约 78%（也就是 $\dfrac{\pi}{4}$）的面积。

事实上，拉格朗日当时也没意识到这一结论是他证明的。他写了一篇关于算术与方程的论文，高斯根据这篇论文中的结论，凭借自己敏锐的几何直觉，理解了拉格朗日数学研究背后所蕴含的物理意义。在评述拉格朗日所做的工作时，高斯解释了为何拉格朗日的计算中暗含了如果希望规则地排列圆形，那么六方晶格的排解方式便是覆盖二维平面的最有效的方式。

但是，如果允许圆形以不规则的形态排列，有没有比六方晶格更胜一筹的方法呢？在接下来的 100 年里，数学家试图找到一种方法，以解决如果允许以混乱的、不规则的方式排列圆形，是否有比六方晶格更为紧凑的结构？在起初经历了几次失败后，匈牙利数学家拉斯洛·费耶斯 – 托特（László Fejes-Tóth）在 1940 年证明了基于对称的排列才是最优的：圆形的任何一种不规则排列，其在二维平面上的空间覆盖率都不可能超过 90%。

杂货店老板放好汤罐头之后，又开始摆放橙子。在这种情况下，我们讨论的问题就又上升了一个维度。问题的描述变成：如何有效地堆叠三维球体，而不是二维的圆形。杂货店老板一般都会用现在已知的最有效的方式。首先按照六边形布局方式摆放一层橙子，然后再在其上面以同样的六边形布局方式摆放另一层橙子，这样，第二层的每个橙子都与第一层的三个橙子相接触。不断重复这个过程，橙子塔越来越高。位于橙子塔内部的每个橙子都会与周围的 12 个橙子相接触：其中，有 6 个与自己在同一层，有 3 个在当前层的上一层，有 3 个在当前层的下一层。

橙子所占的空间约为 74%（π 除以 18 的平方根，即 $\dfrac{\pi}{\sqrt{18}}$）。1661 年，开普勒推测这可能是杂货店能做到的最好情况。高斯在 1831 年证明了，没有其他任何规则的排列方式能优于这种被称为密排六方结构的排列方式。令人难以置信的是，直到 1998 年，一位数学家才通过使用计算机最终证明了，任何不规则的排列都无法超越开普勒所推测的 74%。

美国匹兹堡大学的托马斯·黑尔斯（Thomas Hales）展示了如何将这个问题简化为海量但有限的计算，从而证明，杂货店这样对称堆放橙子的效率是最高的。黑尔斯证明所需要做的计算都是在计算机上实现和验算的。计算机被用来证明开普勒猜想，这一事实使得数学界的某些人开始感到不安。但大多数人都认识到，黑尔斯证明的精妙之处在于，为了证实开普勒的猜想，需要检查的选项其实是有限的——毕竟，直觉上人们可能会认为，允许不规则的排列会导致生成无限多的选择。但黑尔斯的证明显示了为什么对称会再次大获全胜。

对我们街角的杂货店来说，这就是问题的症结所在。数学帮助杂货店老板如何更有效地在二维平面上摆放底部是圆形的汤罐头，以及如何在三维空间中堆叠球形的橙子。但如果这是一位"数学杂货店"的老板，他就会忍不住问："那如果是四维的'橙子'呢？"要想研究四维空间的情况，我们就不能再依靠几何图形了，相对应地，我们需要用"数字"来进行描述。在纸上画一个半径为单位 1 的圆（见图 11-1）。圆

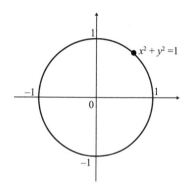

图 11-1　满足方程 $x^2 + y^2 = 1$ 的所有坐标为 (x, y) 的点构成单位圆

上的每个点都可以用两个数字来表示，它们共同构成了该点在平面上的坐标 (x, y)，圆上所有的点都满足方程 $x^2 + y^2 = 1$。因此，这个方程就可以看作描述圆的另一种语言。三维球体表面上的点需要三个坐标来表示。同样，我们也可以用方程的语言把三维的几何形表示出来。

如果一个点 (x, y, z) 的坐标满足方程 $x^2 + y^2 + z^2 = 1$，那么这个点将位于半径为 1 的球面上。当我们将维度上升到四维超球面时，几何图形的表达方法将无法继续使用，但方程的语言依旧游刃有余。正因如此，尽管四维超球体无法在我们的三维世界中绘制、构建或变化，但它却是可以被描述的。四维超球面上的每个点都可以由满足方程 $x^2 + y^2 + z^2 + w^2 = 1$ 的 4 个数字构成的"数据集"(x, y, z, w) 来表示。尽管我们永远无法在物理层面构建出一个四维球体，但是方程和数字可以帮我们"看到"它。

虽然我们看不见这些"球"，但借助方程和数字的语言，我们依然可以以对称的方式去排列它们，并测量它们所占空间的大小。数学杂货店老板发现，堆放四维橙子最有效的方式是将三维世界中的六方密排堆积进一步推广。对三维六方密排堆积的一种描述是，用橙子中心的位置坐标 (x, y, z) 表示它们的

位置，其中 $x+y+z$ 的值为偶数。因此，四维杂货店老板只需要将模式泛化，对四维橙子进行排列，使其中心点位于 (x, y, z, w) 点，且 $x+y+z+w$ 是偶数。事实证明，在四维空间，没有其他的排列方法能出其右。

20 世纪 60 年代，英国数学家约翰·李奇揭示了一个令人振奋的新发现。有一种非常特殊的几何结构，可以为 24 维杂货店老板提供一种比简单六方密排堆积更有效的方式用来堆积 24 维的橙子。这种几何学结构对于 24 维是非常特殊的存在。在 23 维或 25 维中，橙子似乎不能很好地组合在一起。这种只有 24 维杂货店老板才能使用的神奇的堆积方式，与戈莱发现的非常有效的纠错代码有关。

戈莱已经证明了使用 24 个 0、1 字符串对数据进行编码是一种非常有效的方式。经过对 2^{24} 个码字进行仔细观察和挑选，戈莱创造出一种可以最多检测传输过程中发生 7 处错误并纠正其中 3 处错误的编码。而且对这种 24 位由 0、1 组成的字符串编码也可以给出几何解释。每个码字标识 24 维空间中的一个点。更确切地说，每个码字表示的是 24 维超立方体的一个顶点。李奇发现这些码字正是如何以最有效的方式堆积 24 维橙子的秘密之所在。

我们可以通过三维空间阐述它的工作原理。假设编码中有 4 个可信码字，分别是 $(0, 0, 0)$，$(1, 1, 0)$，$(1, 0, 1)$ 和 $(0, 1, 1)$。它们是由三个 0、1 组成的字符串，其满足每个字符串中 1 的个数总是偶数。如果我们收到的一条三位编码信息中包含的 1 的个数为奇数，就说明肯定在哪里出现了错误。所以，这种编码是可以检测错误的，但它并不能纠正错误。但正如前文所描述的，这些码字表示立方体上的点。如果我们把橙子的中心点放在这些点上，并重复这个模式，实际上我们就得到了六方密排堆积，杂货店老板可以用它来堆放橙子。所以码字会告诉你摆放橙子的最佳位置。

这就是为什么戈莱编码的发现是建立李奇高效堆积 24 维橙子的关键。密排六方结构在三维空间具有高效性的秘密在于它的对称性。李奇认识到，他在 24 维空间发现的奇特排列所具有的对称性应该得到更多的关注。但隔行如隔山，他对群论不够精通，无法独立探索它的对称性，于是他开始寻找能够分析对称的群论学家。他拿着 24 维橙子在牛津大学众多的群论学家面前晃来晃去，可就是没人上钩，接他的茬儿。和李奇一样，约翰·麦凯也隐约感觉到密排堆积的对称性有可能会揭示一些有趣的东西。所以他也加入了这支宣传 24 维"橙子"的队伍，试图把其他小伙伴也拉入，让他们一同来研究这个问题。

这是一项十分浩大且艰巨的"工程"。理解群的对称性意味着你需要弄清楚移动 24 维橙子得到的不同排列方式，这样它们才能够神奇地重新排列。对于三维的密排六方结构，人们可以很容易地找出其对称性——例如围绕其中一个橙子旋转 1/6 圈。这将使得整个橙子堆一起旋转，并使所有橙子都神奇地重新排列对齐。但是旋转 24 维橙子需要非凡的脑力。当麦凯在莫斯科见到康威时，他想知道康威是否就是那个能在对称堆积的球上变戏法的数学魔术师。到底会有什么进展呢？

百宝箱对称群

康威当然很感兴趣。他一回到剑桥，就开始着手研究李奇的晶格堆积问题。随着探索不断深入，康威开始明白为什么这个问题会如此复杂：因为几何中充满了对称。这就像你在 24 维的阿尔罕布拉宫中看到那些非凡的摩尔风格设计，想要去弄清楚它们到底是一种全新的对称，还是已知对称的一种新的表现形式。即便如此，理解对称的任务看起来仍然意义重大。

剑桥大学刚刚成功引进了一位数学教授，他是当时最伟大的群论学家之一。这位教授便是约翰·汤普森，正是他与沃尔特·费特合作撰写了那篇史诗般具有跨时代意义的论文，给群论的研究带来了翻天覆地的变化。康威自然而然地认为，汤普森教授将是找出李奇晶格对称性的不二人选。他一直缠着汤普森，想要让他看一看，但很明显这位新任教授对这一挑战并不感兴趣。其主要原因在于，他已经成为世界上最伟大的群论学家，在群论研究领域享有盛誉。现在，任何一个对新对称群抱有疯狂执念的人都会跑来求助汤普森，希望他能解决他们的问题。康威也承认："其中的大多数想法都是无价值的。厘清这些想法需要耗费大量的时间，况且到最后你会发现它们可能根本就没什么用。"但康威坚信，李奇晶格绝对有价值。

他依然坚持对汤普森展开死缠烂打的攻势："我时常会跑去问他有没有考虑过我说的那个问题，他也从来都没把这事放在心上。但他给你的印象是，这只是因为他还没有抽出时间。"最终，康威把汤普森"堵"在了公共休息室，直截了当地问他："你是不是不会考虑我说的那个问题？"汤普森回答说："是的，我不会考虑。"但看到康威流露出失望之色，汤普森又补充了一句："如果你能计算出这个群的对称数量，到那时我就对这个事感兴趣了，在你自己还没搞清楚之前我是不会介入的。"话毕，汤普森就离开了。

康威是先构建出这个对称群的结构，再确定它是否可解、它有多少种对称，这个过程与最新的几个散在群的发现过程刚好相反。汤普森习惯另一种认知事物的顺序：首先，根据他提出的公式大致计算出某个待确定的新散在群的对称数量；然后，基于这个结果，尝试构建出具有相同对称数量的几何结构。

那天晚上，康威在外忙完披星戴月地归家。正所谓，生活不易。他要养活妻子和三个不到四岁的孩子，为了维持生计，他不得不做一些课外辅导来补贴家用：

> 为了生活，我不得不拼命赚钱补贴家用，因为我还没有一份既体面又高薪的工作。但我觉得这个东西的对称性真的很重要，我最好是多花点时间去研究它。

于是，他制订了一个行动计划："12+6 小时计划"，每星期六，从中午 12 点到午夜 12 点，他要花 12 小时去研究这个问题；每星期三晚上，从下午 6 点到午夜 12 点，再工作 6 个小时。他的妻子起先不太满意他这么做，因为这样周末的时候康威就无法陪伴孩子们了。"我告诉妻子，如果我能解决这个问题，那时我将名声大噪，我会在数学史上留下浓墨重彩的一笔。这真的是件大事。"她也知道这很重要，所以勉强同意了。

第一个星期六到了。中午 12 点整，就像要踏上远征南极之旅，康威深情地吻别妻子和孩子，然后把自己锁进他们家房子的前厅。在康威夫妇买下这栋房子之前，它是废弃的，一个开发商买下并翻修了一下就转手卖给了康威夫妇。现在这所房子里仍然有许多翻修时留下的建筑垃圾。在前厅的一个角落，康威找到了一卷墙纸，他认为这是最完美的画布，刚好可以用来记录他对这个奇特的新对称的探索过程。他把墙纸放在膝盖上，开始写下所有他知道的关于这个 24 维几何结构的一切。

大约 3 个小时后，他发现自己对这个结构的猜想有些过多了。其中一个肯定是错的，因为它们开始互相矛盾了。所以他决定推倒重来。他给自己限定一次只考虑一个猜想：其中肯定隐藏着某种不易被察觉的对称。根据这一猜想，他开始从逻辑上拼凑出这个几何结构中肯定存在的其他对称。他必须确保一切都无懈可击。到下午 6 点，基于他做出的这一猜想，他已经算出这个结构应该有多少种对称了。

康威记得汤普森曾经承诺过，一旦他能够搞清楚这个群有多少种对称，汤普森就会加入其中。那么，到底有多少种对称呢？这是一个惊人的数字：4 157 771 806 543 630 000 种。

这个数字或许还得翻倍！我也不太确定。但我觉得它已经很接近了，现在，我有足够的底气给汤普森打电话了。当我告诉他这个数字时，天哪，他很感兴趣。挂了电话后，也就过了 20 多分钟，汤普森又给我回了电话。

汤普森在电话里告诉康威，如果他对这个群的规模估计是正确的，那么它确实是一个新的散在单群，它可以在有限群分类表中获得一席之地。这种结构的对称必然是紧密地联系在一起的，就像正二十面体的对称一样，无法通过组合其他较小的对称来构建。它就像素数一样，是不可分解的，但这还不是全部。

在挂掉电话的那 20 分钟里，汤普森发现这个群包含几乎所有已发现的散在单群作为其子对称。一个不可分解的群，同样也可以包含对称子群。只是当你尝试用不可分解的群"除以"子群时，所得结果并不是另一个子群的对称。例如，尽管正二十面体的 60 个旋转对称是不可分解的，但三角形面的旋转对称可以是它的对称子群。

同样地，巨大的不可分解的李奇晶格也包含了一系列对称子群。汤普森已经计算出，它必然包含马蒂厄群、第二扬科群、希格曼 – 西姆斯群、麦克劳林群、铃木群五个群和另外两个还未被发现的群。探索李奇晶格的对称性，就像是打开一个巨大的箱子，发现里面装满了财宝。康威即将揭开三个新的不可分解的散在群的"面纱"。不仅如此，由于李奇晶格的对称性包含了所有这些散在群，这似乎提供了一些总体逻辑来解释以前看起来像大杂烩一样不相干的群。然而，这还没有结束。这个群的规模是基于假定存在某种还未被发现的对称而计算的。康威确信这个群一定存在，但想要宣布是自己发现了这个群，前提是必须先找到它。

此时距离康威的第一次星期六研究计划结束还剩五个小时。经过三个多小时的努力，他找到了一种或许可用来填补缺失环节的对称。他又一次打电话给汤普森。汤普森告知他还需要验证这个对称群是否能像希望的那样完美地排列几何结构中所有的"球"。但是，康威告诉汤普森，他今天累坏了，他现在得去睡觉，等到星期天早上他再验证。挂掉电话后，康威又觉得自己离谜底已经很接近了，或许他还可以从专属的"家庭时间"里再挤出一些时间。

他忍不住又把工作进度往前推了推。现在，那卷墙纸上已经写满了他的计算过程。又过了一会儿，他确定要想完全验证这个"隐藏"的对称，他还需要做 40 个验算。快到 11 点时，他又打电话给汤普森，说他自己根本没有去睡觉。他又将计算的范围缩小到了 40 个，康威说道："这回我真的要去睡觉了。"康威真是累坏了。

但一旦你为数学着迷，它就会牢牢地控制你。康威决定看看完成这 40 个计算中的一个需要花多长时间，于是他开始计时。当他放下笔，2 分钟过去了。"情况还不错，我把所有的计算都做完也就只需要 1 小时 20 分钟。"午夜 12 点 20 分，汤普森的电话第四次响起。不难猜到谁会在这么晚给他打电话。康威兴奋地说："我把 40 个计算都做完了。我做到了！我找到了缺失的对称。这次我真的要去睡觉了。"他们约好第二天早上碰面，复盘一下康威的"漫长而艰难的"求证之旅。

康威给自己安排的首次星期六"对称之旅"的时间超出了 20 分钟。但他再也不需要星期三的 6 个小时，也不需要其他几个月的星期六和星期三了，他已经找到了属于自己的群！他要上床睡觉了，但过去的 12 个小时的兴奋使他无法入睡，于是他溜回工作室，再次拿起那卷墙纸。

这个新群的发现对康威的心理产生了巨大的影响：

我知道自己会成为一个优秀的数学家，但我并没有做出好的研究成果来证明这一点。这几年来，我一直感觉很沮丧。我对自己在学院里花那么多时间玩双陆棋的事情感到愧疚。严肃认真的人们经过我身边时，向我投来异样的目光。这个群的发现，消除了那种愧疚感，也消除了我的忧郁。

同时，这也使得康威成为数学界的"新贵"。他被邀请到世界各地去讲解

"百宝箱对称群"以及其中的奥妙。"我甚至一天之内就从英国到纽约打了个来回,上午我飞过去,做 20 分钟的报告,下午又飞回来。"有三个新群以他名字命名,它们分别是:康威 1 群、康威 2 群和康威 3 群(Co_1、Co_2、Co_3)。事实上,如果他从莫斯科回来后就直接投入工作的话,他可以发现七个群。

麦凯所做的就是给了康威一个 20 世纪的"正十二面体"。尽管直到 19 世纪,天才伽罗瓦才揭示出其对称的重要性,但当罗马人向毕达哥拉斯展示启发他发现由 12 个正五边形构成的正十二面体的黄铁矿晶体时,这位希腊数学家一定意识到他手里拿着的其实是一块"数学宝石"。对于康威来说,麦凯的礼物具有同样的价值和意义。它让康威的名字深深地烙印在了对称的历史上。

康威第一次在牛津大学介绍他的发现,是在群论专家格雷厄姆·希格曼组织的一次研讨会上。麦凯就在离牛津不远的切尔顿城的阿特拉斯计算实验室工作,他可是希格曼研讨会的常客。他们俩利用麦凯的计算能力,又成功构建了越来越多新的散在群。令麦凯尤为兴奋的是,他在莫斯科为康威播下的思想之种已经开花结果,而且结出的果实远远超出了他的预期。当看到这个庞大的 24 维橙子堆积的晶格对称,将 12 个奇特的散在群对称结合在一起时,他震惊到难以置信。

当晚,康威借宿在麦凯家。半夜时分,兴奋到无法自抑的麦凯冲到了康威的房间。"你所发现的绝对是宇宙最深奥的秘密之一!"麦凯激动地描述着康威的发现有多么重要。麦凯的妻子走了进来,试图让他平静,但这时候什么也不能让麦凯激动的情绪平复下来。康威注意到,麦凯的妻子偷偷地给了他一剂镇静剂。她解释道,数学经常会让她丈夫这样情绪亢奋。

费舍尔的凤凰

麦凯在莫斯科遇到康威的那天下午,向康威介绍的李奇晶格是一种仅适用于 24 维空间的极其高效的密排堆积。因此,康威对这种排列结构所对应的群的对称性分析过程也相当特别。由于这种 24 维空间中的结构是独一无二的,也就意味着,它不可能是属于任何一个诸如李群或交错群之类的新的无限群。这就是伯恩赛德所说的"散在群"。它的规模巨大,具有超过 40 亿种不同的对称性。但是，巨型散在群的发现仍然没有就此止步。

一年后，康威得知一位德国数学家"打败"了他，这位数学家发现了三个特别的散在群，其规模甚至比康威群大 3 万倍。贝恩德·费舍尔（Bernd Fischer）第一次见到康威是在奥博沃尔法赫的一次会议上，我与弗里茨的第一次见面也是在那里，一个位于黑森林州中部的研究中心。会议第一天的下午，费舍尔正坐在那里与别人讨论数学问题，突然间一个"野人"从树林中走出来，手里抓着一大块墙纸。另一位数学家认出了那人是康威，立刻解释道："别紧张，他可是位大数学家！"当康威被引荐给众人时，他并没有跟费舍尔握手，反而是对他挥了挥拳头，说："你'打败'了我的群！"

实际上，费舍尔几乎与他的群擦肩而过。故事就发生在法兰克福的一家图书馆里，那时的费舍尔还是一个学生。他的导师不怎么信任图书管理员，因为"他们总是把书搞得乱七八糟的"，所以他安排学生来管理图书馆，每人轮流值班一小时。一次在图书馆值班时，费舍尔决定利用这段时间做点有意义的事情，于是他便开始翻阅数学期刊。他发现了一个有趣的几何结构，其对称性产生了一个知名度相当高的群。随后，他便使用了研究人员"方法库"中的一个经典操作："如果我改变该几何结构的一个条件，再去观察构建出的新系统的对称性，会发生什么呢？"

费舍尔惊奇地发现，这一改变给予他一种新的几何视角来了解洗牌对称。在华威大学的一次演讲中，他解释了他的证明，即这些新的几何结构的对称一定属于洗牌群，但有人举手反驳了他，认为他的证明不可能是正确的。有些李群也是有可能呈现这种几何对称的。当你的理论在研讨会中突然被证伪，这可真是致命一击，但费舍尔知道反驳他的人是对的，他的证明中一定遗漏了什么。一切又回到了原点。

在他那带有缺陷的理论灰烬之中，凤凰浴火重生了，而且还是三只！费舍尔坐在他堆满一次性咖啡杯和烟头的桌子前静心思忖，开始重新审视他的新几何结构到底会产生什么样的对称。它们包括费舍尔最先发现的洗牌对称，也包括一些李群对称，就如同华威大学学者指出的那样。但除此之外，费舍尔还发现了三个似乎不属于其他任何群的新对称，它们似乎也不是别人已经构建出来的其他散在群。但它们确实与马蒂厄群有关联，马蒂厄群是 100 年前发现的第一个散在群家族。费舍尔的新群包含了三个最大的马蒂厄群，它们分别用 M_{22}、

M_{23} 和 M_{24} 表示。所以费舍尔的群最后被命名为 Fi_{22}、Fi_{23} 和 Fi_{24}。其中最大的群是 Fi_{24}，它的对称数量可达 1 255 205 709 190 661 721 292 800 种。

费舍尔并没有就此止步。在有了第一次发现之后的几年间，费舍尔对自己的几何结构做了更多的调整，并发现了一些东西，这使得他相信可能还会有三个更大的群，可能会令康威群和费舍尔群相形见绌。如果它们确实是存在的，那么识别和确定它们的难度会比之前的群大得多。

在奥博沃尔法赫，费舍尔与康威聚首之后，费舍尔就经常跑去剑桥大学与康威讨论他的想法。在他们一次会面时，康威提议要给费舍尔假定存在的三个对称群取名字，因为如果没有名字的话，他们总是搞不清楚正在讨论的到底是哪一个群。'那我们就把这三个群中最小的一个叫作'小魔兽'，中间的叫作'中魔兽'，最大的叫作'大魔兽'吧。"费舍尔很喜欢"小魔兽"这个名字，因为在德国有一个同名的卡通人物。考虑到其对称数量的异常庞大，"魔兽"的称呼似乎非常合适。后来，通过一些数学方法揭示了"大魔兽"这个群是无法构建的，因为它的一些特征自相矛盾。它就像一座海市蜃楼，仔细一看便消失不见了。但另外两个魔兽看起来依然"强壮"。"中魔兽"最后被简化，重新命名为"魔兽"，与"小魔兽"和"魔兽"相对应的群也被称作"小魔群"和"魔群"。

首要的任务是确定这些假定存在的物体到底有多少种对称。就在黑森林年会召开的前夕，费舍尔确定了小魔群的对称数量（如果它存在的话），这个数字大得惊人：4 154 781 481 226 426 191 177 580 544 000 000。

这一消息在与会者中引起了极大的轰动。有一位资深成员，数学家格雷厄姆·希格曼，他对这一发现原本一定是非常感兴趣的，但那年他正好在澳大利亚，缺席了会议。当康威在研讨会上向全世界介绍康威1群、康威2群和康威3群时，有人提议："我们把费舍尔的计算结果写信告诉希格曼吧。"这时，一位熟识希格曼的牛津大学教授说道："如果你真想让他读的话，就寄一张明信片，上面只写小魔群的对称数量，其余什么都不用写。"于是，人们从黑森林寄出了一张明信片，它直奔澳大利亚。明信片背面只有一串数字，那正是小魔群的对称数量。

会议结束后不久，费舍尔又去剑桥拜访了康威。经过多次讨论，他们觉得现在可以尝试计算一下，这个一直徘徊于数学迷雾中的"魔兽"到底有多少种对称了。它实在是太庞大了，他们意识到需要通过某种专门的计算器来进行计算。当时正值计算机发展的早期阶段，但康威说，他家里有一台机器可以完成这项工作。

但问题是，康威的宝贝女儿们——现在已经有四个了，已经把机器给"五马分尸"了，机器的零部件散落在房子的各个角落。康威和费舍尔花了一整晚才找到所有的零部件，这样他们才能将机器重新组装起来用于计算。但最终，饥饿感还是战胜了计算的欲望，他们外出吃饭去了。在费舍尔回到比勒费尔德的新大学几天后收到了一封信。康威重新组装好计算机，并让他的女儿们计算出魔群的大小。如果它真实存在，那么它将拥有一个巨大的超乎寻常的对称数量：808 017 424 794 512 875 886 459 904 961 710 757 005 754 368 000 000 000。但目前仍然不清楚它是否真的存在。

康威和费舍尔在寻找"魔兽"的征程上已经行进了一半。他们的雷达已经捕捉到了这个"魔兽"，并确定了它有多少对称。现在的任务是看看它是否真的存在，又或者是否会像"大魔兽"那样如幽灵般消失。这不是一件容易的事，因为要通过计算来确定魔群是否存在，而 20 世纪 70 年代初期计算机的运算能力还远远达不到这一点。

然而，费舍尔发现自己越来越难以专注于数学。他新加入的位于比勒费尔德的大学正被从柏林坐船涌来的激进学生的政治运动所吞没。群论被认为是旧政权的反动研究科目，并且人们开始抗议该领域有越来越多的教授被任命。数学系外爆发了示威游行，抗议者高举标语牌"反对群论！"，一位新任命的群论教授被吓跑，去别处工作了。在一次示威游行中，甚至有学生爬上数学系的大楼，在外墙上把"数学系"改成了"群论系"。我在波恩的合作者弗里茨也是激进组织的成员。尽管怀揣政治理想，弗里茨还是忍不住和教授们讨论数学。后来，由于与数学系的群论学家合作，他被该组织除名了。

窗外示威游行的嘈杂声一浪高过一浪，费舍尔很难集中精力在大脑中构建出这个对称数量比太阳系中所有原子数量还要多的对称物体。即便是在剑桥大学那样和平、宁静的环境中，康威的研究也没有取得多大进展。但他们都相信，在遥远的数学宇宙深处，有一只"魔兽"正等待着有足够勇气寻找它的人。

6月14日，斯托克纽因顿

有时我在想，是不是逐渐增多的学术争斗、行政管理和家庭事务的干扰，扼杀了40岁以上数学家的创造力。就像窗外一浪高过一浪的噪声，使得人们越来越难以达到数学灵感所必需的冥想状态。我经常告诉我的研究生们，当博士毕了业，生活的风暴就会无情地侵袭他们，在这之前，要充分利用这一份平静。这一整月，我似乎都没有把时间花在研究上。

一系列冗长的会议占用了大量的时间：讨论如何在牛津大学建设一个出色的新数学系；鼓励更多的年轻人加入我们，一起开启数学的"征途"；与政治家们会面，向他们解释为什么数学作为基础科学，对于国家的技术发展和经济福祉是至关重要的；还有牛津大学二级学院的管理运行会议；我还跑去德国开了一个关于我的工作的研讨会。

还有一堆报告等着我来写：作为学术期刊的审稿人，要撰写关于同行研究工作的质量和正确性的评审报告，这个过程可能需要很长的时间；关于会议预算和青年博士后资助的资金申请报告；为我的学生写推荐信，以支持他们下一步的工作安排。

还有一大堆奇奇怪怪的事，是我忍不住想要去忙的：为我最喜欢的剧团——合拍剧团（Complicite），办一些数学戏剧讲习班，因为他们正在准备一部关于数学和拉马努金（Ramanujan）的戏剧作品；为一档关于法国数学家马林·梅森（Marin Mersenne）的广播节目录制画外音；用方程式为体育广播电台解释为什么鲁尼是一名优秀的足球运动员。

或许这些都是我这个月工作效率低下的借口，我应该勇敢地面对这样一个事实：世界杯期间，我的自律能力没能让我抵住收看多哥和韩国等球队比赛的诱惑。

6月，还有一天，全是为了一通电话，这通电话给我们带来了"甜蜜的负担"，它无疑是非常重要的，并且会让我心甘情愿地接受干扰和分心。一对兄妹刚刚进到了危地马拉的一家孤儿院，而我们是孤儿院名单上唯一一个被批准可以收养多个孩子的家庭。我们需要立即做出决定，我们要不要收养这两个孩子。

对称是人类思维的典型特征。

——亚历山大·普希金致信维亚泽姆斯基王子，

1825 年 6 月 25 日

第 12 章

7 月：倒影

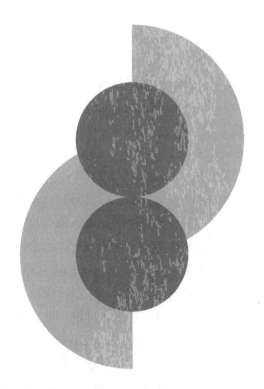

20 世纪 70 年代初，越来越多的对称散在群不断涌现，数学家们开始思考这些散在单群的数量是否真的有穷尽。康威和汤普森所持有的观点大相径庭，就像古希腊哲学家们在"物质是无限可分的"与"物质是由原子构成的"这两种思想上的分歧一样。他们其中的一个坚持，这种特殊的对称群的数量是无限的；另一个则认为，尽管这种特殊的对称群的数量非常之巨大，但却是有限的。这场争论持续了六个月，仍没有分出胜负，但他们都在一定程度上改变了自己所持有的看法。可是结果证明他们俩都错了。

随着各式各样散在单群陆续被发现，康威给自己制定了一个任务，那就是描绘出这些奇特对称对象的轮廓结构。罗伯·柯蒂斯是康威的研究生，他在探索康威群的结构时表现出了非凡的天赋。他们申请到了一笔科研资金，把所有已知的散在单群、洗牌对称群以及李群收录到一本被他们命名为《有限群图集》的书册之中。

自从伽罗瓦的突破产生以来，对称的基本结构对于对称世界的重要性可用我们现今世界中的"氢""氧"元素来比拟，而"魔群"则相当于"铀"或"钚"这样级别的重金属放射性元素。但康威和柯蒂斯想要实现的不仅仅是构建出一个关于对称的"元素周期表"。他们在"图集"中将记录下这些对称结构所有的凹凸和棱角、山川与平原。就像一本真正的地图集一样，每一页都将绘出精确的"等高线"，以便在对称的世界中为人们领航。

对于康威和柯蒂斯来说，16 种李群和洗牌对称群在整个对称世界中就相当于大陆。每个大陆上又包含有无限多种可能的对称。例如，对于洗牌对称群来说，在洗牌时需要指定牌的张数。这个指定的特别数字就像在地图上特别指定某个国家，其中国土面积最小的国家对应五张牌的洗牌对称群。伽罗瓦发现的对称群成为图集的第一个切入点。但对于康威和柯蒂斯来说，最有趣的还是那些遍布于茫茫大海之上零零散散的孤岛——散在单群。他们想知道，到底还有多少这样孤悬海外、不附属于任何一个大陆的小岛，正在等待着对称探险家去发现。康威自己已然找到了三个散在单群，并将它们命名为"康威群"。作为一名年轻的数学研究者，柯蒂斯也迫切地想去发现一些能冠以自己名字的东西。因此，他决定帮助康威一同绘制已知对称世界的"地图集"。

康威和柯蒂斯从他们的研究经费中拿出 80 英镑，去剑桥大学旁边的海夫斯书店购买了一个尺寸特别大的册子。你可要知道，在 20 世纪 70 年代中期，

80 英镑真不是一个小数目，可以算是一笔相当可观的费用了。这本册子是活页的，可以不停地向里面添加新页，因为那时候还没人能预估这本图集到底需要多少页。如果海面上的岛屿星罗棋布，数量没有穷尽，那么这本图集也将会是一本有无限页的书，说不定会引起博尔赫斯的注意。

在研究资金的支持下，他们还在学院里设立了一间专门办公室，也就是后来的"阿特拉斯[⊖]研究总部"（Atlas headquarters）。康威和柯蒂斯通过专业期刊等文献资料尽可能多地收集他们所需的关于对称群的信息。在某个对称群的所有资料都收集齐全后，他们就会对这个对称群进行"地图化"。这个过程就是将对称群的所有信息转录到蓝底的大尺幅纸上，就像是把岛屿绘制到蓝色海洋中一样。

阿特拉斯办公室里的混乱程度随着地图页数的增加而增加，康威开始称这本图集为《亚特兰蒂斯》（Atlantis[⊜]）："所有的一切都开始在混乱中沉没，踪迹全无。"除了对付这些混乱，他们还得不时地应付一位"不速之客"——西蒙·诺顿，那时他还是剑桥大学数学系的一名研究生。我在研究生涯之初第一次去剑桥大学时，曾去拜访过这位"古怪"的数学家。

诺顿从小就对数学有着浓厚的兴趣。早熟的数学天赋为他赢得了伊顿公学的奖学金。鉴于数学方面的优异表现，他的老师在他上中学期间就为他注册了伦敦大学的数学学位。所以，当他来到剑桥大学时，就直接进入本科课程的最后一年的学习，成绩名列前茅。与他卓越的数学才华相比，他的社交能力明显不足，甚至可以用"低下"来形容。很显然，当我前往剑桥大学拜访诺顿先生时，他的人际交往能力较学生时期有了显著提高。

诺顿就读于伊顿公学时，其他同学很快就发现了他的弱点，并利用该弱点"无情"地愚弄他。诺顿十分厌恶肢体接触，于是他的同学就特别热衷于把手放在他身上，引得诺顿不安和愤怒，然后诺顿开始追赶他们，试图给他们贴上某种"标签"，以这种奇特的方式"清除"自己与他们身体接触所带来的不良感受。剑桥大学的学生稍微好些。数学系是许多不食人间烟火、遗世独立、个性十足的"奇葩"人物的避风港。就算如此，诺顿在这里仍然被其他研究生们

⊖ 希腊语中是古希腊神话中的擎天巨神，英文中是图集的意思。——译者注

⊜ Atlantis 是传说中沉没于大西洋的岛屿，被称为"失落的大陆"。——译者注

戏称为"小屁孩"。更有甚者,当他们发现诺顿生日是闰年的 2 月 28 日时,有些大失所望。因为如果他再晚出生一天,按照吉尔伯特和沙利文的歌剧《彭赞斯的海盗》(*The Pirates of Penzance*)中所说的,于闰年 2 月 29 日出生的孩子,四年才可以过一次生日,那么诺顿将永远都是个"名副其实"的"小屁孩"。诺顿还有一个奇怪的习惯,那就是他思考问题时会在办公室里来回踱步,嘴里不停地咕哝着"呜~滋……"直到他把题目解出来。

康威从开始就对这个年轻人没什么好感,他实在是太古怪了!诺顿经常会在他们工作的时候蹿进来,坐在那里看着他们,还时不时地对他们的工作指手画脚。他的嘴角上永远都积着一抹唾沫泡泡,说话时身体还会不受控制地抽搐一下。他衣服上的破洞越来越多,似乎从来都不曾换过衣服。这并不是因为他家境贫寒,诺顿的父母在伦敦的新邦德街经营着一家珠宝店,他只是对自己的外表毫不在乎罢了。在他来过几次之后,康威实在是忍无可忍了,他把柯蒂斯拉到一旁说:"我再也受不了了!如果那个家伙还总是来的话,我就退出整个计划,不干了!"但没过几个星期,康威的态度就发生了 180 度的大转变。他发现这个举止怪异的学生,对他们所探索的对称世界做出的种种尝试是非常宝贵的。诺顿在细节处理方面有着非凡的天赋,在很短的时间内他就能把这些散在群复杂的运作机制说清楚,好像跟它们已经是熟稔的旧相识一般。在绘制每个对称群特征时所涉及的庞大计算量也根本没有使诺顿感到丝毫的困难。于是,诺顿就这样光荣地"入伙"了!

这支研究小组中的成员在性格方面迥然不同。康威可以用数学"大玩家"来形容,他就像一个非常了不起的魔术师,发明了不计其数的数学谜题和数学游戏。每一个游戏背后都藏有一套高深的数学理论,玩家们在沉迷游戏的过程中,不知不觉地就对其背后的知识有了比较深入的了解,康威这种启发式的教学,能够很好地引导学生学习,极大地激发他们的学习兴趣和热情。哲球棋⊖(意思是哲学家的足球)就是康威在公共休息室里发明的一款用棋子玩的数学游戏。康威全新的数字类别——"超现实数"理论的提出,也是在研究围棋的过程中受到启发找到灵感的。柯蒂斯可谓玉树临风、风度翩翩,他就像从简·奥斯汀小说中走出来的潇洒倜傥的军官一样。根据一些人的说法,柯蒂斯

⊖　一种双人对弈的策略型棋类游戏。哲球棋使用围棋棋盘。——译者注

在剑桥大学的圈子里是出了名的"花花公子"。相较之下，诺顿在吸引女孩子方面就逊色多了。他父母为了能让他早一点找到合适的结婚对象，甚至为他在剑桥大学三一学院的五月舞会上安排了一个舞伴。那场相亲一定是一个惨不忍睹的灾难现场，因为诺顿最喜欢谈论的话题是公共汽车时刻表。

尽管彼此性格迥异，但他们组成了一个出色的团队。图集上的内容不断增多。康威有时候会把它扛在肩膀上在数学系里游走，就像是扛着一筐砖头。再后来，这个册子越变越大，有一次他们向其中加入一页新内容时，图集册子被撑爆了。"当我们用力合上它的时候，只听见'砰'的一声，图集的封底和封面就这么被撑得前后分家了。加入的那一页就像压垮骆驼的最后一根稻草。"康威总是乐于接受挑战，而解决办法就在他们的门外。公共休息室里摆满了破旧的椅子，有些椅子上面的人造革皮面早已开裂，露出了里面的填充物。康威剪下一块还算完整的人造革当作图集封皮，再用一根粗大的补鞋针，把图册重新装订了起来。

除了绘制已知对称群的轮廓结构，研究小组同时也在寻找新的对称群。1974 年是康威数学生涯中最值得铭记和自豪的时期之一。日本数学家原田耕一郎（Koichiro Harada）加入他们的团队并开始了为期一年的研究工作。费舍尔也会时不时地拜访。康威还记得公共休息室里有一张桌子，他们连续几周每天24 小时在那里废寝忘食地工作。原田是真正的日式风格，他会脱下鞋子，盘腿坐在公共休息室的矮桌旁。其他人则四仰八叉，或坐或躺，在古旧的椅子上忘我地工作。以研究有限群而闻名于世的伟大数学家汤普森每天早上从桌边经过时，都会关注一下他们工作的进展情况。

大约就是在那个时候，数学家们隐隐感觉到有限单群的分类工作可能已经接近尾声，曙光就在眼前，令人激动的时刻终于就要到来了！这是大西洋两岸数学家们共同努力的结果。美国罗格斯大学的丹尼尔·戈伦斯坦号召数学家们共同攻克有限单群分类定理证明的难题，包括整理所有已知的有限单群，寻找缺失的单群，将所有单群分成合适的类别，以及证明除已证明且分类的有限单群之外，再没有其他更多的有限单群了。为了能够有的放矢地实现"精准打击"，他甚至还在 1972 年制订了一个证明有限单群分类定理的 16 步方案。起初戈伦斯坦发现很难争取到人们对他的支持："因为他们觉得这个计划实在是太过于宏大，有的人甚至认为这根本就无法实现。持消极悲观态度者人数众多。"

然而没过几年，人们就对戈伦斯坦计划的态度发生了转变，一些数学家开始认可他的远见卓识，并纷纷报名参加被戈伦斯坦命名为"三十年战争"的宏伟证明计划。他的办公室就像是一个军队的司令部，电话铃声不断，命令发布不停……人们被分配到不同的作战部门，委以不同的作战任务。作为戈伦斯坦行动的关键指挥官之一，迈克尔·阿施巴赫（Michael Aschbacher）提出的创造性方法与狂热的"进攻"步调使得证明的进展速度远超预期。美国人的进展速度很快就接近了剑桥大学的研究小组，他们正在向对称世界发起猛攻，不断寻找新群，直到将其"一网打尽"。

到 20 世纪 70 年代中期，已被发现或是被推测存在的散在单群共有 25 个。数学家们真的可以感受到趋势已经开始发生转变了，终点已然在望——他们觉得散在单群数量的上限很可能就是 25 个。然而没过多久，那个在 1965 年第一次提出了除已知的 5 个马蒂厄群之外，还存在其他散在单群，并开创寻找散在单群"事业"的第一人——数学家兹沃尼米尔·扬科，又发现了可能存在的第 26 个散在单群。这是扬科发现的第四个散在单群了。扬科群 J_1 和 J_4 就像这本"地图集"的封面和封底一样，分别代表了这次奇妙的列岛探秘之旅的开始和结束。

月光

到 1978 年，这 26 个对称群中的 24 个已经被构建出来了，只剩下最后两个散在单群：魔群和扬科群 J_4。数学家们公认这两个群是存在的，但是仍然需要构建一个对称与所预测的数字相匹配的对象。

尽管剑桥大学的研究小组仍然不确定魔群是否真的存在，但康威的图集里仍然收集了不少关于它的资料。他们发现了一条非常重要的线索：如果一个物体的对称与魔群相同，那么它的最小维度应是 196 883 维。这就是为什么这个群的对称对象会被命名为"魔"。李群的对称比人们预测的魔群的对称还要多，但它们是可以在 8 维空间中构造的几何对称。但你若想一睹"魔兽"的风采，就必须穿越到 196 883 维空间。人们之所以觉得它那么遥不可及，是因为在 196 883 维空间进行研究所需要的算力已经远远地超出了 20 世纪 70 年代末最强大的计算机的运算能力。

康威很快就会知道，正是 196 883 这个数字，揭示了魔群并不是某种位于数学边缘领域的奇怪东西，而是直接与数学中最核心、最引人注目的部分相关联的一种对象。康威的老朋友约翰·麦凯再次充当了"信使"的重要角色。他写信给汤普森，在信里提到了下列等式：

$$1 + 196\,883 = 196\,884$$

你或许会认为麦凯疯了，因为任何人都可以写出这种恒等式。但对于麦凯来说，这个等式中的数字并不是随机或偶然出现的。

加拿大蒙特利尔的康考迪亚大学的办公室里，麦凯正闲坐着，漫不经心地浏览一篇数论论文，其主题与群论完全不沾边。论文中讨论的是数论中最核心、最神秘的对象之一——模函数。20 世纪 90 年代，模函数的变体成为最终解决费马大定理的关键所在。从 19 世纪开始到 1978 年的这段时间里，模函数的研究已然硕果累累。菲利克斯·克莱因曾与索菲斯·李一起研究几何和对称之间的联系，他对模函数做了深入的研究，甚至还用它来展示求解五次方程的方法，他所使用的工具比简单地求一个数的根要复杂得多。

这个模函数的构建取决于数列：1，744，196 884，21 493 760，864 299 970，…实际上它来源于一个无限多项式：

$$x^{-1} + 744 + 196\,884x + 21\,493\,760x^2 + 764\,299\,970x^3 + \cdots$$

这个数列是由当多项式趋于无穷大时，x，x^2，x^3，…这些项的系数构成的。麦凯看着这串数字，觉得其中一个非常眼熟。他翻出一些大家公认魔群一定存在的论文，果然在其中找到了一个差不多的数字 196 883。魔群的最小空间维数仅仅比模函数数列的第三个系数小 1。不过对于这个发现，大多数数学家都只会认为是偶然，毕竟，魔群和模函数本就是风马牛不相及的两个事物。或许麦凯应该把这两个如此接近的数字当作纯粹的巧合，但他偏偏相信数学中就是会有这种特殊的联系存在。所以他决定写信把自己的"发现"告诉汤普森。

信中就这个简单的等式提出了一个有趣的问题：这两个数字如此接近，仅仅是一个巧合，还是魔群和数论之间存在某种更深层次的联系呢？起初，汤普森只把它看作"茶渣占卜"⊖，完全没有根据。毕竟，对于数字算命这样的怪力乱神还是谨慎一些的好。例如，在 16 世纪，开普勒曾用数字模式中一些惊人的巧合，来解释六颗已知的行星与五个柏拉图立体之间"密切"的联系。但第七颗行星的发现彻底打破了开普勒在数字命理学中的"巧合"，尽管在那时开普勒也已经因为其他原因放弃了他的那一套理论。但当汤普森开始研究模函数数列中的其他数字时，他发现魔群与数论中模函数之间的联系实际上比想象的更为紧密。

汤普森查看了魔群的下一个维数，这个数值已经高达 21 296 876。乍一看，并不会发现这个数字有什么特别之处。但通过与模函数的第二个系数 21 493 760 的比较，就能发现它们之间满足下列恒等关系：

$$21\ 493\ 760 = 1 + 196\ 883 + 21\ 296\ 876$$

如果只是巧合，那也太奇怪了！他试了试下一个数字。魔群的下一个最高维数是 842 609 326，而模函数数列中的下一个数字 864 299 970，不能通过魔群的维数简单相加而得到。但用下边的算式却可以，先前的模式似乎被打破了。算式里所有的数字都跟魔群有关，且相加的结果刚好也等于 864 299 970。这种凑数字的方式虽然有些牵强，但能够相等的事实肯定意味着这一切不仅仅只是个巧合了。

$$1 + 196\ 883 + 1 + 196\ 883 + 21\ 296\ 876 + 842\ 609\ 326$$

几乎同时，麦凯也发现了这些特别的等式。但汤普森是第一个发表它们的人。麦凯承认："在这个问题上，我真的有点不太高兴。在这方面的研究上我不认为汤普森会比我深入。"汤普森不相信这些恒等式有什么更深层的含义，他仍然把它们称为"数字命理学"，这个词在数学中通常与江湖骗子联系在一起。汤普森是在访问普林斯顿大学时收到麦凯来信的。他一回到剑桥大学就把麦凯的等式拿给了康威。

当时康威掌握着所有关魔群秘密的信息，阿特拉斯办公室以外的人是无法获知这些信息的。康威相信，随着图集编纂的进行，这本图集正在成为一本包

⊖ 西方人有用茶叶占卜的习惯，把茶水喝下，将杯子反转放在杯碟上，再把杯子正过来，看看杯中茶渣呈现的形状，根据茶渣的形状预测未来。《哈利波特》中的占卜课就有相关的内容。——译者注

含所有答案的书。他不确定是否应该公开发表研究成果，因为一旦将研究成果公开发表的话，那么将会使他的剑桥团队失去现阶段所有的领先优势。图集里面的"大洋蓝页"中包含了当时所有被发现的关于魔群轮廓结构的细节。

康威一看到汤普森带来的麦凯的"数字命理学"，就赶忙跑到图书馆借了一本关于数论的书，书中对模函数数列有完整且细致的描述。然后他就开始着手建立能够把魔群中的数字和模函数数列中的数字联系在一起的方程式。他的团队成员诺顿此时正乘着环绕英国的列车进行为期两周的旅行。当他旅行归来回到剑桥大学时，康威已经取得了很大的进展。诺顿一旦掌握了这些数字，他很可能很快就推导出一套完整的方程，来揭示魔群中的数字与模函数中数字之间的关系。康威暗自思忖："真是谢天谢地，感谢上帝安排西蒙（诺顿）出去旅行了，这才让我领先了他两周，否则真就没我什么事了！"

康威把他们从麦凯的简单恒等式中得到的超凡的"数字命理学"结论命名为"月光"。虽然他们把这两件事更加紧密地联系到了一起，但谁也不知道这一切意味着什么。还有一个大问题就是，从来没有人真正构建出过魔群。没过多久，大西洋的彼岸传来了一条令人震惊的消息，魔群并不是只存在于数学想象中的梦幻泡影。终于，有人赋予了康威他们在图集里进行基本描述的这个"魔兽"以"血肉之躯"。

数学博士、科学怪人

鲍勃·格里斯（Bob Griess）从 20 世纪 70 年代初就开始追踪这只"魔兽"。早在 1973 年，他在预测这个巨大的对称对象是否存的过程中，其实与费舍尔进行了相同的计算工作，但令人沮丧的是，大部分的赞誉都归了费舍尔，而自己什么都没落着，还是籍籍无名。早在一年之前，格里斯就一直在努力跟进另一个由数学家鲁德瓦利斯（Arunas Rudvalis）发现的群的构建工作，结果又被康威和他的同事戴维·威尔士（David Wales）捷足先登。康威非常清楚地意识到构建群这项工作是一场竞赛，他记录了群构建完成的时间：6 月 3 日下午 4 点。就在整点钟声敲响前，康威在美国加州理工学院的公寓里接到了电话。他知道那通电话来自计算实验室，在电话里面有他们构建群的结果。他看着时钟，倒数着……4 秒、3 秒、2 秒、1 秒。4 点整，整点的钟声响起，他拿起电话听筒，实验室研究人员大声宣布道："恭喜您，您已骄傲地成为一个拥有 145 926 144 000 阶新群的发现者。"鲁德瓦利斯在大约一个月前的 5 月 4 日下午 3 点就预测了这个群的存在。

格里斯特别希望能有一个散在单群可以以他的名字命名，这是可以理解的。但问题就在于，作为有限资源的散在单群已经日渐枯竭了。戈伦斯坦的有限单群分类计划已近尾声，26 个散在单群中似乎只剩下 2 个还没有被明确地构建出来。但是寻找魔群可谓"知之非艰，行之惟艰"，似乎没人掌握完成这项艰巨任务的工具。正如格里斯所说的："如果你只有一根牙签，又怎么去捣毁珠峰呢？"然而，魔群与数论中模函数之间存在关联的消息激励了他。这从一定程度上表明魔群并不是大自然中的诡谲怪诞之物。如果它确实存在，那么它一定会与一些非常重要的数学知识有千丝万缕的联系。

到了 1979 年，格里斯觉得自己已经有足够的勇气去应对这个存在于 196 883 维度空间中的"庞然巨物"了。他在普林斯顿的高等研究院有一整年的休假，天赐良机，天时地利，这将是他发动总攻的至臻福地。他开始了夜以继日的构建工作。现在已经有很多去寻找这个缺失的对称群的线索。"整件事感觉就像侦探小说。你无法得知最终是寻得宝藏，还是会在一条死胡同里白白浪费生命。"

格里斯发现夜里的工作效率是最高的。他开始了解夜间安保人员巡视的规律，他们每隔两个小时会经过他的办公室一次。他还遇到一些奇怪的人，宁愿晚上在办公室打地铺，也不愿支付住宿费用。渐渐地，迷雾中，那个"魔兽"的模糊轮廓开始显现出来了。

转眼时间就来到了 1979 年 12 月，格里斯工作越来越努力："我坚决要在跨年之前搞定它！"圣诞节他只休了一天的假，也没能完成自己立的目标，但也仅仅只是晚了 14 天而已。1980 年 1 月 14 日，他终于发现了一个与人们对魔群对称性的预测完全吻合的对象。这绝对是一个非凡的杰作。格里斯单枪匹马、赤手空拳，在没有借助计算机强大算力的情况下，就构建出了魔群这个拥有比太阳系中基本粒子（包括夸克、电子等）数更庞大的对称的"庞然巨物"。

现在，将自己的发现写出来，是格里斯目前面临的一项艰巨任务。他已经把准备发表的稿件写好、毁掉、写好、毁掉……好几次了，为了确保这次他能够给这个发现冠以自己的名字，他特地发了一个声明。他还是很恼火，因为这个群已经被命名为"魔群"，而其他所有的群，除了"小魔群"，都是以发现或构建它们的人的名字来命名的。"对于它被称为'魔群'这件事，我很不高兴，这让我很受伤。"所以在他的声明中，他很想要为它更名。但他知道，他无法说服整个数学界放弃这个妙趣横生的名字，转而使用"费舍尔－格里斯群"这个名字。所以他转而改称它为"友好的巨人"（Friendly Giant），因为最起码人们在看到 F 和 G 的时候能够联想到是在费舍尔和自己的努力下完成的就足够了：

对于我而言，"魔兽"带有一丝邪恶独裁者的意味，而我的工作就是要"驯服"这个"魔兽"。所以我觉得我给它起的名字也是一个严肃的声明，表明它是友好的。"魔兽"是一个会吓到所有人的名字，只有最勇敢的人才敢于直面它。我认为我们的态度应该更加开放。让我们驯服大自然，让它更容易理解。这便是我的态度。

然而"友好的巨人"这个名字并未因此而流行起来。

1980 年年初，格里斯就宣告他构建了"魔群"，经历了最初的兴奋后，数学家们对格里斯完全没有提供任何构建细节感到非常恼火。剑桥大学团队感到尤为失意，20 世纪 70 年代初汤普森曾担任过格里斯的导师，他专程飞越大西洋，希望能够了解格里斯到底做了些什么。

一周后，汤普森返回了剑桥大学。康威在公共休息室焦急地等待着汤普森，一见到他便急切地问："格里斯构建的群对象到底是个什么情况？"汤普森面露难色，有点不好意思地回答道："唉，他就没跟我提这事儿。"这太匪夷所思了！你要知道汤普森可是世界上最伟大的群论学家，他飞越大西洋专门去了解 20 世纪群论领域最伟大的成就之一，而他的学生竟然跟他提都没提！康威难以置信地看着汤普森问道："他没说，你就没问吗？"汤普森语塞地回答说："嗯……啊……唉……也许因为美国那边不是我的主场吧。"格里斯似乎是吃了秤砣铁了心，在他写出所有的细节并发表出来之前一定要保守秘密。

在格里斯宣告构建完成的一个月后，康威团队设法构建了第 26 个散在单群，这是数学家们公认存在的最后一个散在单群。与格里斯的赤手空拳相比，扬科的 J_4 群是借助计算机经过数小时的计算正式步入数学舞台的。此时，康威团队已经招募了第四名成员，他是一个计算机方面的奇才。

对于学术机构而言，理查德·帕克就像个门外汉，但他非常热爱数学。在剑桥大学获得数学第一名之后，他就离开学校，凭借编写收银机程序的手艺赚钱去了。1978 年，他与康威在剑桥相遇。康威迫切需要将他们团队所研究图集涉及的计算自动化，而帕克则希望能做一些比编写收银机程序更赚钱且更有意义的事情。于是，他们二人"一拍即合"。

在康威"奇葩成风"的团队里，帕克已然树立了自己特有的风格，并且毫不逊色于团队的其他成员。作为一个极其出色的程序员，他在分析自己的工作时非常具有逻辑性，这也常常影响到他生活的其他方面。

康威的团队总是在策划一些疯狂的计划。有一次，他们在《泰晤士报》上刊登了一则广告："先生们，开宗立派，招募教徒。"当然，每个感兴趣来的人都不可能知道，这个"宗教"要求人们献身于一个"魔兽"，并且还要在"月光下"吟诵无穷无尽的数字。

很快，图集的工作就吸引了帕克，他决定辞去工作成为自由职业者，这样就有更多的时间投入到康威的项目之中。最大的挑战就是让计算机来构建第四扬科群 J_4。这需要在 112 维空间中工作，虽然比起"魔群"来说已经不算大了，但它对于帕克、对于计算机来说仍然是极限挑战。到 1980 年 2 月，他们已经找到了一种方法来验证 112 维空间中的几何对象其对称性是否真的能对应生成这个最终的散在单群。计算机飞速运转起来，它对被问到的数百万个问题都给出了"是"的返回答案，这种状况让整个团队陷入了一种高潮褪去后的失落感。他们知道这很有可能就是最后的一个散在单群了。这是他们可以验证所预测的最后一个"是"了。当这一时刻来临时，康威精确到秒地把它记录在一张写有"J_4 构建纪念"的大卡片上。他恋恋不舍，大概是想把它挂在阿特拉斯办公室的门上吧。

到了夏天，格里斯终于准备好要公开他构建魔群的细节了。他开始四处开研讨会进行宣讲。研讨会吸引了大批数学家，他们都急切地想要弄清楚格里斯是如何做到这一点的。剑桥大学的研究人员终于拿到了一份格里斯准备的长达100 页的论文的复印件，并仔细研究了论文中他们自己无法构建出来的细节，以及汤普森也未能从他以前的这位学生那里获知的构建魔群的所有细节。有消息称，其实戈伦斯坦的团队也同时瞄准了他们的目标，即证明第 26 个散在单群、素数边多边形群、洗牌群和李群，也就是图集里的全部内容。

没人能确定这次"旅行"具体的结束日期。1980 年，《数学情报》（*Mathematical Intelliqencer*）杂志即将出版第二卷第四期，封面上印着"26 个已知的散在单群"。但在证明中，"已知的"被删掉了，还特地增加了一条声明："有限单群的分类已经完成。"不会再出现新的散在单群了。戈伦斯坦在 1980 年也曾宣布："这一切都结束了！"但后来他把"结束"的日期修正到了 1981 年 2 月底。因为诺顿在一篇论文中证明了：不存在与魔群相同的群。如果没有诺顿所做的工作，那么在理论上就还有可能存在几个散在单群具有与魔群相同数量的对称。还有另一些人则认为，有限单群分类工作的完成是在 1983 年，因为在那时"拼图"中某些重要的部分才终于各归其位。

1985 年，康威、柯蒂斯、诺顿、帕克以及第五作者罗伯·威尔逊准备一起向出版社提交《有限群图集》。艰难的跋涉终于结束，证明圆满完成了。当我来到剑桥大学的时候，这本记录了 2000 年来人们探索对称之旅的"地图集"已经付梓问世。

7 月 5 日，爱丁堡

两年前的今天，我参加了在爱丁堡举办的纪念发现"魔群月光"25 周年庆祝会。参与过这次奇妙之旅的人们再次欢聚一堂。即便是在数学家们眼里，这也是一群"奇葩"：西蒙·诺顿，总是穿着满是破洞的衬衣，手里提着塞满时刻表的鼓鼓囊囊的塑料袋；约翰·麦凯，红脸颊外加白色串脸胡，活脱脱一个"肯德基爷爷"桑德斯上校的翻版；约翰·康威，现在已经不像在剑桥大学上学那会儿毛发那么旺盛了，不过他的眼里依然疯狂地闪烁着光芒，别人笑是笑不露齿，而康威笑起来则是"合不拢嘴"。登记处分发会议材料的会议秘书都惊呆了，不禁讶然道："他们真的是一群怪人啊！"

会议第一天，第一个发现"月光"照在魔群身上的约翰·麦凯站起来向大家介绍康威时这样说道："另一位约翰会给大家介绍一下我是如何构建魔群的。"康威不太乐意地反驳说："不，这个我做不了，我只能解释我是如何构建魔群的。"自从格里斯发表第一篇论文以后，很多人都尝试寻找更有效的方法来构建魔群。他们希望通过新构建方式更好地解释"月光""魔群"与数论之间的联系。

"在我演讲之前，听众朋友们你们最好先鼓一下掌，因为这将是一次失败的演讲。"康威率先鼓起掌来，台下观众们也就不明就里地跟着鼓起掌来。康威继续说道："最近，我在普林斯顿大学做的演讲失败了，在罗格斯大学的也失败了。但我坚信，只要努力、努力、再努力，我一定会成功的！"他开始了他的演讲。自从收到格里斯的长篇大论后，他就一直在简化整个构建过程。在康威看来，魔群极其简单，他很急切地想要表达自己的观点和想法。

但正如康威所预测的那样，大约过了不到 10 分钟，大多数观众的表情看起来就变得呆滞了。有几个人甚至进入了梦乡，其中就包括麦凯和坐在我旁边的一个人。麦凯的鼾声大得让人无法专心听讲，有人用手捅了捅他的肋骨。讲到一半时，康威感觉到自己已经没有听众了。"我告诉过你们，这次演讲会失败的，但你们已经鼓过掌了。"他的脸上有种说不出的沮丧。"这只'魔兽'看似非常之巨大，但实际上它并没有你们想象的那么可怕。"当你和这个群一起生活了近 30 年，那么它就会变成你的朋友。

讲座结束后，康威的情绪非常低落。我们坐在一起，想剖析一下问题的症结所在。他说道："在莎士比亚的著作《亨利四世》的第一部分中，有一段精彩的对话，我一直在努力践行。"这段对话是这样的，欧文·格伦道尔说："我能够呼唤来自深渊的精灵。"但是，霍斯珀尔反驳道："呃……对于呼唤这个事我想我可以，也许任何人也都可以。但问题是，当你呼唤他们的时候，他们就会应召前来吗？""我想成为霍斯珀尔。"但那天早上，精灵并没被召唤来，"魔兽"依然潜伏在茫茫深渊。

康威有一种永不满足的求知欲，它能够从内心深处呼唤知识。这正是康威在小的时候能够记下 π 小数点后那么多位数字的原因。他自行研发出一种准确计算任意指定日期是星期几的算法，并称之为"末日规则"。通常情况下这是只有自闭学者[⊖]才具备的能力，但康威挺正常的，他是靠自己琢磨出了背后的数学原理。为了保持思维的活跃度，他在自己计算机上设置了一个登

⊖　自闭学者指一些人虽然有认知障碍，但在某一方面却有异于常人的能力。他们的天赋有多种不同的形式，如演奏乐器、绘画、计算及日历运算能力。美国电影《雨人》中的"雨人"就是一个典型的自闭学者，他对数字的验算能力和记忆力惊人。——译者注

录程序。如果能在 12 秒钟之内准确无误地完成 10 个随机日期的识别，就可以顺利地进入系统。康威很是自信，他知道，到目前为止自己是世界上计算任意日期是星期几最快的人，也没有人能成功地侵入他的计算机。他还相信，他可以教会任何人这个技巧，尽管他人无法像他一样拥有闪电般的速度。

在那天的会议晚宴上，康威把这个末日规则算法传授给了一位年轻的女研究生。从市中心步行回学校时，需要经过一个古老的墓地，这是考验这位女研究生能力的一个绝佳机会。康威在墓碑前停下，并开始读出上面的墓志铭："亚历山大·麦克莱恩，爱丁堡的调香师，卒于 1834 年 10 月 5 日。那么他的末日是哪一天？"在短暂的停顿之后，康威便有了答案："麦克莱恩是在一个星期天去世的。"

康威迅速开启了他的下一个话题。天幕中闪烁着星星，几朵云飘浮在夜空中。"我能叫出天空中每一颗星星的名字，"他夸下海口，"你看见那边的云了吗？我还可以告诉你被云遮挡住的星星的名字。"然后他开始把这些星星一口气说了出来："参宿四、参宿五、参宿一……"一个年轻的研究生也加入了聊天，炫耀他的学识。对于我来说，我会觉得非常奇怪，这种知识似乎毫无价值。因为我觉得掌握这类知识就像收集蝴蝶标本一样，毫无意义。这正是我在学习数学时需要避免的。

1982 年，汤普森同样将对称群构建模块的分类描述为"分类行动，可以肯定的是，这项工作耗时巨大，耗时也是分类行动的伴生属性"。自从分类完成之后，数学家们就一直想知道为什么图集中包含了这些构建模块，是否可以有一个更加概念化的解释。对于那些沉迷于追求模式的人来说，这 26 个散在单群根本没有任何意义，它们就像是夜空中一个任意的遥远星座。汤普森接着这样写道：

> 我确信未来的"达尔文"会将我们来之不易的理论概念化并统一起来。尽管会有很多问题值得讨论，但最大的问题还是应该聚焦在散在单群身上。从美学角度来讲，把这些散在单群当作异类接受是令人为难的……或许……一部《群的起源》还有待编纂。

在数学期刊上，大约有 1 万页的内容是关于有限单群分类定理证明的，其篇幅之长一直是人们关注的焦点。但也一直存在一个疑问，我们的工作是否真的已经覆盖了全部的基本组成结构？这项规模宏伟的证明里，肯定是存在错误的，其中会有致命的错误吗？一些数学家在证明一个定理时，如果他们在论证的某个点上使用了这些构建模块的分类，他们一定会非常谨慎，表述得非常清晰。因为有限单群分类定理几乎是被看作一个有效的假设，而不是一个可以直接引用的已被证明的定理，以防止万一存在被漏掉的第 27 个散在单群，否则，那个时候他们的证明就需要再次进行验证和评估了。

事实上，在 20 世纪 80 年代末，有消息称"地图"上还有一块拼图实际上还未曾找到。杰弗里·梅森（Geoffrey Mason）曾负责撰写一篇论文，其内容是关于戈伦斯坦完成分类的 16 步计划中的一个困难的步骤。戈伦斯坦最初把这个任务交给了扬科，但这个克罗地亚人经过五年的探索后，于 1975 年放弃了，因为实在太难了。戈伦斯坦团队的一名成员曾写道，"一直以来信心满满、斗志昂扬的戈伦斯坦在听闻扬科放弃的消息后，第一次也是唯一一次流露出信心动摇的表情"。梅森接手了扬科的任务，写出一份 800 页的预印本，以证明遗漏的步骤，但这个证明从未公开发表过。1989 年，一些参与撰写有限单群完整分类证明的数学家看到梅森的论文时，立刻就明白了该预印本没有公开发表的原因：梅森的证明漏洞百出。

现在就举行分类工作完成的庆功宴，还有些为时过早。一位曾参与整个证明过程的数学家承认：

冷静地回顾，手稿在没有被仔细检查之前就宣布已经完成了所有的工作确实可能有点草率，但这是可以理解的。因为数学证明也是由人来完成的，在人性中，除了有理性的一面，还有感性的一面。

批评的声音开始增多。如果在整个定理的证明中还存在着一个长达 800 页的漏洞，那怎么能称为定理呢？ 20 世纪最伟大的数学家之一让－皮埃尔·塞尔（Jean-Pierre Serre）批评道：

多年来，我一直与声称"分类定理"是一个"定理"的群论学家们争论。定理是已经被证明为真的陈述。戈伦斯坦的确在 1980 年就宣布了这一定理证明已经完成，但后来发现该证明存在缺陷。每当我问专家们这个问题的时候，他们的回答总是这样："哦，不不不，这不是缺陷，这只是还没有证完而已，它是不完整的，它还有一份 800 页的预印本。"对于我来说，这就是缺陷，我不清楚他们为什么不愿承认这个事实。

戈伦斯坦于 1992 年去世时，争论仍进行得如火如荼。阿施巴赫与斯蒂芬·史密斯（Stephen Smith）合作，填补了这个证明中缺失的一环。2004 年，爱丁堡月光大会的同年，他们发表了一篇文章。汤普森和费特在 20 世纪 60 年代初发表的 255 页的论文篇幅已经够大的了，但与阿施巴赫和史密斯长达 1221 页卷帙浩繁的论文比起来还是相形见绌。数学家们的普遍共识是，也许会存在更多的错误或遗漏，但这些错误或遗漏也不会是致命的。史密斯相信："证明可靠性的基础是它内部有很多部分都极其相似。"这样是不太可能出现一个大到能让你开着卡车穿过的漏洞的。换句话说，证明中的线索纵横交错，即使是丢掉其中一条，也并不会使得整个证明分崩离析、一触即溃。

戈伦斯坦去世后，人们意识到真正能够理解所有错综复杂的分类证明的数学家们已然老去。既然证明已经完成，那么年轻而又有抱负的数学家又怎会被这个领域所吸引。分类涉及的一些非常具体的、特定的技术，可能会随着这一代前辈们的去世而消失，就像中世纪石匠的高超技艺一样，一旦失传就再没有人能够再现。特别是对于那些对证明进行合理化的人来说，就更有理由确保他们没有漏掉第 27 个散在单群了。

康威等人很坦率地承认他们的图集可能存在某种尚未发现的错误。在引言中，他们这样写道：

关于一般性错误，无论是想法上的、印刷上的，还是偶然发生的，我们比任何批评家都更能意识到在其中一定是会有的。那些知晓此项工程之巨大、任务之艰难、困难的数量浩繁无数的人，定将会做出适度的考量，而谅解我们一二。我们对他们的评判表示认可，而这些对我们来说也将是启发。

其实这段话并不是出自康威之口，而是从 1771 年出版的第一版《大英百科全书》的前言里摘录的。事实上，图集中的第一个错误就是引言开头部分出现的一个醒目的拼写错误——第一个标题"Prelimaries"（正确的应为 Preliminaries，意为正文前的书页）。当然，这样的错误不会有什么重要的影响。

但是，图集有没有可能漏掉坐落于对称大洋中某个地方的第 27 个散在单群呢？也许有些人会朝着那个方向望去，认为数学告诉他们，那里什么都没有。这样类似的事情就曾发生在我们已发现的几个群上。

康威回忆道，6 月 3 日下午 4 点，他们成功构建了"鲁德瓦利斯群"，在成功构建的前一个月就曾出现过一个矛盾，这个矛盾本应该让他们回头：

> 即使我们把它浓缩到仅仅一张纸的一面那样大小的篇幅，并仔细地研究了好几天，这种矛盾还是没有消失。幸运的是，我们非常确信这个群一定是存在的。于是我们就把那张纸置于一旁，用另一种方法构建了这个群，从而小心翼翼地避开了这一矛盾！于是，我脑海中出现一个挥之不去的担忧，是否还存在像鲁德瓦利斯群一样的散在单群，在分类时被对其存在没有绝对信心的人忽略了呢？

康威几乎发现了所有人都没有发现的东西："我记得有一天晚上，当我们自以为已经找到了第 27 个群时，我们非常兴奋。"当康威预测出这种可能性时，你可以从他的眼睛里看出他的激动。但最终，它被证明是李群的一种伪装。事实上，像康威和费舍尔这样的人会非常希望存在被遗漏掉的第 27 个群。毕竟对于这些数学家来说，群就像财宝一样：越多越好！

随着 1985 年《有限群图集》的出版，探秘的旅程接近尾声。群论的研究陷入了高潮过后的平淡。那是令人振奋的几十年，没有什么能与构建出一个全新群的感觉相媲美。康威在普林斯顿大学得到了一份很有声望的工作，但他更喜欢剑桥大学。他喜欢在剑桥大学的花园里漫步，穿梭于学院之间，思考数学问题。但是派对已经结束了。他的同事们也都陆续被调离了原来的工作岗位，康威可以感觉到，对于群论来说，已现"飞鸟尽，良弓藏"的端倪了。"在其他人眼里，我们就是一群无所事事、游手好闲、整天只知玩双陆棋和围棋的人。"

普林斯顿大学校长邀请康威和家人先到普林斯顿来旅居一年，但康威知道这只是一种缓兵之计，迟早都得做出选择。最后，他决定通过投掷硬币的方式来决定去留。正面朝上就留在剑桥大学，反面朝上就去普林斯顿大学。康威的许多决定都是这么做出的。但在他的第二任妻子看来，这样做决定太过草率和不负责任。最后，康威还是决定前往普林斯顿大学接受新的挑战。"在剑桥大学，人们会勇于尝试各种疯狂的想法，而普林斯顿大学的每个人都很严肃、很努力。要想做好工作，你就得稍微有些不管不顾的精神。"

做出这样的选择，也并非全然没有压力。刚到普林斯顿大学不久，康威就和妻子离婚了。这使他陷入深深的沮丧和抑郁，他心灰意冷甚至产生了自杀的念头。当他在医院醒来之时，他发现自己自杀失败，心里不由得松了一口气。但是转念一想，要回归到正常生活中，人们在背后的各种议论又让他觉得恐惧。"我在想，'如果他还是原来的那个康威，会怎么做呢？'他一定会毫不掩饰。"他从朋友那里借来了一件 T 恤，这件 T 恤是几年前他朋友成功征服位列美国攀岩难度第二的"自杀岩"时的纪念品。

康威不喜欢变老。数学家跟普通人比起来，更难接受衰老这个事实。尽管我们一厢情愿地希望事实不是这样，但对于大多数人来说，青年时期才是他们创造力的巅峰。数学的"更年期"是一个残酷的现实。另一位著名的剑桥校友哈代也在步入暮年时试图自杀。康威不太喜欢他所预见到的未来："终点会是什么？死亡？这我不太喜欢。我不想变老，并且我也不觉得自己已是迟暮之年了。"于是他重新开始通过快速计算来锻炼自己的大脑。

年纪的老迈也给康威带来了一丝虚荣。他换了发型，不再是年少之时于剑桥大学求学和工作期间的那一头茂密而又乱蓬蓬的长发。"当我剪完头发，走进隔壁的一家冰激凌店时，店里的那个店员小姑娘对我说：'哇……做完发型您可看起来年轻多了。'以前，我一直以为自己是不在乎外表的，但最近我开始变得不同了。"他现在已经与第三任妻子结婚了，这位女士也将会是康威婚姻中的最后一位。"我和我第一任妻子生育了四个孩子，与第二任妻子生育了两个孩子，第三任妻子和我生育了一个孩子……以此类推，我将和第四任妻子生养半个孩子，这显然是不可能的。"这位痴迷于模式的男人如是说。当然，生活的开销也越来越高了。

自从康威搬去了普林斯顿大学，研究小组其他成员也分道扬镳了。《有限群图集》的第五作者威尔逊认为："康威离开剑桥大学后，在剑桥大学就没有待下去的意义了。"第四作者帕克继续做着将数学应用到购物收银领域的工作："自那年秋天开始，剑桥大学给了我一笔研究经费，我有了更多的时间去学习数学。但这些并不能真正弥补康威离开所带来的遗憾。"诺顿则因为没有政治头脑以及缺乏社会交际能力，所以很难在竞争激烈的学术环境中生存下去，诺顿几乎是被所有人"边缘化"了。但他依旧在继续探索魔群，许多数学家说，诺顿到哪里都提着的塑料袋里除了装着公共汽车时刻表，还有许多关于魔群的秘密，比任何人想象的都还要多。但是，要想从诺顿嘴里套出这些秘密，却是难上加难。

寻找月光

皎洁的月亮洒下银辉，到底是什么原因让"月光"同时照亮了魔群和模函数呢？这依然是个大谜团。康威的离开留下了从未揭开的"月光"之谜，但他在剑桥大学的一个博士生却为之着迷。在申请学院的博士学位时，理查德·博切尔兹（Richard Borcherds）差点就被拒之门外，那是因为他的朋友恶作剧式地篡改了他的申请表，在"性别"一栏写上了"好的，来者不拒"。学院领导看到这样的申请表非常不高兴，康威却说博切尔兹是个聪明的学生。最后康威终于说服了学院领导，对这种恶作剧做出不予追究的决定。

六个星期以来，康威一直在尝试证明与李奇晶格相关的一些东西，但却完全卡壳了。他跟博切尔兹聊天，提起这个问题。又过了几个星期，康威还是毫无进展。当他再次与博切尔兹聊天时，博切尔兹惊讶地说："嗯，你还没有证明出来？这个问题我上个星期就证毕了。"说完他就自顾自地出去做他自己的事情去了。康威承认，他根本就没怎么指导过博切尔兹，他根本也不需要什么指导。博切尔兹的长相有点像尼安德特人[⊖]，毛发极度旺盛，双臂极长，当他跑起来时，他的胳膊耷拉着就像拖在身后似的。表达自己的想法并不是博切尔兹的强项。康威回忆道："他的第一次研讨会简直就是一个灾难现场。"开讲了大约 20 分钟，他发现自己还是无法有效地表达自己的想法，于是他放弃了，夺门而出，落荒而逃。

剑桥大学的群论学家们走的走、散的散，但这并没有对博切尔兹产生什么

⊖ 尼安德特人（又译尼安德塔人）是一种在大约 12 万年前到 3 万年前居住在欧洲及西亚的古人类，属于晚期智人的一种。化石证据显示，其比早期现代人稍矮但身体和四肢粗壮，平均脑量稍大。——译者注

影响，因为他一向是孤云野鹤般独来独往的人。他喜欢独自一个人长途骑行。他的另一个爱好是洞穴探险，洞内黑暗，伸手不见五指，洞穴狭小到没有任何闪转腾挪的空间，前路一片迷茫。退路也是如此，进退维谷间，便是能让他舍得放下心爱的数学而去度的最有趣的周末了。

对于数学也是一样的，博切尔兹发现自己也是在一条越来越窄迫的洞穴里往前行进，但在这条隧洞的尽头似乎有一束光在闪耀，他琢磨着这应该就是魔群正在"月光"的照耀下闪闪发光。他迷上了一种新的深奥的代数结构，叫作顶点算子代数。就像伽罗瓦关于群的抽象概念花了几十年才得到普遍认可一样，这种结构在那时还不算是数学的主流研究方向：

我有点失望，因为很明显没有人会对它真正感兴趣。空有一个任何人都理解不了的复杂想法是没有实际意义的。我曾经做过关于顶点算子代数的讲座，通常情况下都没有听众。唯独有一次，一下来了很多听众。因为在海报上有一处印刷错误，把"Vertex algebras"（顶点算子代数）印成了"Vortex algebras"（旋涡代数）。来的听众是清一色的流体物理学家，当他们意识到这是印刷错误时，他们对我讲的内容也就不感兴趣了。

如果那时的物理学家对博切尔兹所讲的不感兴趣的话，那么现在，他们肯定已经开始愿意听他讲的了。因为事实已经证明，这些代数结构有助于支撑弦理论（物理理论的一个分支学科）中一些最深刻的思想，弦理论主要试图解决表面上不兼容的两个主要物理学理论——量子力学和广义相对论，并欲创造描述整个宇宙的"万物理论"。正如物理学家所发现的那样，弦理论中包含了许多奇怪的数论，其中就包括与"月光"有密切关联的模函数。博切尔兹发现这些代数结构也不可避免地与魔群的对称性联系在一起。他领悟到这一点时不是被困在隧洞里，而是在一次乘坐大巴的旅行中：

彼时，我在克什米尔旅行，那是一次非常漫长、令人厌烦的巴士旅行，持续了大约 24 小时。巴士不得不停下来，因为发生了山体滑坡，我们无法再继续往前走了。这真是令人十分不快。既来之则安之，我来旅行的初衷也只是想在这次巴士之旅中进行一些计算工作。最后，我找到一个使一切都能变得顺理成章的想法。

他的计算揭示了顶点算子代数为什么可以诠释图集中魔群的数字和数论中的模数。弦理论的代数与万物理论的联系使得"月光"比任何人想象的都更加奇特。消息一出,人们便开始谈论魔群是"宇宙的对称群"。至少,这个196 883 维空间中奇怪的对称特例揭示出的模式与理论物理中的观点产生了共鸣。

对于博切尔兹来说,这是他一生中最激动人心的时刻之一。这一发现使他的想法成为人们关注的焦点。现在他的讲座挤满了数学家和物理学家,而这一次可不是因为海报印错了。时间到了 1998 年,博切尔兹在"月光"方面的工作被认为是数学领域最伟大的成就之一。同年,他在柏林召开的国际数学家大会上获得了菲尔兹奖。他如是说:"获奖之感不像当时身在克什米尔的巴士上,偶得灵感那样令人畅快不已、不能自持。在获奖之前,我曾经认为获奖真的非常重要,但现在我意识到获奖也并不像我想的那样重要。"

这次在爱丁堡举行的庆祝发现"魔群月光"25 周年的会议,也致力于理解博切尔兹的工作所提供的见解。令人好奇的是,尽管他的工作证明了数论和这种巨大的对称群之间的联系,但仍然有一种强大的感觉,那就是我们还没有弄清其中的根本联系。在最近的一次会议上,每个人都在祝贺博切尔兹所取得的成就,而博切尔兹的导师约翰·康威则站起来说:"我不是来唱赞歌的,而是来批判的……"随即便开始对博切尔兹的工作进行了批评。康威仍然认为博切尔兹并没有真正阐明到底是什么将魔群的对称性与数论中的模函数联系了起来。

数学家安德鲁·奥格(Andrew Ogg)早在 20 世纪 70 年代就发现了"月光"存在的一些证据,他拿一瓶杰克·丹尼威士忌$^{\ominus}$作为说明。奥格问康威是否应该把这瓶酒送给博切尔兹。"不,"康威说,"他只是证明了存在这种联系,但并没有把它解释清楚……"康威认为,还有更深层的解释有待发现,他认为我们不应该让魔群蒙着神秘面纱:

我想在 200 年之内会有人去发现、去研究一些几何结构,这时他们会发现,这些结构具有很多对称,当他们仔细去研究的时候会逐渐发现这些结构具有魔群的对称性。然后他们会把几个世纪以前我们做出的关于魔群的所有"老论文"都挖出来。

$\ominus$ moonshine(月光)也有非法的私酿酒的意思,所以拿威士忌作喻。——译者注

在爱丁堡的会议上，关于一项研究的报告正在与会者手中流转，该研究发现，就读于数学系的人比就读于其他任何院系的人都有更高的概率患有阿斯伯格综合征。与会者们普遍都予以否认，但当博切尔兹在获得菲尔兹奖后接受一家报社的采访时，他坦诚地认为自己患有这种病："我有很多的症状。我曾经在报纸上读到一篇文章，上面介绍阿斯伯格综合征有六种症状，我对照自身发现，自己居然有其中的五种症状！"

维也纳儿科医生汉斯·阿斯伯格（Hans Asperger）在他 1944 年的博士论文中，将阿斯伯格综合征确定为高功能自闭症的一种变体。博切尔兹在文章中读到的一些阿斯伯格综合征的判断标准包括严重的社交障碍，语言交流困难，兴趣爱好狭窄且特殊，笨拙的运动等，并且也与行为模式刻板、仪式化有关。阿斯伯格综合征的种种特征表明，数学世界似乎很适合那些具有这些特质的人，许多患有这种综合征的人会倾向于从事那些能够开发他们数学技能的职业。

有一件事在朋友间很有名，在一次晚宴上博切尔兹独自偷偷溜了出来，几个小时后被发现他正在钻研一篇数学论文。他不明白闲聊到底有何意义。他不是一个健谈的人，除了传递必要的信息，他不明白电话交谈的意义为何，当他在不得不进行某些谈话的痛苦场合，他会不惜一切代价避免与你发生眼神交流。但他的性格特点是数学系学生的典型特征，所以他的这种怪癖就很容易被人们所接受。

西蒙·巴伦 – 科恩（Simon Baron-Cohen）是剑桥大学阿斯伯格综合征和自闭症研究领域的领军人物之一，当他读到关于博切尔兹自我诊断的报告后，就很想去采访这位数学家。毕竟，这几十年来，人们自称患有自闭症或阿斯伯格综合征已经成为一种时尚。正如阿斯伯格自己所写的那样："似乎想要在科学或艺术领域取得点成功，那么一定程度的自闭症是必不可少的。"

阿斯伯格综合征具有很强的遗传性，当西蒙·巴伦 – 科恩了解到博切尔兹的祖父居住在南非，并且他喜欢花几周的时间在丛林中打猎，其间不为家人着想，也不怀念人的陪伴的这种情况并不感到意外。同理，博切尔兹逃入了数学的领地，独自追踪魔群的奥秘。西蒙·巴伦 – 科恩的分析证实了博切尔兹的自我诊断。博切尔兹展现出"极低的同理心、极高的系统化和许多自闭症的特征。非常婉转地说，他在数学方面的天赋使他找到了一个适合自己的领域，而正是在这个领域，他的这些社交怪癖可以被容忍。"

抛到女王头像

在一天的会议结束后，我们坐在一起讨论数学和阿斯伯格综合征之间的联系，诺顿赶过来加入我们，他手里提的包对挡他路的人可谓"秋风扫落叶，毫不留情"。大家都觉得在诺顿身上表现出许多博切尔兹在他自己身上发现的特质。自会议开始以来，他就只换过一次衬衫，但换上的第二件衬衫和前面的一件一样，满是窟窿。他对数字和列车时刻表确实很着迷。但当你稍微深入地了解一下，你会发现在政治上他也非常活跃，他为工党工作，为"交通 2000 运动"奔走呼号，这是一个为公共交通而发起的政治运动。当我们在爱丁堡的时候，他接受了英国广播公司剑桥广播的采访，采访内容是关于阻止废除当地一条支线铁路的运动。在开会的时候，他告诉我，他到过英国铁路网的每一个角落，除了一个地方。在纽基有一条支线铁路，他正在为保留这条铁路而努力。

诺顿挥舞着一张校园周围区域的详细地图。"我们可以去柯里（Currie）吃咖喱（curry）吗?"（读音十分近似）对于诺顿的对称感来说，这个小村庄的名字实在是太对味了。康威不置可否，"让我们抛硬币来决定吧"。话毕，他掏出了一枚 50 便士的硬币。"抛到女王头像（硬币正面），我们就待在这里；反面我们就去吃。"硬币落地时，女王头像刚好朝上，所以晚餐就在学校的自助餐厅吃了。

康威很是乐观。本周初他在魔群的工作上没有什么进展，这给他带来了沉重的负担。打那之后的几天里，康威就一直在尝试找到一种更好的方式来解释他认为是如此自然和显而易见的事情。突破性进展是他创作的一组照片，他认为这些照片能更清晰地展示他第一天在黑板上写下的符号和方程式中所忽略的东西。所以他与会务组联系，想再做一次演讲。这天上午，听得呆若木鸡的人少了很多，康威觉得自己成功实现了愿望，唤醒了那些沉睡的灵魂。

我们一边听讲座一边享受康威给我们带来的欢乐。他喜欢向我们炫耀他的一套很棒的纸牌游戏，折纸青蛙跃然掌上，他甚至演示了如何让 20 枚硬币都正面朝上，然后再让它们都背面朝上。我们开始怀疑那天晚上留下来的决定是否真的纯属偶然。我们都发誓保密，不泄露这些硬币背后的秘密（请允许我暗示一下，许多硬币都存在某种特定的不对称，康威已经找到了利用这种不对称的方法）。

接着，他还给我们表演了他的舌头保健操。当他还是学生的时候，他就读到过关于大约有 1/4 的人会卷舌头的文章。他把舌头伸了出来，两侧隆起在中间形成了一条凹陷。约有 1/40 的人能做出两条凹陷，形似三叶草。他又把舌头伸了出来，这回他做出了两条凹陷。大约 1/400 的人能将自己的舌头翻转过来。跟你想的一样，果然康威把舌头来了一个上下颠倒。大约 1/4 000 的人能让自己的舌头变粗又变细。他再一次把舌头伸了出来，先是鼓起来变粗，然后又缩成一根细条。他说："我是为了响应《读者文摘》征集志愿者的呼吁，拍下这四幅照片的。"他只在一个聚会上遇到过一个在舌头保健操方面能和他相媲美的女士。在比较了彼此舌头之后，康威对她频送秋波，但这位女士并不接茬儿，很快他们就不再联系了。"不管怎么说，我觉得她做不到这个……"康威用他的舌头做出了一个正弦波。

吃饭前，他拿出一大袋药片。"几年前我犯过一次心脏病，导致我现在得边吃饭边吃这些玩意。"作为一名数学家，他在药片的颜色和形状中发现了一种模式，这种模式让他能够记住早晚各吃哪一种，吃多少粒。

康威是一个很好的沟通者、出色的表演者，在寻找完美的语言和符号以唤起他人数学思想方面是大师，对这样的他，很难将其归为一个阿斯伯格综合征患者。然而，对表演者康威来说，这是一个单向交流。除非你谈话的核心是关于数学的，康威似乎对他人要说什么完全不感兴趣。事实就是这样，他强逼自己去保持故事、趣闻和想法的连贯性，阻止任何正常的双向互动发生的可能性。他曾在一次采访中这样说：

我的记忆很奇特。我能记住那些最没用、最模糊的细节，但当涉及别人认为重要的事情时，我却怎么也回忆不起来。我在剑桥大学和一群同事一起工作了 20 年，我竟然一直不知道一些同事的名字，我可和他们一起工作了 20 年啊！

麦凯过来看看大家都在干什么。"你们知道'moonshine'翻译成中文是什么吗？"moonshine 这个词很难翻译成其他语言，因为翻译后会让它在英语中的细微语义差别消失殆尽。"对于原田，很明显他们用这个名字来称呼那些卖掉自己稻田的人，而水稻正是他们赖以生存的东西。"他在房间的另一边发现了日本数学家原田耕一郎。"原田，原田……在日语中 moonshine 怎么翻译？"日本数学家只是简单地把 moonshine 翻译成"月球发出的光"。因为麦凯想讲的故事没有成功，他显得有点失望。"无论如何，我认为'moonshine'是一个失败的名字，它使那些可能会深入研究这个问题的重量级人物望而却步。"

诺顿自豪地把钱包里的东西撒在桌子上，给我们看几个月来他收集的大巴票和火车票。他拿出一张特别引以为傲的卡片——他是哈里奇、费利克斯托和肖特利步行渡轮⊖协会的会员。他还热心地向我们介绍他前来开会的详细路线。当我们其他人都找到了从家到爱丁堡最直接的路线时，诺顿与众不同的旅程包括了几个偏远的小车站，这显示了他对英国全国铁路网络了如指掌。有人天真地问道，"你们是原路返回吗？"诺顿当然以不可思议的语调回答："我当然不会！"他原本计划乘一艘只在周三开航的船返回。

虽然会议还要开一周时间，但这是我参会的最后一晚。我从真正的家人那里偷了一周时间来庆祝发现"魔群月光"25周年，但我不愿离开他们太久。我们在危地马拉生活了七个月。为了完成领养孩子的计划，我们来到了安提瓜的一家孤儿院，在那里我们遇到了一对同卵双胞胎女孩，她们后来成为我们的家庭成员。那年早些时候，我和莎妮决定领养孩子，尽管这个决定与对称无关。当我去苏格兰参加会议时，我感觉回家了，一个更大的家族。

两年后的 7 月，这对双胞胎，玛佳丽和艾娜，已经三岁了，开始会数数了。尽管基因相同，但她们的个性非常不同，生活并不总是像数学那样精确、分明。下个月，四年一届的国际数学家大会将迎来一场数学家的国际聚会。菲尔兹奖将颁发给博切尔兹，但我已经超龄该奖项四个月，我现在只能旁观了。收到在大会上介绍工作的邀请，我感到十分荣幸，我正在为下个月的报告做准备。去年我的生日是在西奈的海滩上度过的。今年我生日的那天，我要在下午 4 点做一个报告。

回顾这一年，我一直在解决的问题可能最终要比 12 个月前更加复杂。如果最终的解决方案出现了，那这真是令人欣慰。解决简单问题的满足感是什么？我甚至还无法确定最终的答案是什么。

博切尔兹是正确的。在数学方面，真正的奖品不是奖章或参加国际数学家大会的邀请，而是在你毕生致力的问题上取得突破。真正的奖品可以在任何时间、任何地点获得：在克什米尔一辆抛锚的巴士上，或者在剑桥的一个星期六午夜，抑或在波恩听着挂掉电话的忙音时。

⊖ 无车上渡船。——译者注

推荐阅读

读懂未来前沿趋势

一本书读懂碳中和
安永碳中和课题组 著
ISBN：978-7-111-68834-1

双重冲击：大国博弈的未来与未来的世界经济
李晓 著
ISBN：978-7-111-70154-5

一本书读懂 ESG
安永 ESG 课题组 著
ISBN：978-7-111-75390-2

数字化转型路线图：智能商业实操手册
[美] 托尼·萨尔德哈（Tony Saldanha）
ISBN：978-7-111-67907-3

最新版

"日本经营之圣"稻盛和夫经营学系列

任正非、张瑞敏、孙正义、俞敏洪、陈春花、杨国安　联袂推荐

序号	书号	书名	作者
1	978-7-111-63557-4	干法	[日]稻盛和夫
2	978-7-111-59009-5	干法（口袋版）	[日]稻盛和夫
3	978-7-111-59953-1	干法（图解版）	[日]稻盛和夫
4	978-7-111-49824-7	干法（精装）	[日]稻盛和夫
5	978-7-111-47025-0	领导者的资质	[日]稻盛和夫
6	978-7-111-63438-6	领导者的资质（口袋版）	[日]稻盛和夫
7	978-7-111-50219-7	阿米巴经营（实战篇）	[日]森田直行
8	978-7-111-48914-6	调动员工积极性的七个关键	[日]稻盛和夫
9	978-7-111-54638-2	敬天爱人：从零开始的挑战	[日]稻盛和夫
10	978-7-111-54296-4	匠人匠心：愚直的坚持	[日]稻盛和夫 山中伸弥
11	978-7-111-57212-1	稻盛和夫谈经营：创造高收益与商业拓展	[日]稻盛和夫
12	978-7-111-57213-8	稻盛和夫谈经营：人才培养与企业传承	[日]稻盛和夫
13	978-7-111-59093-4	稻盛和夫经营学	[日]稻盛和夫
14	978-7-111-63157-6	稻盛和夫经营学（口袋版）	[日]稻盛和夫
15	978-7-111-59636-3	稻盛和夫哲学精要	[日]稻盛和夫
16	978-7-111-59303-4	稻盛哲学为什么激励人：擅用脑科学，带出好团队	[日]岩崎一郎
17	978-7-111-51021-5	拯救人类的哲学	[日]稻盛和夫 梅原猛
18	978-7-111-64261-9	六项精进实践	[日]村田忠嗣
19	978-7-111-61685-6	经营十二条实践	[日]村田忠嗣
20	978-7-111-67962-2	会计七原则实践	[日]村田忠嗣
21	978-7-111-66654-7	信任员工：用爱经营，构筑信赖的伙伴关系	[日]宫田博文
22	978-7-111-63999-2	与万物共生：低碳社会的发展观	[日]稻盛和夫
23	978-7-111-66076-7	与自然和谐：低碳社会的环境观	[日]稻盛和夫
24	978-7-111-70571-0	稻盛和夫如是说	[日]稻盛和夫
25	978-7-111-71820-8	哲学之刀：稻盛和夫笔下的"新日本 新经营"	[日]稻盛和夫